MÉLANGES D'HISTOIRE LITTÉRAIRE ET DE LITTÉRATURE

PAR

J.-J AMPÈRE

DE L'ACADÉMIE FRANÇAISE, DE L'ACADÉMIE DES INSCRIPTIONS
DE L'ACADÉMIE D'ARCHÉOLOGIE DE ROME
DE LA CRUSCA, ETC., ETC.

TOME ~~PREMIER~~ second

PARIS
MICHEL LÉVY FRÈRES, LIBRAIRES ÉDITEURS
RUE VIVIENNE, 2 BIS, ET BOULEVARD DES ITALIENS, 15
A LA LIBRAIRIE NOUVELLE

1867

MÉLANGES
D'HISTOIRE LITTÉRAIRE
ET
DE LITTÉRATURE

LIBRAIRIES DE MICHEL LÉVY FRÈRES

OUVRAGES DE J. J. AMPÈRE

FORMAT IN-8

L'HISTOIRE ROMAINE A ROME

AVEC DES PLANS TOPOGRAPHIQUES DE ROME A DIVERSES ÉPOQUES

Deuxième édition — Quatre volumes

L'EMPIRE ROMAIN A ROME

Deux volumes

CÉSAR

SCÈNES HISTORIQUES

Un volume

PROMENADE EN AMÉRIQUE

ÉTATS-UNIS — CUBA — MEXIQUE

Troisième édition — Deux volumes

MÉLANGES D'HISTOIRE LITTÉRAIRE ET DE LITTÉRATURE

Deux volumes

VOYAGE EN ÉGYPTE ET EN NUBIE

Sous presse — Un volume

PARIS. — IMP. SIMON RAÇON ET COMP., RUE D'ERFURTH, 1

MÉLANGES
D'HISTOIRE LITTÉRAIRE
ET
DE LITTÉRATURE

PAR

J. J. AMPÈRE

DE L'ACADÉMIE FRANÇAISE, DE L'ACADÉMIE DES INSCRIPTIONS
DE L'ACADÉMIE D'ARCHÉOLOGIE DE ROME
DE LA CRUSCA, ETC., ETC.

TOME SECOND

PARIS
MICHEL LÉVY FRÈRES, LIBRAIRES ÉDITEURS
2 BIS, RUE VIVIENNE, ET BOULEVARD DES ITALIENS, 15
A LA LIBRAIRIE NOUVELLE

1867

MÉLANGES
LITTÉRAIRES

BALLANCHE

I

JEUNESSE DE M. BALLANCHE. — ESSAI SUR LE SENTIMENT.

Ce qu'on va lire n'est point une biographie de M. Ballanche. Cette biographie a été faite et bien faite, d'abord par M. Sainte-Beuve et ensuite par M. de Loménie[1]. Plus heureux que ne sont à cette heure les amis de l'illustre mort, tous deux ont pu

[1] Dans sa *Galerie des Contemporains illustres.*

recueillir ses souvenirs de sa bouche, hélas! aujourd'hui fermée.

D'ailleurs la vie de M. Ballanche, vie paisible, recueillie, vie de poésie et de méditation, n'offre point d'événements considérables; elle n'a pas été mêlée aux agitations politiques, elle est tout entière dans ses sentiments et dans ses ouvrages.

Révéler le plus intime des uns et des autres, faire arriver au public comme une émanation de cette belle âme si pleine de parfums cachés, et pour cela réunir à quelques fragments de sa correspondance quelques fragments de ses ouvrages; choisir, parmi ceux qui se laissent le plus facilement détacher de l'ensemble, ceux qui peignent le mieux le caractère de son talent, ou dans lesquels se retrouve particulièrement l'homme aimable et excellent que nous avons connu, tel a été le but qu'on s'est proposé : on a pensé que les écrits de M. Ballanche pourraient être éclairés par les doux et purs reflets de son existence intérieure; on voudrait par ce livre aider le public à le connaître, car on sait bien que le faire connaître c'est le faire aimer.

Une adolescence maladive, écoulée sous l'oppression de la Terreur, dans une ville décimée par elle, et dans un des plus sombres quartiers du vieux Lyon, laissa dans l'organisation de M. Ballanche quelque chose de douloureux et d'ébranlé. Après ce temps de compression violente, quand il commença à relever la tête avec la France, une vive exaltation s'empara de lui; l'élan religieux qui se ranimait partout, qui à Lyon n'avait jamais faibli et dont le malheur avait encore redoublé l'énergie, l'élan religieux saisit cette âme dans laquelle entrèrent à la fois tous les plus nobles et les plus purs enthousiasmes de la jeunesse. Ils firent explosion, en 1801, dans un volume intitulé : *Du Sentiment considéré dans la littérature et dans les arts;* l'auteur avait alors vingt-quatre ans.

L'*Essai sur le sentiment* est ce *premier ouvrage* qu'ont écrit plusieurs auteurs célèbres au début de leur carrière, et qui contenait la promesse et le gage de leur avenir. Tels furent le *Discours contre les sciences* de Jean-Jacques, l'*Essai sur les révolutions* de M. de Chateaubriand. Dans son *premier ouvrage* chacun de ces auteurs n'est pas tout à fait lui-même, et à quelques égards il est plus que lui-même; il ne s'est pas encore atteint et déjà s'est presque dépassé. Ceci tient à l'inexpérience et à l'ardeur, double attribut de la jeunesse. M. Ballanche, quand il écrivait l'*Essai sur le sentiment*, n'avait pas encore entièrement conquis par le travail cette forme pure et harmonieuse qui devait se montrer dans *Antigone* et dans *Orphée*. Il n'était pas en possession de toute l'originalité de sa pensée; mais il avait une sève, un essor qui appartiennent seulement au premier âge. Cette hardiesse confiante n'éclate-t-elle pas dans les pages suivantes de l'introduction avec une fougue et une verve qu'on ne rencontre pas chez M. Ballanche plus mûri :

« Je suis dans un âge où l'on ne calcule pas toujours ses forces. Une carrière nouvelle s'ouvre devant moi, et j'ai la témérité de m'y élancer, sans savoir si je pourrai la parcourir tout entière.

« Amoureux de l'indépendance, j'ai voulu me soustraire à cette règle de plomb qui vient symétriser, entraver l'intelligence et refroidir l'imagination. Le lecteur, sans doute, doit s'attendre à quelques écarts, à un défaut absolu de plan : mon livre est un jardin anglais. Mais laissons venir le temps de la maturité ; laissons rouler sur ma jeune tête encore vingt années : peut-être alors l'ouvrage que je publie aujourd'hui ne sera qu'un assemblage de matériaux que je rangerai dans un meilleur ordre et avec un goût plus sévère ; et si le ciel ne m'a pas tout à fait dépourvu de cette flamme poétique qui fait les grands artistes, j'élèverai un monument pour les siècles. »

L'âge mûr a tenu parole à la jeunesse : M. Ballanche a élevé son monument ; il en a composé lui-même les matériaux, il en a dessiné les lignes mystérieuses, il y a mis la beauté de l'art et la poésie du symbole ; il y a ménagé, comme on fait pour un édifice sacré, la lumière et l'obscurité. Aujourd'hui nous ne pénétrerons pas dans le temple avec les initiés, nous ne lèverons pas le voile des symboles, mais nous conduirons le lecteur dans les parties les plus éclairées du temple, et nous lui ferons admirer avec nous leur beauté.

Voici les dernières lignes de l'invocation du poëme, car le premier livre de M. Ballanche, comme le furent plus ou moins tous ses ouvrages, est un poëme.

« Pudeur, naïveté, amour, triple essence de la Divinité, rayon adorable de la gloire céleste se reflétant dans la glace pure d'une âme innocente, je vous invoque tour à tour, je vous invoque réunis; je vous sens au-dedans de moi, vous êtes mon Olympe. »

Oui, ce fut là son Olympe, et ses inspirations émanèrent toujours de cet Olympe intérieur et sacré; — et plus loin :

« Oh! je l'ai trouvée dans mon cœur, et elle est sans doute gravée dans tous les cœurs, cette maxime consolante, que toutes les vérités essentielles au bonheur de l'humanité sont des vérités de sentiment. Je l'ai trouvée aussi au fond de mon cœur, cette autre maxime, que le beau et le bon sont identiques, et que l'homme de génie ne peut se concilier les suffrages de ses contemporains et l'admiration de la postérité qu'en donnant pour base à ses œuvres des principes de morale. Ainsi les lois du goût et celles de la morale ne sont peut-être qu'une même chose. »

A vingt-quatre ans M. Ballanche disait *peut-être*; à la fin de sa carrière il eût pu affirmer que les lois de la morale et les lois du beau sont identiques : l'expérience de sa vie entière était là pour le prouver.

En même temps qu'il trahissait les sentiments de son cœur, il révélait les procédés de son talent.

Je me souviens d'avoir entendu souvent M. Ballanche exprimer avec beaucoup d'énergie cette idée, dont il paraissait pénétré, que certains esprits construisent leurs pensées indépendamment de tout idiome, et qu'ils sont obligés de traduire péniblement dans les langues humaines ce qu'ils ont parlé d'abord dans la langue pure des intelligences. Le vif sentiment de la difficulté qu'éprouve le génie pour revêtir l'idée nue du mot qui en est le vêtement et l'organe, dictait au jeune auteur ces paroles de compassion sympathique pour les écrivains aux prises avec l'infini :

« O Dieu ! s'il est permis de porter un œil scrutateur sur les immortels chefs-d'œuvre du génie, ce n'est pas avec le froid compas de l'esprit qu'il faut les juger; c'est en s'identifiant avec le génie lui-même, par la ravissante extase du sentiment. Comme alors, mais seulement alors, on le plaint d'être obligé de traduire sa pensée dans nos langues indigentes! Homère, Virgile, la Fontaine, Corneille, Racine, c'était le langage des intelligences qui convenait à vos belles conceptions! Et vous, les deux plus sublimes fils de l'éloquence, Bossuet, Pascal, hommes divins, que je vous admire, mais que je vous plains ! »

Pour sentir toute l'adorable naïveté de M. Ballanche, il faut l'entendre parler d'Homère, qu'il appelle si heureusement et sans nul retour personnel *le sublime bonhomme*, qu'il se représente dans une ville d'Ionie, se faisant payer ses leçons en laine, et épousant la meilleure fileuse de la ville.

Il faut l'entendre aussi parler de la Fontaine : c'est un peu l'entendre parler de lui. On l'a quelquefois appelé le la Fontaine de la philosophie.

Mais voici qui ressemble à tous deux : c'est un rêve de bonheur champêtre, de solitude avec la poésie et l'amitié. Mille fois un vœu pareil a été exprimé, mais il est impossible de méconnaître, chez M. Ballanche, la sincérité pénétrante de l'accent.

« O Grigny, aimable retraite, où j'aime tant à retrouver les souvenirs si chers de mon enfance! quand pourrai-je, à l'abri de la tourmente politique, couler sous tes vieux ombrages des jours paisibles et sereins? Dégagé de tout soin, de toute inquiétude, je réaliserais l'âge d'or des poëtes; ma vie serait un songe doux et paisible; et m'éveillant de ce songe heureux pour commencer une vie plus heureuse encore, je voudrais que la mort me trouvât, comme dit Montaigne, nonchalant d'elle et plantant mes choux.

« Mes voyages ne seraient pas longs, car j'aimerais trop mon ermitage; je ne connaîtrais le tumulte de la ville que pour y venir quelquefois embrasser des amis qui me seraient toujours chers; je ferais part des productions que m'auraient inspirées les Muses champêtres à la petite mais aimable société dont tous les membres, au sein de la plus parfaite harmonie, cultivent ensemble les lettres et l'amitié. »

Cette *petite mais aimable société* renfermait un homme déjà célèbre, Camille Jordan, et un homme qui devait l'être un jour, Ampère; un troisième enfin, M. Lenoir, qui dans d'autres circonstances aurait pu le devenir, mais qui s'est contenté d'être un sage modeste et le fidèle ami de Ballanche et d'Ampère; Dugas-Montbel, le futur traducteur d'Homère, faisait également partie de la réunion.

Ces hommes, jeunes alors, unis par l'amitié et l'étude, ne se sont jamais perdus de vue dans la suite : M. Ballanche a survécu à presque tous les compagnons de ses premiers songes d'avenir, à Camille, à Dugas-Montbel, à Ampère; il a rendu un digne hommage au premier dans le sein de l'Académie de Lyon, qui s'honorait de les compter tous deux parmi ses membres; il a trouvé pour parler du dernier des accents qui ont touché le cœur d'un fils. Il eût suffi de ce souvenir pour me faire ambitionner aujourd'hui l'honneur de concourir à élever ce monument modeste que l'amitié consacre à celui qui sentait si bien l'amitié.

Ce premier écrit respire l'amour de la ville natale, et, comme disait M. Ballanche, de la patrie lyonnaise, amour qu'il conserva jusqu'à la fin de sa vie. Les héroïques désastres du siége l'avaient profondément frappé; il avait gardé de ce triste spectacle une ardente indignation contre les bourreaux, un vif enthousiasme pour les victimes. En proie aux sanglants souvenirs dont il était poursuivi, il s'écriait :

« Terre, terre barbare qui as englouti ce que notre siècle eut de plus pur, qui as rendu une ville entière veuve, orpheline de ses plus illustres citoyens, terre, ouvre-toi, et laisse-nous voir nos amis ; je veux attendre ici que la nuit ait ramené le règne du repos universel ; je m'étendrai sur le gazon qui s'est nourri de la substance des héros, je m'y endormirai ; ils viendront me visiter dans mes songes ; je m'éveillerai peut-être digne de célébrer leur gloire ! Si l'amitié, l'amour de la vertu, le patriotisme, le sentiment, suffisent pour une si grande entreprise, héros de Lyon, je serai votre barde ! »

En effet, M. Ballanche avait composé une épopée dont les héros étaient les martyrs de Lyon ; plus tard lui-même a raconté quel cadre extraordinaire il avait donné à cette composition épique. Voici comment il s'exprimait à ce sujet en 1833[1] :

« Élevé au milieu des terreurs de la Révolution, et témoin de l'héroïsme de mes concitoyens, j'imaginai de raconter, dans une sorte de composition épique, toutes les circonstances de l'insurrection lyonnaise en 1793, du siége qui en fut la suite, des effroyables malheurs qui pesèrent sur ma ville natale. Pour avoir la liberté de donner à mon récit la forme et les cou-

[1] Préface générale placée en tête d'*Antigone*.

leurs du genre que j'avais adopté, je m'étais transporté à quinze siècles dans la postérité, c'est-à-dire que j'avais vieilli de quinze siècles l'événement que je peignais, pour le revêtir à mon gré de tout le prestige de l'antiquité. De plus, j'avais supposé qu'à l'époque où je m'étais placé comme poëte (et le moment où j'écrivais me paraissait rendre trop probable une telle supposition), je supposais, dis-je, qu'à cette époque l'Europe, déchue de ses antiques splendeurs, avait depuis longtemps accompli toutes ses destinées.

« Un voyageur, venu du continent de l'Amérique, visitait nos contrées devenues agrestes et solitaires. Il arrive au lieu où deux fleuves, qui s'appelèrent jadis le Rhône et la Saône, se réunissent pour ne former qu'un seul fleuve. Là il trouve un village assis sur les ruines effacées d'une ville florissante et célèbre, dont le nom même a péri. Le village est occupé par des pasteurs qui ignorent l'histoire du magnifique Delta où sont établis leurs paisibles héritages. Le voyageur, pendant son séjour, assiste à une fête qui se nomme la fête des martyrs. Nul dans tout le pays ne sait l'origine de cette fête qui se perd dans la nuit mystérieuse du passé. Quelques-uns seulement disent qu'elle fut instituée par leurs ancêtres pour consacrer la mémoire de faits éclatants, de grands malheurs, de nobles dévouements ; que la cause de la justice succomba ; qu'une race généreuse périt sous les coups d'une race cruelle. Ils ajoutaient qu'une couronne éclatante avait paru dans le ciel le jour où la fête fut instituée. Le savant voyageur, qui appartient à une civilisation déjà décroissante, étudie les obscures traditions et le peu de monuments qui subsistent. Il retrouve quelques écrits échappés aux ravages des temps et de la barbarie. Les chants populaires, en remontant aux diverses transformations qu'ils ont subies, sont pour lui comme des médailles des chants primitifs. De tout cet ensemble de choses, joint aux renseignements historiques qu'il avait auparavant recueillis, il parvient à reconstruire l'ancienne épopée lyonnaise.

« Un ouvrage fait au sortir de l'enfance, la tête toute pleine de Virgile et de Lucain, ne devait avoir en lui aucun moyen d'être réformé; mais enfin on me pardonnera de consigner ici une première pensée patriotique qui doit m'être restée chère.

« Ainsi cette poésie du jeune âge fut pour moi une poésie toute funèbre et toute terrible; ainsi je construisais dans l'avenir l'histoire du présent, comme plus tard je devais m'essayer à reconstruire le passé lui-même. »

M. Ballanche ne pouvait écrire un livre *sur le sentiment* sans y exprimer le sentiment qui a été chez lui le plus profond et le plus permanent, le sentiment religieux. Le Christianisme, qui fut toujours comme la substance de son être moral, le Christianisme n'avait pas revêtu dans l'écrit de sa jeunesse la forme qu'il reçut dans d'autres ouvrages, produits d'un âge plus avancé; mais ce livre est imprégné de foi. Cette foi s'exprime par des élans pleins d'ardeur et d'émotion, comme celui-ci :

« Oh ! que je fuie dans la solitude des temples ! que je me réfugie à l'ombre des saints autels ! et que mon âme se perde dans la douce méditation de ces grandes promesses.

« O mon Créateur, ô mon Père, Être des êtres, Dieu puissant et éternel ! il est donc vrai qu'après ma mort, si je n'ai pas levé contre ta Majesté sainte un front prévaricateur, si j'ai expié mes offenses par les larmes solitaires du repentir, tu consentiras à te laisser contempler par ta faible créature, élevée au rang des Séraphins ! car tu peux à ton gré, ô Dieu tout-puissant ! tu peux aussi bien faire participant de ta gloire un faible ver de terre, comme tu as pu tirer mon âme du néant. Ah ! cet espoir sublime me donne l'avant-goût des félicités éternelles que tu réserves à tes élus; il vaut seul plus que toutes les jouissances terrestres que procurent les plaisirs des sens ; il vaut seul plus que les jouissances intellectuelles que procurent les prestiges des arts.

. . . .

« O morale divine, où l'amour, qui est une chose si douce pour le cœur, est un moyen d'expiation ! *Il lui sera beaucoup pardonné parce qu'elle a beaucoup aimé !*... Aussi sainte Thérèse disait avec sensibilité, en parlant de Satan : Le malheureux ! il fut méchant, parce qu'il n'aima jamais... Sainte Thérèse, je te remercie; j'aimerai pour être bon. »

Ce dernier trait suffirait à peindre un homme tout entier !

A côté de ces effusions touchantes, il est remarquable de trouver certains passages à la date de 1801, avant l'apparition de l'immortel ouvrage de M. de Chateaubriand, à une époque où M. Ballanche ne connaissait pas encore celui qui devait être son glorieux ami. Souvent il exprime avec beaucoup de bonheur des idées qui allaient être merveilleusement présentées dans le *Génie du Christianisme*.

Cette expression même, le *Génie du Christianisme*, se trouve chez M. Ballanche qui l'a employée le premier et a eu la gloire de l'inventer. Le morceau suivant semble être un résumé éloquent du livre de M. de Chateaubriand ; mais le résumé a été écrit avant que le livre existât.

« Ainsi, cette même religion qui a détruit les autels sanguinaires de la superstition, en même temps que l'irréligion des anciens philosophes; qui a défriché nos forêts; qui a aboli l'odieuse institution de l'esclavage domestique; qui a humanisé la guerre; qui a civilisé l'Europe; qui, par le double précepte de l'humanité et de la charité, a réparé les inégalités de la fortune et les inconvénients de la vie sociale; qui a montré aux hommes le niveau de la justice distributive; qui a fixé les idées de morale et de justice; qui a rendu moins fréquentes les révolutions des gouvernements modernes; qui a si souvent forcé le double monstre du despotisme et des séditions populaires à blanchir d'écume un frein sacré; qui a fondé le bonheur de tous, en cette vie, sur l'espérance d'un bonheur éternel; cette même religion, dis-je, à qui nous devons tant et de si grands bienfaits, est encore le principe fécondateur de tous nos succès dans la littérature et les arts.

« Poëtes, philosophes, moralistes, écrivains en tout genre, qui voudriez repousser de votre cœur les principes qu'elle vous a fait sucer avec le lait, vos efforts seront inutiles: elle préside à toutes vos pensées; elle vous modifie à votre insu, elle vous fait ce que vous êtes; et si quelques beautés étincellent dans vos ouvrages, c'est à elle que vous le devez. »

Enfin, comment des citations de ce premier ouvrage pourraient-elles être terminées autrement que par ce passage dont les amis de M. Ballanche ne peuvent relire sans larmes les dernières lignes, parce qu'elles retracent à leur pensée cette mort chrétienne et sereine du vieillard, que le jeune homme avait prophétisée?

« Il est une patrie qui n'est jamais ingrate envers nous, une patrie qui nous promet de nous accorder le droit de cité dans son sein, pourvu que nous ne nous en rendions pas indignes; cette patrie est le ciel. La terre que nous habitons est un lieu d'exil, où des enchanteurs cherchent à nous fixer par des prestiges ; mais le cœur se lasse bientôt de ces vains prestiges ; et, dévoré de la *nostalgie céleste*, il soupire après sa véritable patrie, après cette immortelle Jérusalem, qui est à l'abri de toutes les révolutions politiques et de toutes les vicissitudes humaines, et où il n'y a plus rien à désirer ni à craindre.

« Adieu, vallée de larmes, où j'ai passé les longues heures de ma captivité ! Adieu, désert aride, que l'habitude m'avait rendu aimable ! adieu, chers compagnons de mon exil, avec qui j'ai coulé quelques doux moments ! Ainsi parle, à sa dernière heure, le citoyen du ciel ; et l'ange de la mort vient délier doucement les faibles liens qui le retenaient encore à la terre. »

II

DÉCOURAGEMENT. — LE JEUNE HOMME DE LA GRANDE-CHARTREUSE. PÈLERINAGE AU MONT-CINDRE. — FRAGMENTS.

A l'exaltation qui avait produit le livre *du Sentiment* succéda une période de tristesse et un grand abattement de cœur. Le poids que la confiante jeunesse avait un moment soulevé retomba plus lourdement. Le public, distrait par les victoires du premier consul et par le travail de la société qui se reconstituait, n'avait pas eu le loisir de se recueillir, pour écouter cette voix qui s'élevait si pure des rives de la Saône; elle s'était perdue dans le bruit du canon de Marengo, dans le retentissement des salves qui proclamaient le nouveau législateur. M. Ballanche ne s'aigrit point de ce silence qui se faisait autour de son début, signalé pourtant par quelques esprits attentifs et clairvoyants. Mais dans sa candeur il jugea qu'en se croyant quelque talent il s'était trompé, et il se résigna sans se plaindre à l'obscurité.

« J'ai été, écrivait-il longtemps après, j'ai été quatorze ans de ma vie persuadé qu'il n'y avait en moi aucun talent réel, et alors non-seulement je me tenais fort en arrière, mais même je ne faisais aucun effort pour sortir de cette nullité. »

Bien que sa soumission à un arrêt qu'il croyait sans appel fût profondément sincère, elle n'en était pas moins douloureuse, et on peut croire que le peu de retentissement qu'avait eu son premier ouvrage, le peu d'encouragement accordé aux premières effusions de son âme, contribuèrent à le replonger dans cette disposition mélancolique dont l'avait un moment tiré l'espérance d'une œuvre utile aux hommes, d'un talent béni par eux. Les douleurs physiques vinrent encore l'accabler à ce moment où les illusions de l'avenir le délaissaient. Le mal du siècle, le mal de René, l'atteignit; cependant il conserva toujours l'appui des sentiments religieux, et du sein de la nuit qui enveloppait son âme il ne perdit jamais de vue le pôle céleste. Mais il est certain que ce fut le temps où cette âme si douce approcha le plus de l'amertume. J'en trouve la preuve dans ces paroles durement éloquentes placées par M. Ballanche dans la bouche d'un jeune homme rencontré, dit-il, à la Grande-Chartreuse, paroles dont l'accent me semble trahir un malaise intime de son âme :

« Tous les jours de sa vie éphémère, l'homme donne un gage à la mort; ses facultés s'émoussent peu à peu ; les objets de ses affections meurent autour de lui; leur souvenir finit presque par s'éteindre dans son cœur; et, chose affreuse à penser! il ne peut attendre de la durée pour aucun de ses sentiments, pas même pour celui de la douleur la plus profonde et la plus juste. Il est bien temps que cet être délaissé, demeuré seul sur la terre, privé à la fois de sympathie et de souvenir, descende enfin dans la tombe vers laquelle il n'a fait que se traîner; il est bien temps que celui qui a vu tant mourir meure à son tour; car, à force de gémir, la source de ses larmes s'est tarie, et il n'en a plus à répandre sur ses propres malheurs.

« Enfin, après tant de disgrâces, il est enseveli sous la froide pierre du sépulcre! Il y est avec ses projets, avec ses prétentions aux honneurs et à la gloire; le silence habite son ancienne demeure; l'herbe croîtra tout à l'heure sur celle qui vient de lui être donnée : aujourd'hui on ne s'aperçoit déjà plus qu'hier il existait encore. La trace de ses pas est effacée : c'est presque comme s'il n'était jamais né ; il ne valait pas trop, en effet, la peine de naître ! »

Il me semble difficile de ne pas trouver dans ces paroles douloureuses l'expression d'un état réel de l'âme, au moins d'un état passager; mais au sein de ces ténèbres on voyait pour ainsi dire poindre une aurore de sérénité, car M. Ballanche ajoutait :

« Comment un jeune homme paraît-il détrompé à ce point de toutes les choses de la vie? Quel est cet incroyable effet de l'imagination qui sitôt agit sur ses facultés neuves, qui sitôt fait naître dans sa poitrine le gémissement de la douleur, et produit avec une tristesse si amère cette longue plainte contre la destinée? Qui a pu, à peine sorti de l'adolescence, lui découvrir déjà tout ce que l'homme renferme de misère, et la science, de vanité?

« Toutefois le fond de cette âme n'avait pas échappé à tous. Ceux qui avaient passé par les mêmes épreuves l'avaient compris. Cette douleur intime qui s'échappe de ses paroles, cette mélancolie de ses habitudes tient à un malaise moral, à une solitude du cœur. Il se croit rassasié de la vie, et il ne l'a pas goûtée encore. Peut-être les chagrins et les ennuis sont venus le saisir prématurément. Il n'était pas armé pour le combat. Voyez, il ne sait accueillir aujourd'hui que l'ironie terrible de Pascal; demain peut-être il sera dompté par le puissant génie de Bossuet; heureux si le jour suivant il vient à prendre goût aux chants mélodieux de Fénelon, lorsqu'il charme notre exil par les plus douces paroles qui se soient trouvées jamais sur les lèvres d'un habitant de la terre ! »

Des lettres écrites par M. Ballanche à son ami Ampère, alors en proie aux agitations d'une âme aussi passionnée que son intelligence était puissante, ces lettres pour moi sacrées, et intéressantes pour le public par la signature et par l'adresse, montreront encore mieux que le fragment sur la Chartreuse cette désolation froide et réfléchie à laquelle fut livré un moment celui qui en était encore à Pascal, mais qui devait arriver à Fénelon.

« Nous sommes deux misérables créatures; un brasier s'est logé dans votre cœur, le néant s'est logé dans le mien, » écrivait M. Ballanche à son ami : il eut même la pensée de quitter le monde dont il était dégoûté, et d'entrer dans l'état ecclésiastique. Il priait son cher correspondant de s'informer de ce qu'était la vie du séminaire. « Je voudrais savoir, ajoutait-il, si l'on ne peut pas mêler à tout cela quelque étude étrangère, le grec et l'hébreu. » On voit qu'il demandait à tout un secours contre lui-même; il avait songé aussi au mariage; mais dans la disposition où se trouvait alors son âme malade, il voyait là de nouvelles sources d'angoisses, et il finissait une lettre par ces paroles désespérées : « Dans l'état de garçon il est facile de dévorer son existence, mais dans l'état d'époux et de père c'est bien différent. » On verra tout à l'heure qu'il ne pensa pas longtemps ainsi.

Je me suis arrêté sur cette époque peu connue de la vie morale de M. Ballanche, parce qu'elle me semble renfermer un enseignement. Toutes les natures un peu exaltées sont exposées à traverser, après la phase de l'enthousiasme, la phase du découragement. Il est bon qu'elles sachent comment on en sort. Un des êtres les plus sympathiques a cru un moment que le néant s'était logé dans son cœur...., il n'a vu dans l'existence qu'une douleur à dévorer; mais ce paroxysme violent n'a pas duré, et ce n'a pas été, comme il arrive trop souvent, l'endurcissement du cœur qui a produit la guérison ; non, la tendresse du sien l'a sauvé. Une douleur nouvelle, au lieu d'aigrir son âme, y a fait pénétrer l'onction et la charité, qui depuis l'ont toujours remplie.

Jamais ne fut plus vraie la comparaison des poëtes orientaux entre le cœur de l'homme et le bois de santal, qui ne répand pas ses parfums avant que le fer l'ait blessé.

Ceci nous conduit à parler d'un épisode de la vie de M. Ballanche, épisode gracieux et triste, qui a produit les *Fragments*.

En 1808 M. Ballanche écrivit les *Fragments*, ces

effusions mélancoliques et religieuses d'une âme tendre, qui ont fait dire à M. de Sainte-Beuve : « Si ces huit fragments étaient en vers ce qu'ils sont en prose, M. Ballanche aurait ravi à M. de Lamartine la création de l'élégie méditative. »

M. Ballanche a lui-même laissé quelques lignes où est déposé en partie le secret de cette douleur discrète et voilée qui gémit avec tant de charme et de douceur dans l'élégie de 1808.

L'auteur des *Fragments* ignora durant de longues années le mystère du malheur qui les lui avait inspirés; plus tard ce mystère a été en partie éclairci pour lui; le père de celle qu'il avait désignée dans son cœur pour être la compagne de sa vie, après avoir perdu cette fille chérie, accablé par la solitude et la vieillesse, se rapprocha de M. Ballanche, déjà lui-même avancé en âge, et qu'il se plaisait à appeler son fils, comme en réparation d'un passé irréparable. M. Ballanche apprit alors comment des circonstances impérieuses, et qu'il est inutile de retracer ici, avaient empêché une union qui était dans les vœux de la jeune fille et dans les intentions de ses parents. Sous l'empire de ces circonstances elle avait épousé le fils d'un homme célèbre, et vingt ans plus tard était morte après avoir donné l'exemple de toutes les vertus chrétiennes. Nous ne prononcerons aucun nom propre; mais il y avait trop de pureté dans cette histoire pour ne pas la raconter.

C'est peut-être rendre à la mémoire de M. Ballanche un hommage selon son cœur, que de citer ici quelques lignes tracées par celle qui lui en inspira à lui-même de si touchantes ; peut-être, s'il était là, nous saurait-il gré de chercher à faire aimer celle qu'il a aimée. J'ai sous les yeux un manuscrit contenant le récit d'un voyage de Montpellier à Lyon. Dans cette ville elle devait connaître M. Ballanche et faire avec lui une excursion à l'ermitage du Mont-Cindre, excursion qu'elle a racontée et qui nous intéresse plus particulièrement ; mais, dans le voyage de Montpellier à Lyon, on trouve quelques passages où se montre un esprit délicat et une âme élevée, qui justifient le choix de l'imagination du poëte.

« Je priai mon bon ange de rester près de ma mère, dit la jeune fille ; il me sembla qu'il la garderait encore mieux que le sien. »

Et à l'aspect des Arênes de Nîmes :

« Je n'ai rien vu d'aussi imposant que ce monument ; je trouve qu'il effraie ; on est plus tenté de reculer que d'approcher. »

Timide étonnement d'une jeune biche effarouchée en présence d'une ruine.

« Les Arênes semblent être l'ouvrage des géants et la Maison Carrée l'ouvrage des génies. »

En parlant de la tour Magne :

« La pariétaire, le riz sauvage, les mousses se sont

emparés de ces ruines qui veulent bien être ornées mais non pas cachées par elles. »

Vers la fin du morceau, quelques pressentiments mélancoliques apparaissent comme des éclairs lointains dans un ciel pur; on est ému en lisant ces rêveries prophétiques du jeune âge qui ont été réalisées par la mort.

« Que suis-je, moi qui parais pleine de vie, de force, de jeunesse, si ce n'est cette fleur qui mourra peut-être avant le temps; que suis-je, si ce n'est une jeune et fragile ruine? »

Cette aimable et innocente plume a aussi tracé le récit du pèlerinage au Mont-Cindre, entrepris cette fois, non avec un père, mais avec un jeune et sage ami, auquel ce père avait confié sa fille, et qu'elle appelle M. Simon. (Simon était un des prénoms de M. Ballanche.) Ils partent ensemble pour aller visiter l'ermitage. Moi aussi, durant mon enfance écoulée au pied du Mont-Cindre, j'ai beaucoup entendu parler de cet ermitage fameux dans tous les environs; et, en me reportant à ces souvenirs, je comprends l'enthousiasme de la compagne de M. Simon, qui rêve au bout de cette promenade toutes les merveilles de la Thébaïde. La pieuse jeune fille salue dévotement les croix qu'elle rencontre sur son chemin et qu'elle s'applaudit de voir relevées. « *O crux, ave*, disais-je en passant, et je me rappelais tout ce que M. de Chateaubriand a dit sur ce sujet. » Puis l'on commence à s'élever, la vue devient plus belle en devenant plus étendue ; par moments on s'arrête et on s'assied pour la contempler ensemble ; le sage mentor, c'est ainsi qu'on l'appelle, est plein d'attention et de prudence, ses entretiens ne sont point frivoles, il observe les roches de la montagne ; « il cherchait à deviner, dit-elle, ce qui avait produit ces phénomènes ; est-ce le travail des eaux ou celui du feu ? » L'écolière un peu indocile aime mieux dire avec le *Génie du Christianisme* : « Pourquoi, dès le premier jour, la vieille corneille n'aurait-elle pas sur un chêne centenaire prononcé de fatidiques accents ? Et pourquoi Dieu n'aurait-il pas créé la pierre calcaire en même temps que le granit que nous avons appelé primitif ? » Dans sa naïve espièglerie de jeune fille, elle dit gaiement : « Il y avait un âne auprès de l'ermitage ; M. Simon remarqua qu'il avait la tête du zèbre. Comme je ne connaissais pas cet animal, je pensai que le zèbre a la tête de l'âne. » Arrivée à l'ermitage, elle invite son compagnon de pèlerinage à écrire quelque chose sur un mur, et il écrit : « Cet ermitage rappelle assez bien les destinées humaines ; resserré dans des bornes étroites, on y jouit d'une étendue immense. » Le penseur se montrait dans cette ligne tracée sur une muraille de l'ermitage du Mont-Cindre.

Il faut le dire, à travers ce gracieux récit, rien ne se montre qui, par la rêverie ou l'embarras, fasse de part ou d'autre pressentir un sentiment qui probablement n'existait pas encore. Peut-être naquit-il en ce jour, à leur insu, pendant cette innocente promenade, dans deux cœurs d'une pureté également virginale; peut-être aussi, après ces souvenirs évoqués d'une double tombe, les tristes fragments qui parurent en 1808, quand l'espoir un moment éveillé dans le cœur de M. Ballanche s'était éteint, auront un sens et un charme de plus.

« Souffle du printemps, pourquoi viens-tu murmurer à mon oreille le bonjour matinal? Tu m'apportes bien les douces émanations des fleurs; mais tu as oublié les riantes illusions de l'avenir. J'ai reconnu que le bonheur était une plante étrangère, qui croît dans les champs du ciel, et qui ne peut s'acclimater sur la terre. Souffle du printemps, laisse-moi.

« Jadis, dans mes longues rêveries, j'arrangeais le monde au gré de mes désirs; j'y cherchais ma place, et l'espérance cherchait avec moi en souriant. Bientôt je fus détrompé, et je compris le secret renfermé dans les paroles mélancoliques de Job. Cette tristesse des hommes qui ont sondé les abîmes du cœur et qui ont étudié les choses de la vie ne me surprit plus.

« Les merveilles de la nature, les créations du génie venaient encore quelquefois enchanter mon imagination; mais c'était un plaisir vide et de courte durée. Assis à un banquet, ma tête se retirait en arrière, et je refusais de prendre part à la joie des convives, parce que je devinais que cette joie n'était qu'apparente.

« La présence des hommes me fatiguait, et j'étais mal lorsque j'étais seul. Je m'interrogeai et je crus qu'il me fallait cette douce société établie par Dieu même, cette société qui est le charme de la solitude, et qui est en même temps une solitude, mais aimable, mais animée.

« Je jetai les yeux autour de moi, et j'allais demandant la femme selon le cœur de l'homme de bien, celle qui devait rendre au zéphir son souffle élyséen, aux fleurs leurs parfums, à toute la nature sa magie, enfin à mes pensées leur calme et leur jeunesse.

« Je me lassai de chercher. Ma voix ne savait plus former que des soupirs, et mon oreille ne savait plus ouïr que des gémissements. J'étais comme le palmier du désert qui est destiné à avoir une existence stérile, et à mourir ignoré après avoir bu pendant quelques jours les larmes de l'aurore.

« Pourquoi s'obstiner à ne voir l'avenir que dans la vie? Eh! réfugions-nous dans cet autre avenir qui est au delà! Ainsi peut-être j'étais prêt de m'accoutumer à cet état de vide et de délaissement. J'avais cessé de me confier à l'espérance, et j'avais pris en pitié les destinées humaines.

« Cependant un jour une voix arrive jusqu'à mon

cœur; et ce son ravissant, qui semblait détaché d'une harpe céleste, me révèle tout à coup une existence nouvelle. La voilà, me dis-je en moi-même, la voilà celle que Dieu m'a promise ; elle a été mise sur la terre pour partager ma bonne et ma mauvaise fortune, pour donner un motif à mes actions et un but à mes pensées.

« Mes jours lui seront consacrés, elle saura tous les secrets de mon âme. Mes ennuis s'évanouiront devant le charme de ses paroles. Je la mettrai entre le ciel et moi pour conjurer le malheur.

« Mais le malheur ne l'a pas respectée elle-même. Cette douce et innocente victime n'est point étrangère aux choses de la douleur; j'ai vu des larmes dans ses yeux, et déjà son cœur a connu l'amertume de la vie. »

« Qu'importe, pour le peu que dure la vie, qu'elle ait des couleurs plus ou moins prononcées, qu'elle soit plus ou moins pleine de faits? Et qu'il est vain ce désir de vivre chez les siècles futurs, qui tourmente quelques hommes! Insensé qui consume ses jours pour apprendre à la postérité les deux ou trois syllabes muettes qui composent son nom! Qu'est devenue la cendre d'Homère? qu'est devenue la poussière qui fut Alexandre?

« C'est ainsi que s'exprime une philosophie vulgaire : il est si facile de ne mépriser dans la vie que les choses éclatantes! Mais cette autre philosophie qui enseigne à mépriser aussi les choses douces et aimables, à se méfier des illusions, à redouter les promesses de l'espérance, à apprécier les féeries de l'imagination, cette philosophie sévère, importune, est bien moins ordinaire, et elle est beaucoup meilleure.

« Qu'importe donc le plus ou moins de douleur, le plus ou moins de plaisir? Que l'homme soit heureux ou malheureux, le temps est également hors de son pouvoir. Les instants succèdent aux instants, les jours aux jours, les années aux années, et il vient bientôt une année qui est la dernière, un jour qui est sans lendemain, un instant qui n'est suivi d'aucun instant. Alors le plaisir et la douleur ne sont plus qu'un songe, et la vie un souvenir confus.

« Nulle créature n'est seule pour la douleur; elle souffre et elle fait souffrir. Si l'homme savait combien toutes les affections sont redoutables, il fuirait dans un désert pour n'en former aucune; il s'arracherait de bonne heure à celles dont il aurait contracté la douce habitude en naissant. Il faut que tôt ou tard il jette le désespoir dans l'âme des êtres qui lui sont chers, ou qu'il soit lui-même en proie au désespoir à cause d'eux. Dès qu'il commence à sourire, voilà le malheur, voilà les maladies, voilà la mort qui choisit une victime à côté de lui et dans son cœur.

« Les douleurs du corps sont finies, mais les tristesses de l'âme et les ennuis du cœur n'ont point de bornes. Les forces du corps s'épuisent dans la douleur physique, et la souffrance cesse par son excès : la douleur de l'âme donne une nouvelle énergie à la force vitale, et le flambeau de l'existence qui paraissait près de s'éteindre se rallume de nouveau. La douleur physique a toujours des gémissements à exhaler, des larmes à répandre; la douleur morale n'a souvent ni la consolation des gémissements ni le soulagement des larmes.

« Mais ne suis-je point ici rebelle à ces deux philosophies, l'une vulgaire et l'autre sublime, dont je viens d'exagérer peut-être les austères leçons? En effet, au moment même où je voudrais briser le mobile de tant de nobles pensées, et tarir la source de tant de sentiments consolateurs, il me semble que j'entends au fond de mon âme une voix qui murmure et qui m'accuse d'injustice.

« Ah! malgré les tourments qui suivent nos affections, ne redoutons point d'en former, puisque notre cœur est fait ainsi qu'il ne peut s'en passer. Au risque de rencontrer la douleur, abreuvons-nous de ces doux sentiments que Dieu créa pour donner sans doute l'idée d'une félicité à laquelle il ne nous est pas permis d'atteindre sur la terre.

« De quel droit encore voudrions-nous que ceux qui ont reçu ce don d'en haut, qui fait désirer de vivre dans la mémoire des hommes, refusassent la brillante auréole de la renommée? Le désir de la gloire n'est autre chose que le sentiment de la vie qui essaie de repousser la mort, l'instinct d'une grande âme qui pressent son immortalité. »

« Le printemps a fui, l'été lui a succédé, et maintenant voici l'hiver. Le printemps reviendra couronner la terre de fleurs, les beaux jours renaîtront, mon cœur restera flétri. La courte vie de l'homme contient une vie plus courte encore, qui s'est éteinte en moi, c'est celle des illusions.

« La nature est désenchantée, l'avenir est sans prestiges, l'espérance n'a plus de promesse, mon imagination méconnaît l'idéal qu'elle même créa, et mon âme est en proie à une tristesse dont elle ne peut pas prévoir le terme. Il est des blessures qui ne se cicatrisent jamais : il est des larmes qui sont toujours amères.

« Certaines douleurs ne sont pas sans un charme vague et inexprimable auquel on aime à se livrer ; mais il est d'autres douleurs dont on voudrait pouvoir anéantir le souvenir quand l'orage qui les a amenées sur nous est passé.

« On ne rêve qu'une fois le bonheur. En effet, lorsqu'on a cru l'apercevoir, et qu'on a reconnu son erreur, où pourrait être le garant d'autres espérances si l'on avait encore la faiblesse d'en former? L'amandier qui s'est trop confié aux promesses d'un zéphir trompeur perd ses fleurs précoces, et le raisin ne mûrira pas sur la vigne qui a été surprise par la gelée de mai. L'hiver durera toute l'année. »

« Maintenant donc, puisque tout enchantement est détruit, que me reste-t-il à faire sur ce grain de sable qu'on appelle la terre? Il me reste à me confier doucement aux promesses immortelles qui sont faites à l'homme, et qui doivent s'accomplir au delà du tombeau. »

« Hermann est conduit par sa rêverie au bord d'un limpide ruisseau. Là il s'assied et contemple avec un charme secret l'onde qui fuit en murmurant. Il roule dans sa tête les années sitôt écoulées de son enfance, et les souvenirs bien récents encore de sa fugitive adolescence. Il repasse dans sa mémoire ses premières impressions, ses premiers plaisirs, ses premières peines; car déjà il n'est plus étranger aux ennuis, déjà il a connu la douleur. Son avenir cependant s'offre à lui revêtu du voile magique de l'illusion.

Il conçoit l'idée du bonheur, et cette idée vient se lier en même temps au désir de partager son existence avec celle d'une femme selon son cœur. Il se plaint doucement en lui-même de n'avoir pas encore trouvé celle qui doit réaliser tous les enchantements de sa jeune imagination.

« Pendant qu'il se laisse ainsi entraîner à ces pensées, il aperçoit dans le miroir des eaux une figure charmante qui vient se placer à côté de la sienne. Cette apparition merveilleuse lui rappelle d'une manière confuse, et sans le faire sortir de sa rêverie, la surprise de notre premier père, si bien décrite par le poëte d'Albion. Il ne sait s'il veille réellement, ou s'il n'est point abusé par un songe aimable; et, dans la crainte de commettre la même imprudence que le chantre des *Géorgiques* raconte d'Orphée ramenant Eurydice à la lumière, il n'ose tourner la tête. Il reste donc sans mouvement, les yeux attachés sur cet objet ravissant.

« Ce n'était point un songe. L'attrait de la solitude avait conduit Dorothée dans ce lieu. Elle s'était trouvée près du jeune rêveur sans l'apercevoir; ensuite elle avait craint de troubler la méditation profonde dans laquelle il semblait plongé. Elle avait été retenue immobile, d'abord par l'étonnement, et ensuite par une sorte de curiosité qui s'était changée aussitôt en un autre sentiment. Les deux charmantes créatures ne se voyaient point; le ruisseau seul les montrait l'un à l'autre. L'image d'Hermann semblait sourire à Dorothée, et lui dire en tremblant ces premières paroles de l'amour, si bien comprises, quoique si mal articulées : « Aimable fille, n'es-tu point un ange du « ciel; ou Dieu me montre-t-il en toi l'épouse qui « embellira ma solitude, comme autrefois, dans Éden, « il présenta à Adam sa belle compagne? » L'image de Dorothée semblait sourire en retour à l'heureux Hermann, et lui dire, avec l'expression naïve de l'amour sanctifié par la pudeur : « Noble jeune homme, je te « choisis dès ce moment pour mon époux; je quit- « terai, quoiqu'en pleurant, la maison paternelle, « pour être dans ta demeure la mère fortunée de tes « enfants. »

« Tel fut le muet langage que durant cette douce extase les deux amants lurent sur le visage l'un de l'autre, reflété dans le cristal de la fontaine. Mais la scène enchantée que je viens d'esquisser si faiblement n'était qu'une vaine illusion, car ces aimables présages ne se sont point réalisés; et une rencontre qui paraissait devoir être la source de tant de félicité n'a produit que des larmes.

« Je sais que le poëte qui a célébré l'histoire d'Hermann et de Dorothée lui a donné un autre dénouement que celui qu'on vient de lire; mais faut-il toujours croire les poëtes, artisans de gracieux mensonges? Ils se jouent sans remords de notre imagination, si facile à se laisser séduire, et notre cœur s'abandonne sans méfiance à l'harmonie de leurs concerts. Habiles, quand ils le veulent, à mêler l'or et la soie au fatal tissu des Parques, ils savent prodiguer des trésors qui ne leur coûtent rien. Dieu, qui leur donna une lyre d'or pour chanter les merveilles de la création, leur permit de s'en servir aussi pour endormir les ennuis des hommes. »

Voici maintenant ce qu'écrivait en 1830 M. Ballanche, en réimprimant les *Fragments* dans un volume qui contenait deux de ses ouvrages :

« Tout un ordre de choses se trouve compris entre l'*Antigone* et l'*Homme sans nom*.

« Les fragments recueillis par une main amie, et que l'on vient de lire, n'auraient point dû trouver leur place à côté de ce double emblème des destinées humaines ; et cependant que l'on veuille bien me pardonner de les avoir conservés. Combien de fois les saisons se sont renouvelées depuis les jours où je les écrivais dans la solitude ! Que de pensées, que de sentiments, que d'études, sont entrés dans mes souvenirs et s'en sont évanouis ! Ai-je vécu ? Ai-je seulement rêvé ? Et je suis certain que c'est toujours moi ! moi divers et le même ! moi successif et identique ! Ceci me fait comprendre et sentir la perpétuité de l'existence, ailleurs, sous d'autres cieux, ailleurs avec un autre monde extérieur, ailleurs avec des sentiments et des pensées d'un autre ordre, ailleurs, enfin, en rapport avec d'autres êtres, avec d'autres intelligences, avec des faits d'une autre nature; et cependant, vie du passé, oh! que je te contemple encore une fois, encore une fois qui sera peut-être la dernière! L'âge a pesé sur ma tête. L'initiation de la douleur a porté ses fruits. Et cependant, même aujourd'hui, je ne puis jeter les yeux sans larmes sur ces anciens confidents d'une absence qui commençait alors, et qui ne devait plus finir.

« Le 14 août 1825, date bien funeste, que j'ai longtemps ignorée, et dont je n'ai été averti par aucun pressentiment; du moins, si une corde de ma lyre a rendu un son funèbre, le mouvement du monde m'a empêché de l'entendre; le 14 août, une belle et noble créature qui m'était jadis apparue, et qui habitait loin des lieux où j'habitais moi-même, une belle et noble créature, jeune fille alors, jeune fille à qui j'avais demandé toutes les promesses d'un si riche avenir; en ce jour, cette femme est allée visiter, à mon insu, les régions de la vie réelle et immuable, après avoir refusé de parcourir avec moi celles de la vie des illusions et des changements. Hélas! je dis qu'elle avait refusé, mais il y là un mystère de malheur que je ne saurai jamais sur cette terre.

« Ah! si je n'avais à léguer que ces tristes pages, sans doute elles auraient dû rester dans l'oubli. Suis-je donc le seul dont la destinée se soit trouvée à jamais incomplète? Le monde en est plein. D'ailleurs toutes les destinées humaines sont faites pour être incomplètes ici-bas.

« Laissons à présent dormir en paix ces souvenirs d'un passé confondu dans bien d'autres passés, et voyons ce qui se remue autour de nous. Le spectacle des affaires humaines ne vaut-il pas mieux que la contemplation de nos propres douleurs, de nos douleurs anciennes et nouvelles? Il me semble qu'aujourd'hui le spectacle des affaires humaines est beau dans le pays de France.

« La Restauration, lorsqu'elle s'est accomplie en présence de l'Europe, la Restauration s'est ignorée elle-même, parce qu'un temps, une force, un principe, s'ignorent toujours. »

Et M. Ballanche, enlevé au souvenir de ses propres tristesses par sa sympathie pour les destinées humaines, détourne la tête du passé et se replonge dans la contemplation du présent et de l'avenir.

L'incident douloureux auquel se rapportent les *Fragments* ne tint pas une grande place dans sa vie, au moins dans la partie extérieure de cette vie. Depuis, son cœur appartint à un sentiment plus sérieux et qui fit réellement sa destinée ; mais au milieu des préoccupations de l'intelligence, des affections profondes de l'âme, il lui resta toujours un vague et mélancolique souvenir de cette espérance trompée, de ce songe évanoui; et, sans parler des *Fragments*, on peut retrouver dans les graves entretiens d'Orphée et d'Eurydice quelques réminiscences altérées de la course au mont Cindre.

III

VOYAGE A ROME. — ANTIGONE

Après le douloureux épisode auquel se rapportent les *Fragments*, M. Ballanche reprit doucement sa tristesse; tristesse plus réelle que celle du jeune homme malade, dont la plainte n'avait point d'objet déterminé; tristesse aussi plus calme et plus résignée peut-être parce qu'elle était plus profonde.

Ce fut alors qu'il eut l'idée d'écrire *Antigone*. Le malheur accepté comme loi suprême de la condition de l'homme, comme moyen d'expiation et d'épreuve, le malheur coupable, incarné dans Œdipe, le malheur innocent personnifié dans Antigone, telle fut la première pensée de M. Ballanche quand il choisit pour sujet la sombre histoire du fils de Laïus et de ses enfants. Cet arrêt de la destinée humaine est souvent proclamé dans *Antigone*. L'auteur se complaît douloureusement à moduler sur toutes les cordes de sa lyre cette plainte, qui, dans les *Fragments*, sortait du plus profond de son cœur : *Il n'y a de réel que les larmes.*

Sans doute le désespoir d'Hémon et le triste dénoûment du poëme, l'amour sans hymen, les noces consacrées par la mort, toutes ces choses si tristes furent imaginées d'abord par le poëte sous l'impression de ce deuil récent d'une espérance bientôt morte dans son cœur.

Mais pendant qu'il composait *Antigone*, la poésie devait lui apparaître sous une forme enchanteresse; il devait connaître celle dont il a dit : qu'elle avait par son charme endormi ses douleurs ; celle qu'il a saluée du nom de Béatrix ; qui, après avoir été l'âme de ses inspirations les plus élevées et les plus délicates, dans d'autres années a été la providence de tous ses instants jusqu'au jour où elle est venue s'asseoir au chevet du fidèle ami qu'elle devait pleurer.

Il faut bien qu'elle me permette de parler d'elle en parlant de M. Ballanche, car la retrancher d'une existence qu'elle remplissait, ce serait mutiler cette existence; l'ami perdu et toujours présent ne le permettrait pas; d'ailleurs c'est lui-même qui parlera, c'est lui qui fera ces confidences touchantes et qui nous apprendra combien le personnage idéal d'Antigone se confondait dans son imagination avec celui de la *noble exilée;* c'est le nom qu'il aime à donner à la brillante et généreuse amie de madame de Staël. Il devait naturellement en être ainsi. Madame Récamier, que l'exil venait de frapper parce qu'elle avait résisté à la tyrannie pour demeurer fidèle à l'amitié, madame Récamier devait donner ses traits à l'héroïne qui était pour M. Ballanche le type du dévouement.

« Oui, écrivait-il, vous êtes bien l'Antigone que j'ai rêvée; oui, cette destinée à part, cette âme élevée, ce cœur généreux, ce génie du dévouement sont des traits de votre caractère. Vous auriez enfin inspiré l'hymne à la beauté qu'Antigone chantait parmi ses belles compagnes. Je commençais seulement à travailler à Antigone lorsque vous m'êtes apparue à Lyon, et Dieu seul sait pour combien vous êtes dans la peinture de cet admirable personnage. L'antiquité est bien loin de m'en avoir fourni toutes les données, cet idéal m'a été révélé par vous. Souvenez-vous encore que c'est auprès de vous que j'ai écrit l'épithalame funèbre. J'expliquerai un jour toutes ces choses; je veux que dans l'avenir on sache qu'une créature si parfaite n'est pas tout entière de ma création. »

Ce fut Camille Jordan qui amena chez madame Récamier un jeune homme un peu timide et silencieux, mais dont la distinction se révéla tout d'abord à celle qui en était si bon juge. Ces deux âmes étaient douces, nobles et tristes; elles s'entendirent. Une existence encore presque ignorée et une existence que tant d'éclat avait déjà entourée furent rapprochées par une sympathie sérieuse et une délicate association de sentiments et de pensées. Cette affection devait remplir la vie de M. Ballanche. Nous avons déjà appris de lui quelle place elle tint dès lors non-seulement dans son cœur mais dans ses ouvrages; le dernier livre d'*Antigone* fut écrit à Rome où M. Ballanche était allé visiter la noble exilée.

J'ai parlé ailleurs[1] de quelques lignes écrites à Rome par M. Ballanche disant adieu à cette ville que tant d'hommages ont saluée de siècle en siècle. En 1813, Rome était sans pape : M. Ballanche fut frappé surtout « de la grande ombre du souverain pontificat tout brillant de son absence même. » En réimprimant ce fragment vingt ans plus tard l'auteur a dit :

« La vieille Rome ne m'avait point alors révélé ses mystères ; j'étais plongé dans tous les lieux communs de l'histoire. »

Il n'y était pas, quoi qu'il en dise, tellement plongé qu'il ne se montrât avec ses émotions personnelles au milieu des effusions inévitables sur la misère des grandeurs humaines.

« La poésie et les arts, disait-il encore triste, ne m'offrent plus que de faibles enchantements; ils ont perdu tout pouvoir de me distraire et de m'exalter; ma vie s'est comme réfugiée dans mes affections ; elles seules peuvent me faire jouir et souffrir. » Il s'écriait : « Ce n'est pas Rome que j'étais venu chercher ici. » — Non sans doute, mais celle qu'il était venu chercher

[1] *La Grèce, Rome, Dante*, études littéraires d'après nature.

lui avait montré Rome, et la majesté des souvenirs et des ruines n'y avait rien perdu. Le Colisée gagne à être éclairé par les discrètes lueurs de Diane.

Le lecteur retrouvera volontiers, je pense, trois des plus remarquables passages de l'*Antigone*, le récit étrange de la victoire d'Œdipe sur le sphinx, — la mystérieuse mort d'Œdipe, — le mélancolique épithalame chanté par les compagnes d'Antigone auprès de sa couche funèbre.

LE SPHINX

« Le sphinx était assis sur une des croupes arides du mont Phicéus; de là il répandait la terreur sur toute la contrée. J'arrive en sa présence, au lever de l'aurore : un rideau de nuages transparents couvrait sa stature immense. Il avait le visage d'une femme; tous ses traits, parfaitement réguliers, étaient immobiles : j'aperçois encore cet œil scrutateur qui semblait vouloir arracher les plus intimes secrets de la pensée, et dans les contours de sa bouche une sorte d'ironie triste et terrible qui me faisait frémir. Oui, je puis l'avouer à présent, quand je vis ses mains terminées en griffes énormes s'avancer hors du nuage, toutes prêtes à saisir une proie assurée, je commençai à me repentir de ma témérité. Cependant l'énigme m'est proposée, mais d'une manière toute nouvelle et toute merveilleuse. Aucun son articulé ne retentissait à mon oreille. Aucun mouvement ne paraissait agiter les lèvres du monstre; seulement j'entendais comme une voix intérieure qui résonnait sourdement au fond de ma poitrine. Au même instant, les regards du sphinx s'allumèrent, une joie féroce anima son visage; ses griffes s'abaissèrent sur ma tête : alors je tirai mon glaive, et, me couvrant de mon bouclier, je m'élançai sur mon terrible adversaire; car il m'était livré, j'avais deviné l'énigme. Mon fer s'enfonça dans je ne sais quoi qui n'existait plus : tout avait disparu comme une vision. Néanmoins mon glaive dégouttait d'un sang immonde, et j'avais entendu un bruit faible, mais sinistre, tout semblable au râle d'un homme qu'on égorgerait dans les bras du sommeil. »

LA MORT D'ŒDIPE

Œdipe, après avoir béni et consacré sa fille, la prie de le laisser seul avec son destin, en présence des dieux.

« Antigone s'éloigne en pleurant. Bientôt elle entend un bruit effroyable. Le jour paraît s'éteindre; seulement quelques éclairs rares, mais prolongés, traversent l'obscurité profonde. Les sommets du Parnasse, les cimes de l'Hélicon semblent jeter des flammes. Tout à coup retentit au loin comme le roulement d'un char qui se précipite du haut d'une montagne dans le fond d'un ravin, où il arrive brisé. Antigone se retourne, le cœur serré de mille angoisses, et elle voit, entre les deux chênes embrasés, le malheureux roi de Thèbes, le visage couvert d'un long voile, tenant d'une main le couteau sacré, et de l'autre la patère pleine du sang de la victime. L'auguste misérable est entouré d'une lumière dont la vierge ne peut soutenir tout l'éclat, et qui s'éteint aussitôt : alors d'épaisses ténèbres lui dérobent la vue de son père; et du sein de ces ténèbres mystérieuses sort ce dernier cri : « Hélas! hélas! adieu, ma fille! » A l'instant même renaît la clarté du jour. Antigone s'approche en tremblant; mais elle ne trouve que la brebis égorgée : il ne restait plus rien d'Œdipe. Ainsi disparut de la terre le fils de Laïus. Fut-il consumé par la foudre? fut-il englouti dans un abîme? fut-il enlevé vivant dans l'Olympe? Les dieux se sont réservé ce secret. »

On voit que M. Ballanche s'élevait à la hauteur de la Melpomène grecque; on va voir qu'il savait emprunter à la poésie antique ce qu'elle a de plus gracieux, y mêlant comme toujours la mélancolie et la gravité de l'inspiration chrétienne.

L'ÉPITHALAME FUNÈBRE

« La jeunesse de Thèbes se rassembla le lendemain autour du tombeau de la pieuse Antigone et du généreux Hémon. Les jeunes filles avaient des branches de myrte et des couronnes de roses; les jeunes hommes tenaient à la main des couronnes de chêne et des branches de laurier.

« Voilà ton époux, disaient les guerriers; voilà ton « époux; jeune, beau, plein de sentiments généreux, « il t'aime comme on aime la gloire, comme on aime « sa propre vie, lorsque tout sourit dans l'avenir, « lorsque toutes les pensées reposent dans l'espérance. « Il t'a consacré ses jours brillants, ses belles actions, « ses nobles sentiments; oh! lève tes yeux sur lui; « ses beaux cheveux sont couronnés de la fleur d'hya- « cinthe; on lit sur ses lèvres les paroles harmonieuses « qui vont y éclore. Ne refuse pas de voir comme ses « regards s'enivrent du bonheur de te contempler « dans l'éclat de l'innocence et de la beauté. Il te tend « ses bras, qui semblent en ce moment désaccoutumés « du glaive menaçant. Néanmoins la force habite sa « mâle poitrine : il saura te protéger et te défendre; « son bouclier t'environnera dans ta faiblesse. Vierge « modeste, approche de ton époux. »

« La voilà, disaient les jeunes filles, la voilà celle « qui excite tant d'amour. Voyez comme elle est belle! « elle est meilleure encore qu'elle n'est belle. Une « couronne de roses couvre son front ingénu. Les « Grâces elles-mêmes ont tissu le voile léger qui des- « cend sur son visage; ses yeux laissent échapper « une douce flamme; l'expression de mille sentiments

« tendres et élevés semble errer sur ses lèvres charmantes. Nous la connaissons, c'est notre compagne, « c'est notre amie; nous avons passé avec elle les « premières années de notre enfance parmi les prai- « ries fertiles qu'arrose le Dircé. Plus d'une fois nous « nous sommes baignées avec elle dans les eaux de « la fontaine Acidalie; plus d'une fois nous l'avons « aidée à tresser des guirlandes pour parer les autels « des Muses. Ah! ce sera le souvenir le plus beau de « notre vie, ce sera le sujet éternel de nos entretiens « d'avoir ainsi été les compagnes, les amies d'Antigone. Pourquoi veux-tu nous quitter, ô la meilleure « et la plus belle? t'avons-nous fait quelque déplaisir? « es-tu dégoûtée de nos jeux innocents? et ton époux « t'aimera-t-il mieux que ne t'aiment tes compagnes? « Qu'as-tu besoin de protection et d'appui, ô la meilleure et la plus belle? ta vertu, tes grâces parfaites, « ne font-elles pas ta sûreté? Les dieux te défendraient, « au défaut des hommes. Une vierge ressemble à ces « fleurs solitaires qui exhalent leurs plus suaves parfums dans le vallon écarté ou dans le creux d'un « rocher inaccessible. Elles ne sont visitées que par « les rayons de l'aurore, elles vivent de la rosée du « ciel. Ainsi une vierge passe ignorée au milieu des « hommes. Les dieux seuls connaissent les secrets de « son cœur et le charme de ses pensées intimes. »

« Non, reprenait le chœur des jeunes hommes, « non, la meilleure et la plus belle ne se plaint point

« de ses aimables compagnes; mais vous ignorez, « ô jeunes filles sans expérience ! vous ignorez ce « qu'est la vie. Il ne suffit pas d'aimer et d'être aimé ; « le malheur tourne sans cesse autour de la vertu. « Vierge timide, mets-toi sous la protection de « l'homme fort. Le courage est nécessaire pour mar- « cher au travers des périls dont notre carrière est « semée ; il est nécessaire pour s'avancer vers ce « terme inconnu et mystérieux qui est la mort. »

« Eh bien, répondaient les jeunes filles, nous ne te « retiendrons plus parmi nous, ô la meilleure et la « plus belle ! Tu peux aller embellir la demeure de « celui qui s'est nourri de la moelle du lion, du miel « du vieux chêne ; va répandre sur ses joues cette joie « sérieuse qui est le véritable amour. Entre dans la « chambre nuptiale ; précède ton époux, selon l'usage, « et reçois nos adieux sur le seuil. Hélas ! cet hymen « ne coûtera aucun sacrifice à la pudeur. Adieu ! ô la « meilleure et la plus belle ! »

« Adieu, répétaient les jeunes hommes, adieu, no- « ble prince ; adieu, vierge charmante ! Adieu, ô le « le plus généreux et le plus vaillant ! Adieu, ô la « meilleure et la plus belle ! »

Une lettre écrite par M. Ballanche au sujet de diffé- rents articles publiés dans les journaux sur *Antigone*, et dans laquelle il juge les jugements rendus, fait honneur à son esprit et à son âme. L'appréciation des critiques dont on a été l'objet est une redoutable épreuve pour la vanité irritable ou la fausse modestie. M. Ballanche écrivait :

« Les *beaux éloges* des journaux sont venus dans un assez mauvais moment. Ils m'ont fait peu de plaisir. Comme vous avez eu la bonté de vous y intéresser beaucoup, je me crois obligé de redresser, mais pour vous seulement, les jugements qu'ils ont portés. Il y a des éloges que je crois mériter, d'autres que je ne mérite point, d'autres que je trouve exagérés ; enfin, il y en a que je crois mériter et auxquels on n'a pas songé.

« Nodier a commis, à mon sens, plusieurs erreurs graves. Il a accusé les anciens d'avoir généralement cru à la fatalité, d'y avoir cru à l'exclusion de toute croyance. Enfin, il a donné à penser que la fatalité faisait le fond de la croyance des anciens. Pour moi, je crois que la conscience des hommes a toujours admis la liberté de l'homme et par conséquent a repoussé, par sentiment, le système de la fatalité. Le symbole moral de Némésis, c'est-à-dire de la justice distributive, est un symbole que je n'ai point inventé. C'est un symbole qui est dans les dogmes les plus certains de l'antiquité. J'ai eu, il est vrai, la bonne pensée d'en faire la base religieuse de mon ouvrage : il fallait me louer de cela, mais il ne fallait pas me louer d'autre chose.

« Nodier me loue d'avoir placé la mort d'Œdipe sur le Cythéron : il a bien raison ; mais il a remarqué avec beaucoup de justesse que Sophocle avait eu de bonnes raisons pour placer cette catastrophe dans le bourg de Colone. Ainsi Sophocle et moi avons été bien inspirés : il fallait donc ne pas déprimer ensuite Sophocle pour relever mon mérite. Placer la mort d'Œdipe sur le Cythéron était aussi nécessaire à l'esprit de ma composition, que la placer dans le bourg de Colone était nécessaire à l'esprit de la composition de Sophocle. D'ailleurs, sans nuire à ce qu'il y a de bien dans la description que j'ai faite de la mort d'Œdipe, on pouvait bien rendre justice à l'admirable scène de Sophocle. »

Cette appréciation faite ainsi par l'auteur en toute conscience et avec un discernement très-fin me paraît remarquable à tous égards, et le petit mouvement d'humeur contre l'article très-favorable de Nodier, qui aurait bien *pu être plus juste pour l'admirable scène de Sophocle*, me touche beaucoup.

IV

LA RESTAURATION. — L'ESSAI SUR LES INSTITUTIONS SOCIALES. L'HOMME SANS NOM. — LE VIEILLARD ET LE JEUNE HOMME. — OPINIONS POLITIQUES ET LITTÉRAIRES DE M. BALLANCHE.

De tous les ouvrages de M. Ballanche celui peut-être dans lequel se trouve le mouvement d'esprit le plus hardi et le plus varié, c'est l'*Essai sur les institutions sociales*. Dans ce volume la pensée toujours élevée est souvent rendue saillante par l'expression; l'esprit de conservation vient se placer à côté du génie spéculatif et traduire pour le monde les oracles inspirés par la solitude. On sent que de nouvelles habitudes sont entrées dans la vie de M. Ballanche; le reclus de Grigny est devenu l'habitant du salon de l'Abbaye-aux-Bois. Jusqu'ici on ne l'a guère entendu que gémir ou chanter; il cause maintenant, il a de l'entrain, il a de la verve, il est ingénieux, piquant, il touche au paradoxe.

Nous sommes en 1818, c'est le moment où dans le champ de la politique les opinions des libéraux et celles des ultras se combattaient avec violence, où, sur le terrain de la littérature, les doctrines classiques et les théories romantiques se heurtaient à grand bruit. Dans cette mêlée, M. Ballanche, loin de s'intimider, s'anime; en politique comme en littérature, les deux causes l'attirent par ce qu'elles ont de meilleur. Il y a de part et d'autre une portion de vérité qui l'entraîne, un aspect de grandeur qui l'exalte et le séduit; il honore les deux bannières.

Les habitudes de sa vie sont pour l'ancienne, les sympathies de son intelligence sont pour la nouvelle. Il salue le drapeau du passé avec un respect attendri, mais il saisit et il agite avec quelque ardeur l'étendard de l'avenir. En toutes choses, il veut qu'on respecte ce qui a été bienfaisant et salutaire pour le genre humain; il demande qu'on ne foule pas aux pieds, au nom des lumières, la poésie qui a été longtemps la seule lumière ; il a un vif sentiment de la place que la poésie a tenue dans le monde et du rôle qu'elle est appelée à jouer dans la société future.

« Est-il besoin, dit-il, de l'apprendre encore aux hommes? il est des choses qui tombent et s'évanouissent, uniquement parce qu'on veut les soumettre à l'examen. Ces choses ne peuvent, il est vrai, supporter l'analyse et la discussion : elles disparaissent comme le diamant dans le creuset de Lavoisier; mais cela ne prouve ni contre ces idées, ni contre le diamant. Rien ne peut faire que le diamant ne contînt de la lumière avant d'entrer dans le creuset mortel; rien ne peut faire non plus que les idées qui ont cessé d'être à notre usage n'aient longtemps éclairé le monde.

« Professons un culte religieux pour la cendre de nos ancêtres, si nous voulons que notre poussière, lorsque nous aurons cessé de vivre, ne soit pas, à son tour, jetée aux vents. Je demanderai donc aux partisans des idées nouvelles si, parce que ces idées, qui leur paraissent être la raison même, eussent été méconnues et même honnies à de certaines époques, le mépris dont on les aurait couvertes aurait pu prouver contre elles. Ne soyons pas aussi exclusifs, et consentons à croire qu'avant nous il y avait de la sagesse et de la raison sur la terre. Mais la sagesse et la raison eurent jadis d'autres formes. Lorsque l'homme doué de génie prenait cette lyre d'or que lui avait donnée le ciel, il en tirait des sons qui lui étaient inconnus à lui-même; et il n'y avait alors que ces sons divins qui eussent reçu le pouvoir d'adoucir les mœurs, d'élever les sentiments, d'agrandir les facultés. Les miracles d'Orphée et d'Amphion ne sont point de vaines fables. Sans cette lyre d'or, les peuples de la Thrace seraient restés sauvages, et les murs de Thèbes ne se seraient jamais élevés. Essayez, si vous le pouvez, de faire pénétrer, par le moyen de vos Codes arides, les bienfaits de la civilisation parmi les hordes barbares qui n'ont pas encore vécu sous le joug et sous la protection des lois!

« Maintenant, je le sais, la poésie semble être exilée de la société : tôt ou tard elle rentrera dans son domaine, tôt ou tard nous redeviendrons attentifs aux sons échappés de la lyre des poëtes. »

En politique, M. Ballanche ne voulait point que la France reniât ses traditions et ses souvenirs, c'est-à-dire ses gloires; il disait éloquemment :

« Pourquoi, d'ailleurs, ne dater que d'hier? pourquoi abjurer les souvenirs antérieurs à la Révolution, ou ne les rappeler que pour les flétrir? pourquoi renouveler sans cesse le grand sacrifice de Louis XVI, et recommencer continuellement à disperser les royales poussières qui sont rentrées dans leur repos? »

Certes M. Ballanche appartenait à cette école de législation qu'au delà du Rhin on appelle historique, lui qui a dit ce mot profond qui résume d'une manière frappante les théories de cette école des Niebuhr et des Savigny :

« Jamais une loi ne se fait, elle se promulgue. »

En même temps, M. Ballanche était conduit par les instincts de son cœur et de sa raison aux doctrines de liberté. Qui, à cette époque, eût pu faire une profession de foi d'un libéralisme plus décidé que celle qui suit?

« L'ère nouvelle n'est point seulement, comme on l'a cru, celle de la liberté civile, ni même celle de l'égalité devant la loi, et de l'admissibilité de tous à tous les emplois; c'est l'ère de l'indépendance et de l'énergie de la pensée; celle des lois écrites substituées aux lois traditionnelles; celle des institutions sociales et des institutions religieuses marchant sur deux lignes séparées; celle du bien-être social appliqué à toutes les classes; celle de la raison humaine devenue adulte, et s'ingérant de décider par sa propre autorité; celle de la démonstration rigoureuse, qui repousse les axiomes en géométrie et les préjugés en politique; celle du discrédit des faits antérieurs pris comme base convenue et incontestable; celle de l'opinion consultée à chaque instant, et à part même de toute conjoncture nouvelle. »

Enfin c'est lui qui, dans l'*Élégie*, effusion d'un sentiment tout royaliste à l'occasion de la mort du duc de Berry, disaient à ceux qui voulaient faire rétrograder les temps :

« Imprudents, apprenez donc une chose, apprenez

qu'une dynastie est établie par Dieu pour diriger la société, mais la société telle que Dieu la lui a confiée et non point la société telle que vous la faites dans vos rêves d'autrefois, telle que vous la concevez dans vos théories frappées de désuétude. Écoutez cette vérité inexorable qui dit : Sitôt qu'une dynastie cesse de représenter la société, sitôt qu'elle cesse d'avoir le sentiment de ce rôle, elle ne peut subsister devant la toute-puissance des choses ; alors le fait divin n'existe plus pour elle, alors sa mission est finie. »

Pour achever de rappeler tout ce qui se rapporte aux opinions politiques de M. Ballanche dans les premières années de la Restauration, il faut dire un mot de deux de ses autres ouvrages : *le Vieillard et le Jeune Homme*, *l'Homme sans nom*.

Du premier, je ne citerai que la pensée, qui est ingénieuse, et le début, qui est gracieux.

Toujours occupé du grand fait social de notre époque, le renouvellement, et voulant rendre la confiance dans l'avenir à ceux qui étaient tentés de la perdre par découragement du présent, M. Ballanche, en mettant aux prises un jeune homme et un vieillard s'entretenant des destinées du monde, imagina d'intervertir les rôles. C'est le jeune homme qui désespère de son siècle ; en présence de l'ancienne société qui s'en va, il ne sait où se prendre, tandis que le vieillard voit un avenir plein de promesse là où son jeune interlocuteur ne voit qu'une lamentable fin. Ce contraste est piquant ; il tire les deux personnages de la banalité tant de fois reproduite du jeune enthousiaste et du vieillard désabusé. On est réconcilié avec la mélancolie du premier, parce qu'on sent qu'elle ne durera pas ; on est touché de la confiance généreuse du second dans un avenir qu'il n'est pas destiné à voir s'accomplir ; et ces deux types, pour être plus nouveaux, n'en sont pas moins vrais.

Dans les années qui ont suivi, M. Ballanche nous a montré jusqu'à la fin que l'espoir serein du *vieillard* n'était point une fiction ; et, quand aux tristesses du *jeune homme*, l'auteur avait pu en trouver la douloureuse expression autour de lui, dans une génération qui a passé par la mélancolie de René, et de laquelle on eût pu dire, en faisant comme M. Ballanche, en transportant à la jeunesse ce qui a été dit de la vieillesse :

Qui n'a pas l'esprit de son âge
De son âge a tout le malheur.

Les premières lignes du *Vieillard et le Jeune Homme* ont un grand charme :

« Mon fils, et il m'est permis de vous appeler de ce nom depuis que vous n'avez plus votre vénérable père, mon fils, vous portez dans votre sein une secrète inquiétude qui vous dévore. Mais, chose étrange ! le sentiment qui d'ordinaire agite l'homme à votre âge, ce sentiment qui double l'existence, qui embellit l'avenir, ce sentiment vous laisse paisible. Ne dirait-on pas que, dégoûté de toutes choses, la vie n'a plus rien de nouveau à vous offrir? Vous avez à peine quelques souvenirs fugitifs, et déjà vous trouvez qu'ils vous suffisent, que vous n'avez pas besoin d'en recueillir d'autres. L'amour n'est point venu troubler votre âme; vous n'avez point encore vécu avec vos semblables, vous ne connaissez point les hommes : les livres, mais les livres seuls vous ont tout appris. Vous cherchez la solitude comme l'infortuné qui a essuyé mille maux, qui a épuisé toutes les illusions, qui a connu la vanité de toutes les promesses de l'espérance. Caractère bien singulier de l'époque où nous sommes placés! le jeune homme n'a pas le temps de former des affections; il franchit sans l'apercevoir le moment fugitif où elles devaient naître en lui : le sourire de la beauté n'atteindra pas son cœur, n'enchantera point son imagination... Le sentiment égaré de l'amour erre dans l'univers entier pour chercher quelque aliment à sa flamme dévorante. Les plus hautes conceptions des sages, qui, pour y parvenir, ont eu besoin de vivre de longs jours, sont devenues le lait des enfants.

« Ainsi donc, mon fils, l'aurore n'ouvre ses rideaux de pourpre que pour éclairer vos pas solitaires, et non point pour vous pénétrer d'une innocente et naïve admiration. Votre vue dédaignerait presque le tableau si varié, si riche, si merveilleux de la création en vain déployée devant vous. La nuit ne vient que pour vous donner le signal d'allumer la lampe studieuse qui doit vous aider à prolonger vos veilles précoces. Les fleurs sont sans parfums pour vous; pour vous, les nuages n'ont point de rêveries : la poésie elle-même, cette fille aimable du ciel, ne peut doucement vous distraire dans les heures silencieuses que vous consacrez à l'étude.

« Je veux essayer, mon fils, de guérir en vous une si triste maladie, état fâcheux de l'âme, qui intervertit les saisons de la vie, et place l'hiver dans un printemps privé de fleurs. »

L'*Homme sans nom* est un régicide que le remords a frappé, et qui a fait de sa vie une expiation, d'abord sombre et amère, puis attendrie et relevée par la religion. Malgré la juste sévérité que doit inspirer à jamais une condamnation qui ne peut être défendue ni au point de vue de la légalité, ni au point de vue de la justice, nous avons quelque peine aujourd'hui à nous placer dans la situation d'âme où était M. Ballanche quand il écrivit l'*Homme sans nom*. L'enthousiasme électrique de 1814 ne vient pas de passer sur nous. La révolution est devenue de l'histoire; nous avons tous connu des régicides, nous les avons rencontrés dans les salons et les académies. La condamnation inique de Louis XVI, considérée par un de ses juges comme un crime inexpiable, peut sembler un mythe. C'en était un, en effet, pour M. Ballanche; et dans ce fait particulier que lui fournissait le grand drame de notre révolution, drame dont toutes les passions et les émotions venaient de se ranimer, il avait placé, peut-être un peu près de nous, ses idées sur l'expiation et l'épreuve. Ce n'est donc point le mérite d'une exacte réalité qu'il faut chercher dans l'*Homme sans nom*. Cependant il y a, ce me semble, une profonde vérité dans le récit de ce vote échappé à une faible nature sous l'impression magnétique produite sur elle dans une nuit fatale par la physionomie et le regard de la formidable assemblée :

« Enfin, le moment de voter arriva. Mes oreilles entendirent des accents inouïs qui troublaient l'affreuse monotonie d'un murmure d'effroi ; elles entendirent des discours sans suite, expressions sacriléges qui planaient avec terreur sur tous, blasphèmes confus qui me glaçaient d'épouvante. J'étais résolu, oui, j'étais résolu de m'absoudre moi-même en prononçant l'absolution de l'innocent. Je cherchais d'avance à compter les voix, à les deviner, à interroger jusqu'au trouble des consciences ; ce sentiment sympathique et contagieux qui vient se saisir d'une multitude assemblée, qui se réfléchit de tous sur chacun, restait impénétrable pour moi, et je ne pouvais rien prévoir. J'espérais cependant que, soit justice de la part des uns, soit pitié de la part des autres, le grand parricide ne s'achèverait pas.

« Déjà plusieurs votes avaient été émis, et ces votes divers me faisaient passer par toutes les incertitudes les plus cruelles, par toutes les alternatives de l'abattement et de la douleur. Je les notais avec angoisse dans ma mémoire. Celui dont un sort cruel appela le nom immédiatement avant le mien prononça d'une voix assurée l'arrêt de mort. Des murmures d'une exécrable approbation l'accompagnèrent lorsqu'il descendit de la tribune; des murmures de menace me suivirent lorsque je me présentai pour y monter. J'y arrive en frémissant. Je sentis comme mille poignards à la fois tous les yeux qui furent spontanément fixés sur les miens : cette multitude de regards inquiets et inexorables ainsi concentrés exercèrent aussitôt sur mon âme une puissance surnaturelle de trouble et de fascination que je ne puis expliquer. Autour de moi rien ne m'encourageait, et tout au contraire m'épouvantait. Aucun cœur ne semblait vouloir me répondre. Je me trouvais seul comme un homme suspendu sur le penchant d'un abîme, et privé de tout secours. Livré à l'abandon le plus absolu, je ne sais quel attrait du crime, je ne sais quel goût du remords et du désespoir vint saisir avec des bras de fer une pauvre créature délaissée. Eh Dieu ! je crois qu'en ce moment funeste une parole inconnue, une parole qui n'était pas la mienne, vint se placer sur mes lèvres iniques. Que ne m'est-il permis d'en douter? Mais je l'ai entendue aussi distinctement que le vote de celui qui m'avait précédé; je l'ai entendue comme une voix étrangère qui mentait à ma pensée, qui immolait ce que j'avais de plus cher en moi. D'ailleurs, n'ai-je pas vu, malgré tout le désordre de mes sens, cette joie atroce et convulsive, ce mépris insultant, qui se manifestèrent sitôt qu'on eut acquis une voix sur laquelle on ne comptait point. »

Mais revenons à l'*Essai sur les institutions sociales* et à la partie littéraire de cet essai. Certes, M. Ballanche ne méconnaissait point le génie de l'antiquité, génie dont il savait si bien s'inspirer, lui qui disait de la civilisation poétique des Hellènes :

« Leurs législateurs furent des poëtes et des musiciens; leurs prêtres et leurs sages furent des poëtes encore. Les poëtes conduisaient aux combats et chantaient la gloire des héros après la victoire. Les palmes des jeux Olympiques étaient égales aux trophées de la gloire. La liberté n'était autre chose que la jouissance des arts. Jamais la beauté n'eut un culte plus solennel. C'était donc à la Grèce qu'il apppartenait de donner le code des lois qui régissent encore l'empire de l'imagination. Les peuples, les institutions, les monuments, tout a péri ; et ce code immortel subsiste toujours. Une voix mélodieuse semble sortir continuellement de tous ces débris, et donner le prestige d'une existence nouvelle à tant de créations du génie. Ainsi le phénix se compose un bûcher symbolique de mille plantes odorantes, expire au milieu des flammes et des parfums, et renaît de ses poétiques cendres pour recommencer sa vie merveilleuse. »

Il avait un vif sentiment de la poésie grecque, celui

qui écrivait sur Pindare le morceau si gracieux qu'on va lire, et dans lequel un instinct sympathique lui révélait ce qu'en Allemagne la science a enseigné aux plus récents commentateurs du poëte thébain, savoir que l'obscurité prétendue de la poésie pindarique tient en grande partie à des allusions parfaitement saisissables par les contemporains, et qui nous échappent aujourd'hui.

« Lisez Pindare, même dans la langue harmonieuse qui lui inspira ses beaux vers ; vous n'aurez rien fait encore, si vous n'êtes pas entré dans le génie de cette inspiration. Ne souriez pas à ces généalogies de héros et de coursiers, car votre pitié accuserait votre ignorance. Laissez-vous entraîner aux digressions du poëte, pour témoigner que vous vous êtes identifié avec les imaginations vives et mobiles des peuples de la Grèce. Apprenez à secouer le joug des transitions, puisqu'il s'agit des mouvements impétueux de l'âme, et non point d'un discours mesuré de la raison. Ne vous plaignez pas de ce que votre oreille entend d'autres récits que ceux auxquels vous aviez peut-être quelque droit de vous attendre. Vous n'êtes point trompé : on vous avait promis de l'or, et c'est de l'or que l'on vous donne. Ayez vécu au milieu de ces mœurs si différentes des nôtres, et assisté à ces festins de rois, d'écuyers et d'athlètes, soyez-vous enfin rendu familière l'histoire domestique de ces temps : alors toutes les allusions seront vivantes, et vous saurez que

Pindare n'est pas seulement le chantre de la gloire, mais le chantre de l'ivresse même de la gloire. »

Mais M. Ballanche, ce disciple, et par la beauté du style, la pureté et la sérénité de l'imagination, ce continuateur de l'antiquité, n'en était pas moins, en littérature, un novateur assez décidé. Et même, il faut le dire, il avait pris tellement à cœur les théories et les promesses de l'école nouvelle qu'il allait jusqu'à l'injustice pour notre littérature classique. Chez un écrivain si pur, cette licence d'opinion n'est qu'un piquant contraste. Si, dans les pages qui suivent, quelques-uns trouvent que M. Ballanche fait un peu trop bon marché des ressources et même des productions poétiques de notre langue, il faut se rappeler qu'il a bien réparé de légères exagérations en écrivant dans cette langue avec une perfection qui le réfutait. Il n'est pas donné à tout le monde de faire de ces inconséquences-là :

« La langue française, qui est tout analytique, ne laisse point assez incertaines les limites de l'expression. Elle est à la fois noble, élégante et positive. Positive, elle est plus utile à l'intelligence qu'à l'imagination ; élégante, elle reconnaît pour législateur le goût plus que le génie ; noble, mais dédaigneuse, si elle sait rendre l'expression des sentiments généreux et élevés, elle se refuse peut-être à la naïveté sublime. Inhabile à s'élever comme à s'abaisser, elle reste dans une région modeste. Son caractère propre est cette médiocrité d'or, conseillée par les poëtes et les moralistes. L'harmonie de la langue française est une certaine délicatesse de sons, un nombre convenu. La versification française, toute seule, n'est point la poésie : une périphrase, le mérite de la difficulté vaincue, ne constituèrent jamais l'essence de la poésie. Le genre qu'on a voulu décorer du nom de poésie française n'est qu'une langue ornée, plus exclusive, qui est loin d'embrasser toute la langue poétique. Ce genre renferme des choses qui ne sont ni prose, ni poésie, un vain bruit pour l'oreille, qui ne peut ni transmettre un sentiment, ni faire naître une idée. Michel-Ange, aveugle, cherchait à s'exalter en venant toucher le torse qu'il ne pouvait plus voir : qu'eût dit à ses mains inspirées le plus bel ouvrage d'orfévrerie? »

On trouvera cette part faite à la langue française un peu modeste ; il est vrai qu'à ce jugement il y a un correctif :

« Je ne sais, mais il me semble que cette langue était tenue en réserve pour cette époque-ci, l'âge de la lettre fixe, de l'émancipation de la pensée. Il est possible que cette époque-ci eût été devancée si nous eussions conservé notre langue sans la modifier contre la force des choses. Nous n'avons pas pu la priver de son caractère d'universalité, parce qu'il lui a été imprimé par Dieu même.

« La langue française est éminemment aristocratique, c'est-à-dire à l'usage des classes cultivées par l'éducation. C'est la langue du *tu* et du *vous*, c'est-à-dire la langue des bienséances et des hiérarchies sociales.

« Ainsi nous serions portés à voir une grande vue de la Providence dans le soin qu'elle a pris de placer le principe conservateur de l'ordre dans les mœurs et dans la langue du peuple qui doit régir l'âge actuel des sociétés européennes. »

Il y a bien dans tout cela des points contestables, mais ce qu'on ne contestera pas, c'est qu'il y a beaucoup de choses spirituellement pensées et finement dites.

Si ces considérations sur la langue peuvent sembler un peu hardies, les jugements sur la littérature française le sont bien davantage. L'expression semble animée par la vivacité de la polémique. Il faut se souvenir par quels arguments mesquins on soutenait alors certaines doctrines étroites que personne ne défend plus.

Cette exagération de la résistance avait jeté dans une autre exagération beaucoup de bons esprits qui se sont modérés depuis. C'est sous l'impulsion de cet élan un peu impétueux, qui nous emportait tous alors plus ou moins, que M. Ballanche a écrit les pages suivantes, auxquelles on ne refusera pas le mérite de la verve, de l'indépendance et de l'originalité.

« Notre littérature a vieilli comme nos souvenirs : on n'ose pas encore l'avouer.

« Tout s'est écroulé autour du trône de la littérature et des arts : ce trône seul ne peut pas rester debout parmi tant de ruines ; il faut qu'il s'écroule à son tour.

« Le génie romantique et le génie pittoresque sont deux frères qui viennent succéder au génie statuaire et au génie classique, vieux monarques dont nous devons encore honorer les cendres augustes quoique nous ne vivions plus sous leurs lois. La soumission au joug classique fut longtemps une soumission volontaire et qui par conséquent ne gênait point la liberté. L'esprit humain, toujours indépendant, ne veut plus de ce joug, qui fut de son choix, et qui maintenant ne pourrait que dégénérer en une servile imitation.

« En un mot, le génie classique est usé comme toutes les autres traditions. Il a jeté dans l'empire de l'imagination toutes les idées et tous les sentiments qu'il devait y jeter. Sa mission est accomplie.

« Je ne conçois point ce choix arbitraire et raisonné dans nos anciennes illusions : les unes sont impitoyablement condamnées, et l'on voudrait continuer d'accueillir encore les autres, pendant que toutes se tiennent, que toutes sont en harmonie entre elles, que toutes doivent tomber ou subsister.

« Nous luttons, en ce moment-ci, de toutes nos forces, contre l'invasion de la littérature romantique, mais les efforts mêmes que nous faisons prouvent toute la puissance de cette littérature. Bientôt peut-être, en France comme en Italie, car les États d'au delà des Alpes participent au même mouvement, bientôt la littérature classique ne sera plus que de l'archéologie.

« Voyez comme nous avons besoin déjà de nous transporter au temps où notre littérature classique et nationale a paru tout à coup avec tant d'éclat, si nous voulons l'apprécier et la sentir, du moins en partie. Nos habitudes, nos mœurs, notre goût, notre existence, tout est changé. Certaines idées qui furent vulgaires et triviales ne sont plus comprises. Je ne parle point ici de ces idées fugitives et délicates qui tiennent seulement aux usages du monde, à une élégance convenue; ces idées, tout en nuances, sont, par leur nature même, mobiles et passagères. Je parle de ces idées fondamentales qui sont comme le pivot sur lequel toutes les autres roulent, de ces idées centrales vers lesquelles toutes les autres gravitent, enfin de ces idées fécondes qui engendrent toutes les autres. C'est une dynastie qui a fini de régner. »

Enfin le morceau suivant est comme le résumé de toutes les hardiesses de M. Ballanche à l'égard de la société ancienne et de la littérature qui a été l'expression de cette société. Les personnifiant toutes deux dans leur plus grand représentant, c'est Bossuet lui-même sur lequel il prononce, au point de vue de notre âge, un jugement plein d'admiration, mais plein d'indépendance.

« A quoi serviraient, en effet, de timides ménagements? Pour introduire de suite le lecteur dans le sens intime d'une pareille discussion, je vais le mettre aux prises avec le plus grand nom des lettres françaises, avec Bossuet : encore ne prendons-nous pas Bossuet tout entier. Nous n'arrêterons nos regards que sur les *Oraisons funèbres* et sur l'*Histoire universelle*. Cette économie des desseins de la Providence, dévoilée avec la prévision d'un prophète; cette pensée divine gouvernant les hommes depuis le commencement jusqu'à la fin; toutes les annales des peuples, renfermées dans le cadre magnifique d'une imposante unité; ces royaumes de la terre, qui relèvent de Dieu; ces trônes des rois, qui ne sont que de la poussière; et ensuite ces grandes vicissitudes dans les rangs les plus élevés de la société; ces leçons terribles données aux nations et aux chefs des nations; ces royales douleurs; ces gémissements dans les palais des maitres du monde; ces derniers soupirs de héros, plus grands sur le lit de mort du chrétien qu'au milieu des triomphes du champ de bataille; enfin l'illustre orateur, interprète de tant d'éclatantes misères, osant parler de ses propres amertumes, osant montrer ses cheveux blancs, signe vénérable d'une longue carrière honorée par de si nobles travaux, et laissant tomber du haut de la chaire de vérité des larmes plus éloquentes encore que ses discours : tel est le Bossuet de nos habitudes classiques, de notre admiration traditionnelle. Mais je demande si déjà nous n'avons pas besoin de nous rappeler la personne même de Bossuet, et l'assemblée imposante devant laquelle il parlait, et l'autorité de sa parole, fortifiée par le caractère auguste dont il était revêtu, et l'empire irrésistible de doctrines non contestées, et toutes les gloires et toutes les renommées de cette époque si brillante, et tous les souvenirs de la vieille monarchie, pour sentir les éminentes beautés de l'oraison funèbre du grand Condé. Mais je demande si le *Discours sur l'histoire universelle* est maintenant autre chose, pour un grand nombre, qu'une magnifique conception littéraire, une sorte d'épopée qui embrasse tous les temps et tous les lieux, et dont la fable, prise dans de vastes croyances, est une des plus belles données de l'esprit humain. »

« ..... Sans doute, dans tous les ouvrages de Bossuet, l'esprit resterait étonné par un style vif, énergique et pittoresque ; par la grandeur des images et la hardiesse des figures ; par ce quelque chose de rude et de heurté d'un fier génie pour qui la faible langue des hommes est une condescendance de la pensée, car le feu de sa pensée à lui s'allume dans une sphère plus élevée. Mais, je le demande encore, désaccoutumés que nous sommes de la forte nourriture des livres saints, pourrions-nous remarquer dans ce dernier Père de l'Église sa merveilleuse facilité à s'approprier les textes sacrés et à les fondre tout à fait dans son discours, qui n'en éprouve aucune espèce de trouble, tant il paraît dominé par la même inspiration?

« Plus d'un lecteur hésitera sans doute à admettre la rigoureuse vérité; et moi-même qui viens éclairer sur de tels résultats, moi-même je recule devant l'incroyable entraînement de mes propres méditations. Oui, continuant de m'associer aux idées du temps, aux pensées des hommes qui vivent en ce moment, aux nouveaux errements de la société; oui, je trouve dans Bossuet je ne sais quoi de plus vieux que l'antiquité, je ne sais quoi de trop imposant pour nos imaginations qui ne veulent plus de joug. Il est devenu comme le contemporain de ces textes sacrés qui se mêlent à ses paroles d'une manière à la fois si audacieuse et si naturelle. Ne dirait-on pas que notre langue, remuée par lui avec tant de puissance, est ensuite demeurée immobile ainsi qu'un géant endormi? Ne sent-on pas qu'elle ne reprendra plus ces attitudes si naïvement majestueuses qui lui furent données par le prophète des temps modernes? Oui, encore une fois, il me semble voir Bossuet s'enfoncer avec Isaïe et Jérémie dans la nuit des traditions antiques, et le voile de l'inusité commencer à tomber sur sa grande stature. »

Il y a, ce me semble, dans ces belles et fortes paroles comme un retentissement de la parole de Bossuet lui-même.

Dans ses idées sur la rénovation littéraire, conséquence nécessaire, selon lui, de la rénovation sociale, M. Ballanche alla jusqu'à porter la main sur l'arche sainte des études classiques.

« Il est impossible, dit-il, de se le dissimuler plus longtemps, les études littéraires doivent prendre une direction nouvelle, être assises sur d'autres fondements. Lorsque Charlemagne, dans son immense pensée, imposait à l'Europe l'ordre social qui vient de finir, il donnait pour base à l'instruction publique l'enseignement du grec et du latin. Depuis, le latin a toujours dominé dans nos études; et c'est à cette cause, sans doute, que nous devons cet humble sentiment de nous-mêmes qui nous a portés à nous contenter d'une littérature d'imitation. La langue latine n'a plus rien à nous apprendre; tous les sentiments moraux qu'elle devait nous transmettre sont acclimatés dans notre langue; elle n'a plus de pensée nouvelle à nous révéler. Horace et Virgile sont pour nous comme Racine et Boileau. Ainsi les auteurs latins ne doivent plus être qu'une belle et agréable lecture, un noble délassement, et non point l'objet de longues et pénibles études. Bannissons donc dès à présent le latin de la première éducation : les trésors de cette langue seront bien vite ouverts au jeune homme, à l'instant où il quittera les bancs de l'école. Il reste encore des choses à deviner dans Homère, dans Eschyle, dans Platon; mais le grec lui-même sera bien vite épuisé, bientôt il ne contiendra plus de mystère à deviner. Alors il faudra l'abandonner aussi ; car il est inutile de donner à l'homme le lait de l'enfant. Le grec, à son tour, sera facilement pénétré par le jeune homme studieux, à l'âge où il pourra de lui-même achever la culture de ses facultés. Le temps est venu de commencer à introduire dans les premiers rudiments de l'éducation l'étude des langues orientales, de se former de nouvelles traditions littéraires. »

En demandant, peut-être prématurément, que de nouvelles études littéraires entrassent dans le cercle des études traditionnelles, M. Ballanche ne méconnaissait point la beauté des chefs-d'œuvre de notre littérature. Et comment eût-il pu la méconnaître ? c'eût été de l'injustice pour lui-même ; mais il entendait seulement qu'une nouvelle littérature devait naître avec la société nouvelle ; c'est à ce point de vue qu'il disait :

« La poésie doit remonter à son berceau, elle doit revenir sur ce qu'elle fut à l'origine. N'imitons point les anciens, mais faisons comme eux. Souvenons-nous que cette race éclatante des Homérides a cessé de régner sur nous, et qu'une nouvelle dynastie va se placer sur le trône de l'imagination, qui est vacant : le sceptre de Boileau est brisé à jamais. »

On ne saurait nier qu'il ne fût très-raisonnable de proclamer que l'empire de la mythologie dans la littérature moderne avait cessé :

« Lorsque le Labarum parut dans le ciel, ajoute M. Ballanche, n'entendit-on pas une voix qui sortait du Capitole, et qui disait : « Les dieux s'en vont? » Les dieux s'étaient enfuis, mais leurs images étaient restées. Maintenant une autre voix retentit dans le monde littéraire : Les images des dieux s'en vont. »

M. Ballanche résumait sa condamnation de l'emploi de la mythologie dans la littérature moderne par cette phrase gracieuse et tout empreinte du sentiment de cette antiquité qu'il repoussait :

« Jupiter n'a plus de foudre; et la ceinture de Vénus doit rester dans les vers d'Homère, pour les embellir à jamais. »

Certes, sans méconnaître les grandeurs du siècle de Louis XIV, il pouvait encore exprimer le regret suivant :

« Nous devons regretter sans doute que nous ayons été si peu habiles à user des trésors de poésie qui nous étaient offerts, à toutes les époques de notre existence sociale. Nous nous sommes dépouillés nous-mêmes de notre propre héritage. Ainsi les antiquités juives, les antiquités chrétiennes, nos temps héroïques modernes, c'est-à-dire ceux de la chevalerie, les sombres et sauvages traditions de nos aïeux les Gaulois ou les Francs, nous avons tout abandonné pour les riantes créations de la Grèce. L'architecture nous a donné le style gothique; mais les terribles inondations des Sarrazins et des hommes du Nord, mais les croisades n'ont pu féconder notre imagination. La voix de nos troubadours et de nos trouvères a été étouffée par les chants de l'Aonie. Ce jour religieux qui éclairait nos vieilles basiliques ne nous a point inspiré des hymnes solennels. Nous avons refusé d'interroger nos âges fabuleux, et les tombeaux de nos ancêtres ne nous ont rien appris. »

En même temps, M. Ballanche ne méconnaissait point ce qu'en dépit de l'imitation systématique des anciens le génie de nos grands écrivains a introduit d'originalité dans cette imitation même.

« Qu'il me soit permis, dit-il, de faire observer combien est fausse l'accusation qu'on nous a faite si souvent de ne point avoir de littérature nationale. Notre littérature fut tellement nationale qu'elle commence à nous échapper depuis que nous commençons à cesser d'être la même nation. »

M. Ballanche se trompait-il quand il déclarait que la mission de la critique avait changé, qu'elle devait s'arrêter moins à la forme, aller plus au fond des ouvrages et chercher surtout à lire dans les écrivains la pensée de leur siècle?

« Nous devons renoncer désormais à cette critique verbale qui n'entre point dans le fond des choses, qui s'attache surtout aux formes du style, à l'économie d'une composition, à l'observance de certaines règles, à la comparaison superstitieuse avec les modèles, sorte de critique secondaire dont M. de la Harpe est souvent un modèle si parfait. Maintenant cette critique nous a appris tout ce qu'elle pouvait nous apprendre. Il s'agit de pénétrer le sens intime de tant de belles et de nobles conceptions de l'esprit humain. Les mots ne doivent plus nous inquiéter; c'est la pensée elle-même qu'il faut atteindre. »

Il nous semble que M. Ballanche avait parfaitement raison à une époque où il y avait quelque mérite à avoir raison ainsi. C'est ce que ne peut contester du moins un de ceux qui, marchant selon ses forces dans la voie si glorieusement ouverte par M. Villemain, a toujours tenté de faire prévaloir la critique des idées sur la critique des mots.

Enfin ne montrait-il pas qu'il comprenait toute la grandeur de cette haute critique appelée par ses vœux lorsqu'il parlait de la poésie en ces termes :

« On s'est imaginé que l'homme créait la poésie : la poésie consiste à dire des faits ou des doctrines poétiques par eux-mêmes. Un homme de talent, quel que soit d'ailleurs son talent, ne peut rendre poétique une chose qui ne l'est pas, une chose qui n'est pas déjà de la poésie. La poésie est une langue, et non point une forme d'une langue; la poésie est universelle et non point locale : c'est la parole vivante du genre humain. »

La religion a toujours admirablement inspiré M. Ballanche. Nul n'en a parlé avec un sentiment plus élevé et plus intime; on en jugera par ce qu'il dit dans les *Institutions sociales* sur la nécessité de séparer l'intérêt religieux des intérêts politiques, sur les croisades, sur la papauté au moyen âge :

« Ne défendons plus la religion sous le rapport de l'utilité dont elle est, soit à l'homme, soit à la société; c'est un vrai blasphème qui a été trop souvent reproduit. Ne demandons point pour elle l'appui des institutions politiques; ce serait avoir des doutes impies sur sa stabilité. N'exigeons point non plus qu'elle vienne au secours de ces institutions, parce que nous pourrions l'accuser de leur chute lorsque le moment de la caducité serait venu. Le mouvement des esprits, qui est l'opinion, peut soulever la société, mais il faut que la religion reste immobile comme Dieu même.

« Je ne reviendrai pas non plus sur l'oiseuse question des croisades. Dites-moi combien de temps le genre humain s'est reposé dans la paix. Nommez-moi le siècle où le sang n'ait pas arrosé des champs de bataille. Laissez donc à la guerre ou de nobles causes ou du moins de généreux prétextes. Les vieillards de Troie ne pouvaient trouver mauvais que les peuples se fussent armés pour la querelle de la beauté, et Homère faisait sortir de cette pensée une poésie tout entière. C'est bien une autre poésie qui est renfermée dans le motif des croisades! Il s'agissait de délivrer un tombeau, le tombeau de celui qui racheta la nature humaine, le seul tombeau qui n'aura rien à rendre à la fin des temps, pour me servir d'une belle expression de M. de Chateaubriand.

« J'avouerai, si l'on veut, que la triple tiare a souvent abusé de ses hautes prérogatives; car, pour elle aussi, il a fallu que l'abus prouvât la liberté. Dans un temps où les princes de la terre avaient sur les peuples des droits dont les limites étaient inconnues, était-ce donc un si grand malheur que les rois eussent au-dessus d'eux une puissance mystérieuse qui venait les épouvanter et leur annoncer les oracles de la justice éternelle; une puissance qui venait leur dire : ce sceptre que vous tenez de Dieu, Dieu peut vous l'enlever; ce glaive que vous portez à votre côté peut être réduit en poussière par le glaive de la parole? N'avons-nous pas vu naguère, au moment où tous les souverains de l'Europe tremblaient devant le nouvel Attila, n'avons-nous pas vu le vieillard du Capitole lancer l'anathème des anciens jours sur une tête qu'aucune foudre n'avait pu encore atteindre? Cet anathème n'est-il pas venu troubler, dans l'orgueil de ses pensées, l'heureux soldat, au moment même où il remportait la dernière de ses victoires? »

Celui qui sentait si bien la majesté du catholicisme n'avait pas une intelligence moins vive des questions du présent, du rôle auquel le commerce et l'industrie sont appelés désormais, du rapport des métropoles et des colonies dans l'avenir.

« Le commerce et l'industrie ont été, dit-il, des moyens d'affranchissement. C'est par là que les esclaves de Rome avaient la perspective de la liberté. Les peuples ont été de même. La guerre civilisait; le commerce affranchissait. La puissance affranchissante, c'est-à-dire le commerce, reste seule avec une mission. L'épée du guerrier, si elle n'est pas employée à protéger, doit être brisée maintenant. »

« L'ancienne jurisprudence donnait droit de vie et de mort aux pères sur leurs enfants, et, comme tout marche en même temps, l'ancien droit public donnait la même latitude de pouvoir aux métropoles sur les colonies. Les républiques de la Grèce ne manquèrent jamais d'user de ce droit terrible; elles exterminaient leurs colonies indociles. A mesure que les droits des pères ont été restreints, les droits des métropoles l'ont été aussi. Maintenant, il ne faut pas s'y tromper, l'émancipation des colonies doit suivre la règle de l'émancipation des enfants. Dès qu'un fils est chef de famille, il est soustrait à la puissance paternelle. L'Europe luttera en vain contre l'ascendant d'un tel principe : elle doit renoncer à retenir ses colonies dans les liens d'une obéissance filiale, qui serait regardée comme une servitude. »

Quelques pensées détachées de l'*Essai sur les Institutions sociales* achèveront de faire apprécier ce curieux livre, où un mouvement d'esprit singulièrement libre et animé va de la politique à la littérature, de l'histoire à la religion, et sème à chaque pas les aperçus originaux et les expressions heureuses.

« L'éloquence n'est pas seulement dans l'orateur qui parle, elle est aussi dans ceux qui écoutent. »

« Je suis resté dans le monde littéraire et dans le monde politique l'homme des sentiments anciens, qui juge et apprécie les faits de la société nouvelle. »

« Ne dirait-on pas qu'il y a des dynasties dans le monde intellectuel et dans celui de l'imagination, aussi bien que dans le gouvernement des sociétés humaines? Voyez, en effet, cette nombreuse postérité qui doit en quelque sorte le jour à Homère, et qui a régné trois mille ans sur notre poésie : dites-moi comment tous ces nombreux descendants d'Aristote ont conservé l'empire de la philosophie pendant tant de siècles. Ne pourrait-on pas faire un arbre généalogique de toutes les races poétiques ou intellectuelles qui ont mené le genre humain? »

« De chaque chose, de chaque état de choses, il sort une révélation. Le spectacle de la nature est une immense machine pour les pensées de l'homme. Les propriétés des êtres, les instincts des animaux, le spectacle de l'univers, tout est voile à soulever, tout est symbole à deviner, tout contient des vérités à entrevoir, car la claire vue n'est pas de ce monde. Ce grand luxe de la création, cet appareil de corps célestes semés dans l'espace comme une éclatante poussière, tout cela n'est pas trop pour l'homme, parce que l'homme est un être libre et intelligent, parce que l'homme est un être immortel. »

« L'homme ne vit pas avec autant d'intensité dans le temps qu'on le pense. Tantôt c'est à sa gloire future qu'il sacrifie son repos actuel, tantôt c'est à sa patrie, tantôt c'est à ses enfants, tantôt, enfin, c'est à une félicité dont les trésors ne peuvent s'ouvrir pour lui qu'au-delà du tombeau. L'infini est toujours au fond de son cœur. »

« L'esprit humain forme comme un vaste firmament éclairé de toutes parts d'étoiles de différentes grandeurs. »

« L'homme ne sait bien que ce qu'il peut communiquer aux autres. »

« L'homme sera toujours à lui seul un fonds inépuisable : la nature peut être mieux connue, mais les sentiments de l'homme seront toujours immenses et sans limites. Les Muses dédaigneuses de la Grèce ne voulaient s'occuper que de royales douleurs, d'éclatants revers. Le système de l'égalité va s'introduire, à son tour, dans la région de la poésie et des arts. Les larmes de l'homme obscur exciteront aussi nos larmes ; et déjà la Bible et l'Évangile nous avaient appris à compatir à tous. »

« Dire que l'homme a pu inventer la parole et créer les langues est une haute folie, si ce n'est une impiété. »

« Le mérite de cette vie est de prédire l'autre. »

« Le sacrifice de l'amour ne peut être ni un symbole ni une commémoration ; c'est le grand mystère de la parole. Une parole, mais c'est la parole même de Dieu, une parole rend la victime présente pour être immolée de nouveau. Ce pain est de la chair, ce vin est du sang, la chair et le sang de la victime auguste. Cela est ainsi, parce que la parole a ainsi prononcé; *car*, comme a dit admirablement Bossuet, *c'est la même parole qui a fait le ciel et la terre.* »

« Dans tous les temps, sans doute, l'homme a enfanté des pensées vaines et gratuitement angoisseuses: mais elles mouraient dans l'imagination qui les avait conçues, dans le cœur qui les avait nourries. L'imprimerie est venue tirer de leur solitude ces pensées oiseuses : nul alors n'a voulu perdre le fruit amer de son propre tourment; il fallait être Pascal pour se réjouir de sa pensée oubliée. »

« Lorsque la poésie française a voulu s'exprimer en prose, elle a dû affecter l'imitation de la langue grecque; lorsqu'elle a voulu s'exprimer en vers, elle a dû affecter l'imitation de la langue latine. Ainsi Horace, Virgile, Boileau et Racine sont, en quelque sorte, contemporains, et parlent presque la même langue. Les rapports ne sont pas aussi frappants pour la poésie dans la prose française, mais ils n'en existent pas moins, et il me serait facile de citer des exemples qui ne laisseraient aucun doute à cet égard. »

« Les voix qui crient dans le désert finissent toujours par remplir le monde. »

« Ce qu'on sait le mieux, c'est ce que l'on devine. »

« L'écriture manque de pudeur parce qu'elle peut se produire en l'absence de celui qui la fit. Elle choisit son temps pour paraître, et, si cela lui convient, pour se réfugier ensuite dans l'ombre comme une courtisane. De même que son père n'est pas là pour la défendre lorsqu'elle est attaquée ou insultée sans raison, de même aussi, lorsque l'on a de justes reproches à lui adresser, son père n'est pas là pour rougir. Jamais Catulle, jamais Pétrone n'auraient songé à offenser l'honnêteté publique, s'ils eussent dû vaincre la pudeur des oreilles pour confier leurs ouvrages à la mémoire des hommes. Sans le triple rideau de l'écriture, de l'imprimerie, de l'anonyme, Voltaire, sans doute, eût été chaste et sérieux comme les poëtes antiques, comme les premiers philosophes, comme Homère et comme Pythagore. S'il eût dû lire à la France assemblée, dans de nouveaux jeux olympiques, tout ce qu'il a écrit sur l'histoire, il n'aurait pas si souvent désolé la raison. Ainsi, outre que l'écriture manque de pudeur, elle est indiscrète et téméraire. Les hommes isolés peuvent obéir à mille mauvais penchants; réunis, une *révérentielle* honte, comme disait Montaigne, vient les saisir, tant il est vrai que Dieu a placé un instinct moral dans la société. L'homme tout seul peut bien avoir des sentiments nobles et généreux, puisqu'il y a des vertus obscures, des sacrifices ignorés; mais comment l'homme aurait-il conçu de tels sentiments s'il n'eût pas vécu avec ses semblables? La langue parlée est donc plus pure et plus réservée en toutes choses que la langue écrite, à cause de l'intensité du sentiment social lui-même, qui est comme la source et l'occasion de tous les autres. »

« La paresse est la passion dominante de l'homme; s'il travaille, c'est pour parvenir au repos. Mais le travail lui a été imposé, et il n'y a pour lui de repos que dans la mort. Il lutte contre la société comme il lutte contre la nature, car sa vie est une vie de combat dans tous les modes de son existence.

« Si l'homme défriche une terre nouvelle que le fer n'ait pas encore déchirée, il sort de ces pénibles sillons une exhalaison mortelle : il faut que la terre s'accoutume à la charrue, tant la nature est rebelle à l'homme.

« Si l'homme laisse envahir son domaine par la solitude, la nature reprend ses premiers droits, et l'homme est de nouveau frappé par la mort. Les envahissements de la solitude sont remarquables à Rome. Ce qui se passe là, sous nos yeux, est la preuve écrite de ce qui se passe partout dans toutes les circonstances analogues.

« Selon que vous dépouillerez une colline de ses arbres, ou que vous y ferez croître une forêt, vous priverez un terrain de la rosée du ciel, ou vous ferez couler du rocher aride d'abondantes eaux. Il dépend donc de l'homme de changer jusqu'à la constitution atmosphérique du lieu où il s'établit. Les météores lui obéissent en quelque sorte, et le plus terrible de tous vient mourir à ses pieds.

« Lorsque le Nil était contenu dans des canaux et dans de vastes bassins, il distribuait la fécondité parmi les peuples, et l'Égypte était couverte de villes immenses. Les ruines de Palmyre ne sont-elles pas cachées dans la solitude? Je demanderai si Zénobie fit élever tant de magnifiques monuments parmi des monceaux de sable, jouet des vents? Sa ville, dont le nom se trouve une seule fois dans l'histoire, s'appelait-elle la ville des Palmiers ou la Reine du désert? Si l'industrieux Batave cesse un instant de réparer les digues qu'il sut élever à force de courage et d'art, bientôt la mer retombera de tout son poids, et les villes ne seront plus que d'affreux récifs ou des phares pour les navigateurs. Croyez-vous que les flots de l'Adriatique respecteraient longtemps les pointes de rochers où furent d'abord assises de misérables huttes de pêcheurs, et qui devinrent la superbe Venise? Il est très-probable que les travaux d'Hercule ne sont autre chose qu'une allégorie des travaux de l'homme pour assainir et féconder la terre, car la terre ne se laisse pas cultiver comme on le croit : elle commence par résister avec violence, elle cède avec déplaisir, et même avec douleur ; elle reprend ses droits avec un empressement terrible. Les anciens, qui avaient mis en symboles toutes les puissances de la nature, n'avaient pas manqué d'établir des divinités conservatrices des lieux. Sitôt que l'homme voulut attenter à la paix profonde dont jouissaient ces divinités sauvages, elles s'élevèrent avec fureur contre l'audace de l'homme. Le chêne criait sous la cognée, et le sillon produisait des semences de mort.

« Ainsi l'homme fait, en quelque sorte, le climat et le sol; il les fait, les perpétue, les modifie ; mais sitôt qu'il s'arrête, l'invincible nature reprend ses droits. Le marais impur croupit dans les fontaines de marbre; le lierre s'élance autour des colonnes de porphyre, l'herbe croît sur les parvis des temples et sous les portiques des palais. Tyr n'est plus qu'un cadavre jeté sur le rivage de la mer. »

« Ce qui arrive au sol, lorsqu'il cesse d'être travaillé par l'homme social, arrive à l'homme lui-même lorsqu'il fuit la société pour la solitude : les ronces croissent dans son cœur désert. »

V

SECOND VOYAGE A ROME. — FORMULE GÉNÉRALE DE L'HISTOIRE DE TOUS LES PEUPLES APPLIQUÉE A L'HISTOIRE DU PEUPLE ROMAIN. VIRGINIE.

En 1824, M. Ballanche revit Rome; il y retournait avec celle qu'à une autre époque il était allé y chercher, et j'eus le bonheur d'être admis à faire avec lui ce voyage. Cette fois, il n'apportait pas seulement, comme la première, une exaltation religieuse et tendre; il apportait tout un ensemble de pensées et de vues originales sur la destinée du peuple romain, symbole de la destinée universelle des sociétés. L'émancipation successive du plébéianisme initié graduellement par le patriciat était pour lui la loi suprême des sociétés humaines. Cette émancipation laborieuse, cette douloureuse initiation se rattachaient à ses idées sur la déchéance et la réhabilitation du genre humain, sur la solidarité primitive des individus, dérivant de l'unité humaine, sur les conquêtes progressives de la conscience et de la personnalité de l'être humain. Or, où M. Ballanche eût-il pu trouver écrite avec plus de grandeur que dans l'histoire romaine l'histoire du plébéianisme et du patriciat? ... Aussi l'ouvrage qu'il préparait sur les diverses phases de la vie politique de Rome devait s'appeler *Formule générale* de l'histoire de tous les peuples *appliquée au peuple romain*. Cet ouvrage n'a point été terminé; quelques fragments seuls ont paru. Le plus important est celui qui se rapporte à l'histoire de Virginie; dans ce fragment il est impossible de ne pas être frappé de l'énergie avec laquelle M. Ballanche exprime et la conviction profonde que les patriciens ont de leur droit antique, de leur puissance primordiale et sacrée, et la conscience ardente des droits nouveaux qui pénètre dans le cœur des plébéiens. Ce n'était pas chez lui seulement une vue historique, c'était un sentiment intime, profond, dont le spectacle du présent nourrissait la sympathique intensité. Le passé et le présent, les doctrines de l'ancienne société avec leur obstination majestueuse et insensée, luttant contre les croyances de la société nouvelle avec leur irrésistible puissance; tel était le drame social que beaucoup n'apercevaient pas alors, quoiqu'il se jouât à la face du soleil sur le théâtre du monde, et dont M. Ballanche ressentait toutes les émotions au plus intime de son être. C'était ce drame vivant autour de lui, agitant sans relâche son âme et sa pensée, dont il suivait les différents actes à travers les révolutions de la société romaine. Il voyait dans chacune de ces révolutions un pas vers l'émancipation des plébéiens, la conquête d'un des droits de l'humanité.

On conçoit, avec de telles pensées, ce que dut être pour lui Rome, Rome dont les ruines et l'horizon formaient le cadre magnifique de sa formule générale de l'histoire du genre humain; de quel œil il regardait le forum, théâtre orageux des luttes du plébéianisme; le mont Aventin, son refuge sacré; le Palatin, son premier asile.

Peut-être était-il nécessaire de rappeler de quel point de vue M. Ballanche envisageait l'histoire romaine, avant de citer quelques fragments de ce qui a paru de la formule générale.

Virginie ou *le Mont sacré* est un épisode de l'histoire du peuple romain envisagé dans le développement de sa destinée, type de la destinée universelle des peuples. Dans la mort de Virginie, M. Ballanche voyait une nouvelle conquête des plébéiens, la conquête de la pudeur, la conquête des noces solennelles réservées jusqu'alors aux seuls patriciens. La première sécession avait produit la liberté personnelle; la mort de Virginie devait fonder la liberté civile.

Il ne faut point s'attendre à trouver ici le lieu commun consacré d'un coupable amour. Appius Claudius n'est pas un juge corrompu : c'est un patricien inflexible; il veut maintenir le droit suprême du patron sur sa cliente; il s'indigne qu'une fille sans nom ait été vue se rendant aux écoles accompagnée de sa nourrice comme *une fille qui aurait des aïeux*.

« Écoutez le cri patricien, dit M. Ballanche. La

jeune fille est née dans la maison d'un maître ; qu'elle rentre sous la garde des dieux domestiques ; le seuil du patron doit être pour elle le seuil de la patrie. Là elle doit connaître toute la doctrine qui lui convient. »

D'autre part, celui qui passe pour le père de Virginie, car il n'y a pas encore pour les plébéiens de paternité légale, a été élevé au grade de centurion ; ainsi l'émancipation de la plèbe romaine commence à se manifester au grand scandale des orgueilleux patriciens par la communication de la science et par la participation au commandement. Mais il faut que cette émancipation se consomme ; il faut que l'initiation s'accomplisse, et, comme toujours, au prix du sang.

On entrevoit déjà comment M. Ballanche a envisagé dans ce récit symbolique la mort ou plutôt l'immolation de Virginie. Continuons.

« La jeune fille citée devant le tribunal du juge sévère comparaît accompagnée de sa nourrice et de quelques femmes timides, plébéiennes comme l'accusée ; toutes sont éplorées, toutes ont un maintien suppliant ; la foule rassemblée verse des larmes abondantes.

« Appius Claudius, renfermant sa propre émotion, se montre plus inflexible, plus inexorable qu'il ne l'est en effet. Un nuage de tristesse et d'ennui couvre son front et tempère le feu de son regard. »

C'est que le décemvir lui-même, dans la donnée tout idéale de l'auteur, n'est pas un homme pervers; il n'est pas même entièrement insensible au charme modeste de la jeune fille; mais la tradition patricienne, incarnée en lui, le pétrifie.

Le patron de Virginie montre aussi toute la bonté qu'il peut montrer à celle qui n'est que la fille sans nom de son client. M. Ballanche admettait la moralité du patricien comme celle du client; il reconnaissait chez tous deux un droit d'exister, l'un à l'état de résistance, l'autre à l'état de progrès; sa doctrine n'avait besoin de supposer nulle part la perversité, que son âme ne savait pas comprendre.

Le patricien, qui a été obligé de réclamer son autorité méconnue, rigide à regret, explique avec une sorte d'hésitation le mal dont il se plaint, et qui, dans ce moment, est le mal de la cité romaine tout entière. Il parle en ces termes :

« Je dois commencer par dire que cette jeune fille « est irréprochable. C'est une douce et pacifique créa« ture, qui répand le calme autour d'elle, qui est le « charme du foyer domestique. Elle a cru que, recon« naissant pour père un centurion de l'armée, elle « pourrait s'avancer dans la hiérarchie de l'intelli« gence, à l'égal du grade obtenu par son père, soldat « si vaillant. Le mal donc est d'avoir souffert une école « plébéienne au milieu de nous.

« Le mal sera arrêté à sa source, dit le décemvir;

« que chaque patron fasse rentrer ses clients sous le
« joug de l'antique discipline.

« Puis s'adressant à la jeune fille, il lui dit : Je ne
« veux point t'effrayer, je veux seulement t'apprendre
« ton devoir, et te l'apprendre devant tous, afin que
« tous profitent d'une leçon qui pourrait devenir un
« ordre rigoureux. Écoute, ma fille, car, en ce mo-
« ment, je tiens la place de ton patron, ton nom même
« t'enseigne ta condition obscure, subordonnée, sans
« droit. Ton nom, dis-moi, n'est-il pas dérivé de celui
« de ton patron? Tu tiens de lui et ton nom et le pain
« dont tu te nourris.

« Suffoquée de sanglots, la jeune fille répond :
« Ai-je donc jamais manqué au respect que je dois à
« mon vénérable patron? Mais le père que les dieux
« m'ont donné est un vaillant soldat : vous le savez,
« il a reçu le prix de la valeur. Ne dois-je pas aussi
« honorer mon père? Apprendre à louer les dieux en
« paroles harmonieuses, pourrait-ce être un crime
« pour sa fille.

« Jeune fille, reprend le décemvir, celui que tu dis
« ton père, sans doute est le père que t'a donné la
« nature; chose insuffisante, puisque lui-même n'a
« pu te revêtir d'un nom. Mais voici le père que t'ont
« donné les saintes lois de Rome; c'est lui qui t'a
« nommée. Non, ce n'est pas un crime d'apprendre
« à louer les dieux immortels : toutefois, il faut bien
« que tu le saches, tu appartiens à une race sans culte

« et sans dieux, car elle est inhabile à toute religion
« qui lui soit propre. »

« A ces mots un long murmure éclate comme un orage lointain. »

« Le décemvir, pour étouffer le murmure, s'écrie en s'adressant à tous : « Ceci n'est-il pas la vérité même?
« Les patriciens ont-ils jamais accordé aux plébéiens
« la participation à la chose sacrée: Dès lors, les plé-
« béiens en sont privés, puisqu'ils ne peuvent l'avoir
« par leur propre vertu. »

« La jeune fille avait mis sa tête dans ses mains, pour cacher ses larmes : « Race sans culte et sans
« dieux! disait-elle à voix basse. « Fils et filles sans
« pères! » ajoutait-elle, toujours à voix basse. « Est-ce
« ainsi qu'est la condition plébéienne dans sa cruelle
« réalité? Et cependant ne sais-je pas admirer et aimer?
« Il y a là un terrible mystère! »

Enfin Appius prononce l'arrêt, la jeune fille doit être livrée à son patron, qui est son père légal; il n'y a pas d'autre père pour la plébéienne.

« La jeune fille tombe évanouie sur le sein de sa nourrice. Le réseau qui retenait sa belle chevelure se détache, et les flots de cette belle chevelure, en inondant son visage, le cachent à moitié.

« Un cri d'effroi se fait entendre. Les femmes poussent de plaintives clameurs.

« Les licteurs s'approchent avec respect pour saisir

la jeune fille. La multitude les écarte sans violence; elle entraîne la vierge innocente en l'encourageant, et surtout en prenant garde de ne pas froisser ses pudiques vêtements.

« Malgré l'agitation de la multitude, un cercle qu'on eût dit tracé par une puissance invisible laisse toujours isolées la jeune fille et sa nourrice. Elles sont là comme un groupe merveilleux que tous admirent, que nul n'ose approcher. La jeune fille se réveille de son évanouissement. Elle lève la tête de dessus le sein de sa nourrice. Ses regards errent timidement autour d'elle, et semblent interroger la multitude tout à coup apaisée. Tous contemplent avec une sorte de calme religieux le pudique étonnement de la jeune fille appuyée sur sa nourrice. »

Le lendemain Virginius, averti secrètement, est revenu de l'armée; il vient au pied du tribunal du décemvir réclamer sa fille. La foule, à qui un sentiment sympathique révèle que cette cause est la sienne, la foule entoure le centurion et Virginie, mais à distance pour ne pas troubler leur entretien. Alors commence entre le père et la fille un entretien à voix basse fort extraordinaire.

« Écoute, dit Virginius; le jour est venu de nous
« soustraire à l'antique anathème. Parmi les dieux
« des patriciens, il en est qui nous sont inconnus. Ce
« sont des dieux cruels qui réclament une victime. »

« Vous l'aurez, cette victime! » ajouta-t-il les

yeux baignés de larmes amères et la voix étouffée par ses sanglots. La jeune fille ne comprenait point les sinistres paroles de son père. Elle entoure de ses bras innocents le cou du vaillant soldat, dont elle croit que le courage est sur le point de faillir, et lui parle en ces mots : « Ah ! ne souffrez pas qu'on me sépare de « vous, ô mon père! Veuillez rester mon appui! ne « me quittez plus! O mon père, soyez toujours mon « père respecté! Soyez mes dieux, ma gloire et mon « amour! »

Alors Virginius, plébéien aussi inflexible que le patricien Appius Claudius, Virginius explique à sa fille qu'il n'y a pour la plèbe ni mariage ni famille.

« Nous ne pouvons prétendre, lui dit-il, à des ma- « riages consacrés par la renommée, qui seule fait la « famille; voilà pourquoi le nom cher et sacré que ton « amour me donne m'est contesté. Icilius t'est promis « en mariage, et la même condition vous sera im- « posée. Le mariage ne pourra être pour vous la « communication des choses divines et humaines; « bannis de la science et de la gloire des noces so- « lennelles, vous ne pourrez être que des époux obs- « curs dans l'enceinte du contubernium sous la loi « ignominieuse d'un patron. Vois si cette destinée te « convient? »

Si l'on s'est transporté dans la sphère idéale et symbolique où M. Ballanche s'est placé, on comprendra que le Virginius qu'il a conçu ajoute :

« Il faut mourir...

« — Hélas! hélas! dit la vierge innocente, eh quoi! « mourir, mourir si jeune! Mon œil s'est à peine « abreuvé de la lumière du jour; à peine ai-je res- « piré le doux parfum de la vie. Le patron qui me « réclame me réclame-t-il pour me faire mourir?

« — Ni le décemvir ni le patron ne veulent te faire « mourir, répond le centurion; mais ils veulent per- « pétuer l'opprobre de ce qu'ils appellent une race « sans culte et sans dieux.

« — Qui donc me donnera la mort? » dit la jeune fille. Le père infortuné répond : « Celui qui t'a donné « cette vie d'opprobre saura te donner une mort glo- « rieuse.

« — Vous, mon père! dit la jeune fille avec ter- « reur. Ah! laissez-moi mourir de douleur, mon père, « laissez-moi mourir de douleur! »

Ce cri pathétique et d'autres paroles non moins touchantes de Virginie montrent que M. Ballanche aurait pu traiter son sujet à un point de vue purement dramatique et réel; mais tel n'était pas son but : il voulait mettre en action l'idée qu'il se faisait de l'initiation sanglante aux droits des noces légitimes par la mort d'une vierge innocente. Il eût pu rester dans la région de la réalité historique, mais il ne l'a point voulu; il a voulu placer dans la région idéale de la poésie la manifestation, non pas de la *réalité*, mais de la *vérité* historique telle qu'il la concevait, telle qu'elle s'était révélée à lui dans la contemplation des destinées générales du genre humain.

Entrons dans cette donnée qui appartient tout ensemble à la philosophie et à la poésie de l'histoire, et nous comprendrons comment Virginius, devenu un personnage symbolique, devenu le représentant de l'initiation universelle, pourra s'écrier :

« La mort, ô ma fille, ne t'affranchira pas seule :
« elle brisera la barrière qui nous sépare de l'huma-
« nité. »

Et comment la jeune fille, par une soudaine illumination de l'avenir, fruit mystérieux de l'épreuve, pourra s'écrier : « Eh bien, j'accepte la mort ! » Devenue ainsi une victime pour ainsi dire prophétique de l'affranchissement des plébéiens, de l'initiation aux droits de la famille et à la liberté civile, Virginie pourra faire entendre ce chant que ne répétèrent jamais les rudes échos du Forum romain, mais qui jaillit mélodieusement d'une âme éclairée par la vision des destinées progressives de la société humaine :

« Compagnes de mon enfance, celle d'entre nous
« qui, la première, devait détacher de l'arbre sacré
« le rameau d'or de l'initiation, il fallait qu'elle fût
« condamnée à mourir ! Jeunes filles, mes compa-
« gnes, votre destinée cessera d'être obscure ; ma
« mort va vous doter d'une destinée éclatante ! Au
« prix de la vie, je vous laisse le rameau d'or de
« l'initiation ! »

« J'aime Icilius ; mais Icilius ne pouvait être mon « époux, et je meurs. Je meurs pour ne plus devoir « le feu et l'eau à un patron! Ah! mes paroles ne pro- « nonceront point d'anathème! Mes paroles veulent « rester innocentes comme le fut ma vie. Je meurs « vierge et sans tache, et je vais dans un lieu où toutes « les cordes de la lyre rendront des sons harmonieux « sous mes doigts. Doux éclat du jour, adieu! Adieu, « riantes prairies où j'égarais mes pas! Murs sacrés « de Rome, colline auguste et funeste du Capitole, « adieu! »

Enfin le dernier acte de la tragédie domestique, transformé ici en un drame social, s'accomplit :

« Le centurion qui était venu sans armes, parce qu'il s'était furtivement échappé du camp, le centurion mesure d'un œil inquiet et farouche la distance qui le sépare de la boutique d'un boucher. Il aperçoit sur l'étal un couteau brillant qui servait à égorger les douces brebis ou les jeunes génisses. Il s'en approche, tenant toujours sa fille reposée sur un de ses bras. Il saisit le couteau, et plonge la lame tout entière dans le sein de la vierge infortunée. La victime innocente s'agite faiblement sur le bras de son père, incline sa tête mourante sur l'épaule de celui qui lui donna la vie et qui lui donne la mort, et, sans proférer aucune plainte, s'endort comme doucement bercée par les paroles harmonieuses qu'elle vient de faire entendre. La nourrice éplorée accourt, et reçoit dans ses bras la jeune fille qui n'est plus.

« Le père malheureux retire le couteau de l'horrible blessure, et, le montrant avec fureur au décemvir, il dit d'une voix concentrée : « Suis-je père « enfin? » Puis il s'écrie : « Ma fille a refusé de « prononcer l'anathème, c'est moi qui le prononcerai! « Anathème donc à des lois odieuses! »

« — Anathème à des lois odieuses! » crie en frémissant la multitude.

C'est ainsi que M. Ballanche interprétait, par sa théorie historique, et traduisait en belle poésie les événements tant de fois racontés et par lui devenus nouveaux de l'histoire romaine.

Cette fois encore, je ne puis me résoudre à écarter une allusion personnelle; car il m'est trop doux et trop glorieux de trouver mon nom mêlé au souvenir des applaudissements dont les nombreux auditeurs de l'Athénée de Marseille saluèrent en 1830 la lecture de Virginie; d'ailleurs c'est mon père que je vais citer. On m'excusera de ne pas séparer l'expression de son amitié pour M. Ballanche de l'expression de sa tendresse pour moi. Voici ce que mon père écrivait à son ami le 13 mars 1830 :

« Cher bon ami, je suis ici depuis avant-hier au « soir auprès de mon fils; hier je l'entendis professer « pour la première fois, et tu sens quel plaisir j'eus « à le voir applaudi par six cents auditeurs; je fus bien

« content de sa leçon. Ce n'est pas lui que j'entendrai « samedi ; ce sera toi par sa bouche. »

Je lus en effet *Virginie* à mon intelligent et chaleureux auditoire. Dans cette assemblée, composée surtout de femmes et de jeunes gens, une vive sympathie fut témoignée à la vierge innocente, acceptant la mort de la main d'un père pour conquérir à ses compagnes plus heureuses la sainteté des noces et la dignité du bonheur conjugal et domestique.

Naples, la grande Grèce, la Sicile étaient aussi bien que Rome des noms qui remuaient chez M. Ballanche toutes les puissances de la contemplation historique. Je l'ai vu comme enivré du sentiment de la beauté en présence de l'enchanteresse Parthénope, mais Naples était surtout pour lui la patrie de Vico, ce génie que le sien avait deviné et presque découvert à une époque où il était peu connu parmi nous. Une lettre écrite de Naples à madame Récamier fera juger des pensées qu'éveillaient en lui ces régions aussi intéressantes pour l'histoire que chères à la poésie.

« Je ne sais si vous vous attendiez à des récits de notre voyage, si vous comptiez sur mes impressions, pour me servir de l'expression consacrée. Je suis un pauvre faiseur de récits. Je regarde sans appuyer le regard, sans chercher à me rendre compte à moi-même. Les impressions que je reçois s'associent toujours aux sentiments que j'ai déjà, aux pensées qui sont en moi, et ne peuvent se détacher pour être dites.

Ces ruines, ces paysages et cette mer et ce ciel deviennent de la philosophie, une sorte de poésie : c'est la voix du passé, c'est la voix de l'avenir. Avec l'aspect de Venise, j'ai fait l'Égypte; avec l'aspect de Cumes, je ferai les antres de la Samothrace. Ce que je vois ici, ce que j'ai vu ailleurs, ce que je sais, ce que je devine, c'est toujours l'ensemble et la suite des destinées humaines. Herculanum et Pompéïa ont été détruites par le volcan; Cumes, par un tremblement de terre; Pœstum, par les Sarrazins; et l'*aria cattiva* poursuit les restes de ces populations, échappées à trois fléaux si différents. Comment décrire des colonnes et des paysages? »

VI

ORPHÉE.

L'*Orphée* de M. Ballanche appartient à la fois à l'épopée par la forme, et, par le fonds des idées, à la philosophie de l'histoire. N'ayant point entrepris l'exposition de cette philosophie, nous nous bornerons à citer la page suivante de M. de Loménie[1]; elle suffira pour indiquer dans quel ordre d'idées se meut la composition épique de M. Ballanche.

[1] *Galerie des Contemporains illustres*, tome III.

« *Orphée*, c'est l'histoire des temps antérieurs à l'histoire. Armé de la philosophie ingénieuse et subtile de Vico, et possédant de plus que lui l'imagination vive et le style coloré d'un artiste, M. Ballanche pénètre dans la nuit des siècles, et recompose à son gré des annales perdues. Nous sommes à la limite des temps héroïques; l'expédition des Argonautes vient d'être terminée; Hercule est mort, Troie a succombé, et, pendant qu'Énée dirige la proue de ses vaisseaux vers le Latium, le vieil Évandre, roi pasteur, écoute, sur la colline qui sera l'Aventin, les récits de Thamyris. Ce chantre inspiré, aveugle ainsi qu'Homère, et voyageur comme lui, raconte les travaux pacifiques d'Orphée, le législateur, le civilisateur de la Thrace, le précurseur d'un monde nouveau. L'humanité déchue va toucher à son premier degré de réhabilitation; elle va entrer en possession de la conscience; les Titans, les Cyclopes, les Centaures ont disparu; l'immobile Orient va faire place à l'Occident progressif; l'homme se détache du tout panthéistique; le patriciat romain va surgir, le plébéianisme se dressera bientôt à côté de lui, et leur lutte féconde préparera l'émancipation du genre humain. C'est Orphée qui est le promoteur de cet immense mouvement social; c'est lui qui a reçu mission d'initier la race humaine à de plus belles destinées et de clore l'ère des traditions antiques dont la muette Égypte est restée dépositaire. Aux accents de sa lyre, le *sauvagisme* disparait, l'art de Triptolème est répandu parmi les hommes, les forêts tombent sous la cognée, les animaux sont soumis au joug, la propriété naît, l'union conjugale est instituée, les sociétés se reforment, et le genre humain se rapproche d'un degré de l'état antérieur à la chute. Quand sa mission est finie, Orphée subit sur la montagne de Dia une sorte de transfiguration. En proie au délire prophétique, il chante la ruine du patriciat qui s'élève, l'avénement du plébéianisme qui n'est point encore né ; une lueur lointaine effleure son regard mourant, il entrevoit le christianisme et il disparaît dans un nuage. »

Quelques lignes de l'auteur lui-même achèveront de donner une idée du but qu'il s'est proposé en écrivant *Orphée* :

« *Orphée*, tel que je l'ai conçu, n'est ni un personnage mythologique, ni un personnage historique ; c'est le nom donné à une tradition, à un ordre de choses ; peu importe donc la question de son existence.

« Si j'ai dû désespérer d'atteindre à l'intimité de la science, j'ai été loin de renoncer à l'espoir de pénétrer dans l'intimité des choses. Je n'ai point cherché à restituer des monuments d'histoire ou de poésie d'après des médailles effacées, d'après des ruines de ruines, d'après des conjectures ou des documents incertains ; j'ai évoqué directement l'esprit des traditions anciennes, et je me suis familiarisé quelques instants avec cette sorte de vie nécromancienne.

« Qu'il me soit permis d'affirmer que l'inspiration

à laquelle j'obéis est plus près des inspirations primitives que celle de Virgile; oui, j'ai plus que Virgile, incomparablement plus, le sentiment de ces choses que j'oserais appeler divines; car enfin il ne faut pas craindre de manifester sa propre justification, lorsqu'on est entré dans la voie difficile où je me trouve engagé. Et qui croirait en moi, si je n'y croyais pas moi-même? Virgile fut atteint par les philosophies douteuses et incrédules de son temps, et jamais aucune de mes convictions intimes n'a été ébranlée. Dieu sans doute voulait quelque chose de moi!

« Je ne sais, mais il me semble quelquefois que l'antiquité tout entière m'apparaît comme un songe infini, formé de mille réminiscences. »

Le lecteur doit entrevoir déjà la grandeur philosophique donnée par M. Ballanche au sujet d'*Orphée;* s'il veut connaître toute la pensée de l'auteur, c'est dans l'ouvrage lui-même qu'il doit l'aller chercher, mais nous avons pensé qu'on pouvait détacher du poëme quelques morceaux propres à faire apprécier les grandes qualités du style et de l'imagination de M. Ballanche. Voici d'abord, comme prélude, quelques accents gracieux dérobés aux entretiens d'Orphée et d'Eurydice.

« Lorsque Orphée et Eurydice étaient seuls, ils s'entretenaient de la vertu et de la poésie. Orphée parlait de la beauté, qui est elle-même une poésie tout entière. Eurydice disait le bonheur, pour un être faible, de s'appuyer sur un être revêtu de force et de bonté. Elle demandait au fils de la lyre le récit de ses aventures, qui étaient de véritables symboles, et elle les lui faisait raconter de nouveau quand il avait fini. Les siennes, à elle, n'étaient ni longues ni variées. Elles s'étaient toujours passées autour d'un rosier ou sur les bords d'une fontaine. Tous les événements de sa vie étaient la naissance d'une fleur, ou le chant d'un oiseau, ou les gracieuses allures de sa biche favorite. Il aimait à l'entendre parler de ses rêveries et du jour où, pour la première fois, il parut devant elle au sein de la tempête. Il souriait toujours de nouveau en apprenant combien une telle apparition avait ému le cœur de la nymphe charmante, combien elle avait désiré se trouver à ses côtés, car elle ne croyait pas qu'un être si calme et si beau dût périr; et cependant l'inquiétude la troublait dans tout son être. Il l'écoutait avec ravissement. »

Et n'est-ce pas avec un charme infini qu'on écoute cette parole harmonieuse modulant des accents purs comme les sentiments qu'ils expriment? Dans l'épisode suivant on verra la grâce alliée à une grandeur mélancolique. Cet épisode d'Orphée, c'est l'histoire de la sybille de l'ancien monde, sibylle, qui, selon M. Ballanche lui-même, représente *tout l'ordre de choses qu'Orphée est venu abolir*.

« La sibylle, comme il a dit ailleurs, a son existence liée à une forme de civilisation. Lorsque cette forme doit périr, le sens prophétique abandonne la sibylle, et pour elle le sens prophétique c'est la vie. Elle meurt donc ainsi que le lierre, lorsque l'arbre qui est son appui vient à mourir; ou plutôt, c'est l'hamadryade dont la vie est celle de l'arbre même. »

On va voir comment M. Ballanche a mis en scène la pathétique rencontre de l'homme qui vient créer le siècle nouveau et de celle qui doit mourir avec l'âge ancien, âge condamné dont elle était comme la voix. La lutte impitoyable du passé et de l'avenir, qui fut toujours présente à M. Ballanche, non-seulement comme une idée profondément conçue, mais encore comme un sentiment intime et douloureux; cette lutte tragique est au fond du récit qu'on va lire et lui communique un grand caractère de tristesse et de gravité. Mais, indépendamment de toute idée philosophique, le cœur et l'imagination sont vivement saisis par la touchante mort de la sibylle infortunée.

Le lieu de la scène est l'île de Samothrace.

« Un jour, à l'heure du soir, le poëte divin errait avec Eurydice sur les bords de cette mer agitée, qui n'était célèbre encore par aucun naufrage. Le temps était calme, la mer entrait dans le majestueux repos de la force indomptable, repos plein de charme et de puissance. Le poëte et sa noble compagne s'assirent sur un rocher que les vagues venaient caresser en murmurant; quelquefois l'écume blanche s'élevait jusqu'à eux comme en se jouant, et venait légèrement mouiller leurs pieds. Le soleil avait disparu dans les abîmes resplendissants de la mer, une nuit transparente s'avançait en silence sur les flots. Orphée, ému par la solennité d'un tel spectacle, prit sa lyre et chanta. Eurydice, tout occupée des chants inspirés de son glorieux époux, ne vit pas d'abord une apparition qui se montrait, non loin de là, sur une cime la plus escarpée et la plus sauvage de l'île. C'était une femme d'une taille toute divine. Une longue robe blanche, serrée au-dessous du sein par une ceinture bleue que fermait une agrafe d'or, dessinait les contours nobles et gracieux de cette taille surhumaine. Ses cheveux flottaient sur ses épaules, une couronne de chêne entourait son front. Un air mâle, sévère et profondément triste respirait dans tous ses traits. Il eût été impossible d'assigner son âge, car le temps n'avait fait aucun outrage à sa figure imposante; et cependant il était facile de voir que les heures de la jeunesse avaient cessé de verser sur elle leur doux éclat; ou plutôt elle donnait l'idée d'une beauté immortelle, étrangère à la succession des années. Et pourtant je ne sais quelle douleur immense, qui tempérait sans l'éteindre le feu de ses regards, disait trop qu'elle appartenait par quelques liens à l'humanité. Elle était debout, immobile, un de ses coudes appuyé sur le rocher, et sa tête inclinée reposait sur sa main gauche. Dans cette attitude, elle paraissait respirer de loin les chants d'Orphée, comme on respire un parfum enivrant.

. . . .

« Orphée s'élance de rocher en rocher ; il marche au milieu d'un chaos de ruines entassées. L'apparition s'éloigne à mesure qu'il avance. Enfin elle se glisse au travers des ombres, comme si elle eût été elle-même une ombre, et disparaît dans une grotte profonde. Orphée s'y précipite après elle, et se perd dans les détours d'un vaste et silencieux souterrain, où il n'entend plus d'autre bruit que le retentissement de ses pas. Il est entouré d'épaisses ténèbres, il ne sait comment il retrouvera sa route; enfin il se met à jouer de sa lyre et à chanter. Lorsqu'il s'arrête, une voix part des profondeurs de la grotte et murmure le long des voûtes du souterrain : cette voix était pleine de douceur et de tristesse, comme seraient les derniers accents de la fille la plus belle d'un héros, qui, toute pleine encore de vie et de jeunesse, lutterait en vain contre une mort lente et douloureuse; ou plutôt comme serait l'hymne funèbre d'une vierge résignée, douce et tendre victime, dont le sang innocent va tout à l'heure arroser un autel funeste.

« Poëte divin, disait-elle, que veux-tu de moi?
« Laisse, laisse en repos une sibylle inspirée comme
« toi, mais à qui tu viens ravir sa puissance. J'avais
« reçu le don de l'avenir, mais c'est dans un ordre

« de choses qui finit, et le don de l'avenir se retire « de moi.

« Tu seras à peine hors de cette grotte, que tout « sera fini pour moi, infortunée! Telle est la loi de « notre nature prophétique, consacrée par la plus « inviolable virginité, de périr sitôt que le sentiment « de l'avenir cesse d'habiter en nous. C'est là le « souffle de notre vie : notre âme s'éteint lorsqu'elle « est dans les ténèbres de la vision pour les choses « futures. Ma mort sera ignorée, nul ne me pleu- « rera ; je n'ai point de famille, je suis seule sur la « terre.

« Adieu ; garde le souvenir de la sibylle de l'ancien « monde. »

« Le silence le plus profond suivit des paroles si extraordinaires. Orphée interrogea encore plusieurs fois, et nulle voix ne répondit. Il joua encore de la lyre, et tout resta muet autour de lui. Il entendit seulement un léger bruit, comme est sans doute celui du serpent rajeuni, qui laisse parmi les feuilles desséchées de la forêt l'enveloppe dont il vient de se dépouiller. Le poëte chercha son chemin, et ce ne fut pas sans peine qu'il parvint à sortir de l'antre.

« L'esprit accablé de mille pensées amères, il retourna auprès d'Eurydice, mais il tut la fin de sa vision. »

En admirant ce qui vient d'être cité on ne sera point surpris ; c'est bien là M. Ballanche tel qu'on est accoutumé à le trouver. La mélancolie et la douleur sont des qualités qu'on lui reconnaît. On attend moins de son pinceau des tableaux énergiques et terribles. Croirait-on que cette voix plaintive et mélodieuse eût pu chanter les batailles? Eh bien, dans *Orphée*, il y a deux récits de combats, qui sont au nombre des morceaux les plus fortement touchés. Je ne sais s'il y a dans la langue française beaucoup de pages plus vigoureuses que celles-là. Au reste, cette âme si douce était vaillante et même capable d'une certaine verve belliqueuse dont souriaient parfois ses amis, mais qui leur fait comprendre mieux qu'à d'autres comment le suave écrivain a pu trouver les sanglantes couleurs des deux tableaux de bataille qu'on admire dans *Orphée*.

Il faut se rappeler que ces deux batailles, surtout la première, sont destinées à montrer l'horreur de la condition humaine dans la pure barbarie, avant que la civilisation ait ennobli et un peu adouci la guerre en la disciplinant. La civilisation n'a pas encore paru dans les montagnes de la Thrace, et les brutes habitants de ces montagnes combattent leurs ennemis avec tout l'emportement d'une férocité sauvage. Pour rendre ce qu'il y a de formidable dans une pareille lutte. M. Ballanche a trouvé des accents aussi farouches, et, si j'osais le dire, plus primitifs que ceux des Scaldes.

« Nous étions engagés dans la forêt de Dodone. Les « arbres prophétiques poussaient de sinistres gémis- « sements. Les dieux du silence et de l'effroi sem-

« blaient proférer de menaçantes imprécations. Le « fer nous était inconnu ; les rochers et les troncs « des arbres étaient toutes nos armes, et nous n'avions « d'autres vêtements que les peaux des bêtes tuées « par nous. Des nuées de vautours étendaient leurs « noires ailes sur nos têtes nues ; des troupes de « loups affamés nous entouraient. Vous eussiez dit le « combat des géants, ébauches grandes et informes « de l'homme, et nés spontanément de la terre. Mais « voici un autre spectacle, spectacle épouvantable, « dont vous ne pouvez vous faire aucune idée. Un ins- « tinct féroce nous porte à nous servir du feu qui ve- « nait de nous être révélé. Était-ce pour un tel usage « que le sage Titan l'avait donné à la race mortelle ? « Mais aussi n'était-ce pas déjà un acte de l'intelli- « gence humaine, encore si grossière ? Des brandons « jetés par nous au milieu de l'antique forêt allument « tout à coup un vaste incendie. Les loups se retirent « en hurlant, les vautours épouvantés s'enfuient dans « leurs aires. Nous restons seuls avec notre rage, et « lorsque la nuit descendit sur la terre, nous conti- « nuâmes de nous écraser à la lueur des flammes. « Nos femmes, nos enfants, les femmes, les enfants « de ceux contre qui nous combattions, chassés de « leurs retraites par le feu dévorateur, cherchent « un refuge au milieu de cette scène de désolation, et « se précipitent pêle-mêle sous les pieds des com- « battants. »

. . . .

« Le vénérable Œagrius monta sur un char traîné par de puissants taureaux, qui n'étaient point encore accoutumés au joug, emblèmes vivants de ces peuples. Il était assis sur un char informe, dont le fer presque brut faisait toute la solidité. Le roi avait une longue lance, armée d'un fer aigu. Une peau d'ours couvrait ses larges épaules, et enveloppait ses reins vigoureux. Sa longue barbe descendait rudement sur sa poitrine velue, siége de la force; sa chevelure terrible flottait au gré des vents; ses yeux lançaient des éclairs, son sourcil faisait trembler. J'étais assis à ses côtés, et je tenais la lyre d'Orphée. Je n'étais point aveugle, je n'étais point cassé par la vieillesse, mon âge était celui d'une sève ardente et généreuse, et mes yeux, comme ceux de l'aigle s'abreuvant avec joie des rayons du soleil, voyaient jusqu'au bout de l'horizon. De jeunes hommes, forts et nerveux, armés de javelots longs et durcis au feu, tenaient de leurs mains imployables les cornes recourbées des taureaux qui obéissaient avec révolte. Tantôt ils les piquaient de leurs javelots pour les faire avancer; tantôt ils les saisissaient par leurs naseaux fumants pour les contenir.

« La bataille innommée à laquelle j'assistais en frémissant, et qui est restée inconnue aux Muses, cette bataille présentait quelque chose de fantastique et d'affreux. D'un côté, un peuple revêtu d'armes à peine façonnées, agitant des espèces de flèches et de javelots;

de l'autre côté, des hommes demi-nus, les épaules simplement couvertes de peaux de bêtes, sans armes, lançant des blocs de rochers et des arbres déracinés. Je croyais voir une apparition de ces géants farouches dont la mémoire s'est conservée dans les traditions mythiques. La rencontre des deux armées fut comme la rencontre de deux phénomènes épouvantables, de deux trombes inanimées. Le désordre des éléments vint ajouter à l'illusion terrible d'un tel souvenir. La tempête parcourait l'horizon sur son char de feu. Mille tonnerres retentissaient au loin sur le Rhodope et sur l'Hémus. Des nuages noirs d'épouvante semblaient ramper le long de l'Hèbre. Mille fantômes sortaient des vallées silencieuses. Des voix couraient en gémissant ; on ne savait si c'étaient les voix des dieux de la peur, ou celles des bêtes affamées. Les cris des barbares dominaient tous ces bruits effroyables. »

Après ces terribles peintures, on se repose avec charme dans l'admiration plus douce qu'inspire l'épisode d'Érigone ; il me semble que nul ne saurait être insensible aux emportements gracieux et au touchant délire de la ménade :

« Érigone, occupée aux danses religieuses de Bacchus, courait quelquefois avec ses folâtres compagnes, la tête couronnée de pampres verts. Plus souvent on la voyait errer seule, le front chargé d'ennuis, les paupières doucement abaissées sur ses yeux noyés de larmes. Il était facile de connaître qu'un feu secret la consumait. Souvent aussi elle apparaissait tout à coup, échevelée, le sein nu, le thyrse à la main, poussant de plaintives clameurs ; de loin sa chatoyante nébride, flottant sur ses belles épaules, la faisait ressembler à un faon effarouché qui fuit les chasseurs. Elle allait dans les forêts et sur les montagnes accuser l'implacable destinée. Ni les danses, ni les chants, ni les jeux des orgies sacrées ne pouvaient tempérer le sentiment de ses maux. « Qu'y a-t-il en moi, disait-« elle, qui me rend rêveuse et insensée ? Je me plonge « en vain dans l'eau des torrents ; en vain je fais cou-« ler sur moi l'onde glacée des fontaines. Je me livre « à mille emportements ; je fais retentir l'air de mes « cris ; je déchire mes pieds délicats en courant parmi « les forêts les plus sauvages et sur les âpres pointes « des rochers. Puis soudainement je retombe affaissée « sur moi-même. Nulle divinité ne viendra-t-elle à « mon secours ? » La vue des jeunes hommes alarmait sa farouche pudeur, et néanmoins elle voulait être remarquée par eux. Les hommages lui plaisaient. Lorsqu'elle traversait la foule, et que partout sur son passage elle entendait vanter sa beauté, elle était enivrée de ces louanges. Mais, rentrée dans la solitude, les louanges n'étaient pour elle qu'un vain bruit.

« Enfin elle vit Orphée. Alors d'autres troubles vinrent augmenter ceux qui déjà habitaient son sein. Elle dédaignait naguère les acclamations des jeunes

hommes, elle les méprise à présent. C'était une conquête d'un ordre bien différent qu'elle voulait tenter. Une sorte de vanité s'empare de ses esprits, en même temps que l'admiration. Sa chevelure ne flotte plus en désordre; sa nébride, dépouille éclatante d'un jeune faon, fut retenue sur ses blanches épaules par une agrafe d'or. Une molle langueur tempérait le feu de ses regards. « Si les yeux du poëte divin pou-
« vaient se reposer sur moi! disait-elle; lui qui se
« croit au-dessus de l'amour, si je pouvais l'assujet-
« tir à l'amour! »

« Un jour, elle ose s'approcher de cet homme merveilleux. Elle n'avait point de couronne sur la tête, et sa main était désarmée du thyrse. Un voile, parure inaccoutumée de la vierge malheureuse, descendait sur son visage charmant. Ce tissu, trop léger pour cacher ses traits, pour tempérer la flamme de ses regards enivrés, était à la fois un asile pour sa timide pudeur, un attrait de plus pour son incomparable beauté. « Poëte divin, lui dit-elle avec égare-
« ment, je ne sais quel vertige affaisse ma tête. Mille
« illusions me tourmentent; la raison m'abandonne.
« Mon sommeil est troublé par des songes funestes,
« et ma veille elle-même est comme un songe dou-
« loureux. Sans doute c'est une maladie sacrée que
« les dieux m'ont envoyée. Tous me disent que la mu-
« sique pourrait me guérir, et voilà pourquoi je me
« mêle à la foule des peuples pour entendre tes chants

« inspirés; mais ce ne sont point de tels chants qui « peuvent me rendre à la santé et à la vie; ils sont « faits pour adoucir les hommes nés du chêne ou « du rocher; moi, je n'ai point le caractère inflexible « de ces hommes, je suis une jeune fille qu'une femme « sans force a nourrie de son lait. Les fantômes de la « nuit m'épouvantent, les lassitudes du midi m'acca-« blent, le crépuscule du matin m'attriste, et celui « du soir me plonge dans d'inexprimables angoisses. « Aucune heure du jour ne me convient, aucune « heure de la nuit ne me donne le repos. Je ne trouve « un peu de calme ni dans le fond des forêts, ni sur « les sommets des montagnes, ni sur les bords des « fontaines. Les feux du soleil me brûlent, le souffle « du zéphir ne me rafraîchit point. Attendris pour « moi les sons de ta lyre, allons ensemble dans un « lieu écarté. Poëte divin, tu chanteras les paroles « qui peuvent guérir une vierge infortunée. Prends « pitié, je t'en conjure, prends pitié de la vierge qui « va mourir si tu ne viens à son secours. »

« Orphée, ému d'une douce compassion, suivit Érigone; il la suivit dans un lieu écarté de la foule. Elle, exaltée par l'amour, prodiguait aux arbres et aux fontaines des paroles de joie et de tendresse, qui attestaient son égarement, et elle marchait toujours, et elle s'avançait toujours dans la solitude. « Que je « suis heureuse! disait-elle, quel repos est en moi! » Orphée était confus et affligé d'un tel délire. Incertain, il ne savait s'il ne devait point abandonner les traces de la ménade; mais, emporté toujours par la compassion, il continuait de la suivre. Enfin elle s'arrête, et s'adressant au poëte : « Poëte divin, lui dit-« elle, je te remercie ; maintenant que nous sommes « dans la solitude, fais-moi entendre les accents que « tu m'as promis. »

Orphée se met à chanter, en s'accompagnant de sa lyre ; il chante les louanges des dieux immortels, la gloire de ces âmes choisies que les dieux ont suscitées pour faire du bien aux hommes. Érigone écouta quelques instants avec calme, puis son agitation recommença.

« Poëte incomparable, lui dit-elle, ce ne sont point « là les chants que je te demande. N'as-tu donc point « de chant pour apaiser les souffrances de l'âme? « n'en as-tu point pour affermir la pudeur des vier-« ges? Chante, chante les merveilles de l'amour ! « n'est-ce pas l'amour qui a tout créé dans le monde?

« Eh bien, c'est le besoin d'aimer qui tourmente « mon cœur. Oui, je veux aimer. Ne crois pas que « ces hommes du chêne ou du rocher, appelés par toi « à des lumières si nouvelles, puissent me présenter « l'époux de mon choix. Il me faut un dieu ou un mor-« tel que le génie égale aux dieux. Écoute, je ne serai « pas la première fille de la terre que les dieux au-« raient jugée digne d'attirer leur attention. Je suis « belle, et nulle n'est plus belle que moi. Je sais des

« danses que les divinités elles-mêmes envieraient. « Les Heures, lorsqu'elles voltigent autour du char du « Soleil en répandant des roses, n'ont pas plus de « grâce et de légèreté. Tu ne m'as pas vue jouant avec « les tigres dételés de Bacchus ; ils frémissent sous « ma main qui ne craint pas de les caresser; leurs « yeux clignotants s'allument, mais ils replient sous « leurs pieds leurs griffes redoutables, et ils me sui- « vent avec une merveilleuse docilité. Ils obéissent à « la cadence de mes pas, au son de ma voix, aux si- « gnes de ma main, à la puissance de mon regard. Je « suis belle avec ma nébride tachetée de couleurs on- « doyantes, avec mes cheveux flottants, avec mes atti- « tudes suaves et variées, et agitant dans les airs un « thyrse orné de feuillage. Mais personne encore n'a « connu le fer acéré que déguisent les rameaux ver- « doyants de mon thyrse; ma lance est restée inno- « cente comme l'ongle aigu de la panthère apprivoisée « de Bacchus. Orphée, tu m'apprendras les nobles et « doux mystères de la lyre, et je ravirai ton âme par « mes chants, après avoir fait le charme de tes yeux « par ma présence. Si tu es égal aux dieux, fais-moi « ton égale. Que ta gloire se repose sur moi, et qu'en- « suite je meure ! »

« Érigone, rougissant d'une douce pudeur, laisse échapper quelques larmes; puis elle dit d'une voix émue et tremblante : « Oserai-je, poëte divin, te rap- « peler un souvenir? Dis-moi, la renommée a-t-elle

« menti lorsqu'elle nous a parlé d'une femme heu-« reuse entre toutes les femmes? d'une femme... — « Ah! reprit Orphée, ne t'accuse point de réveiller un « souvenir cher et sacré; ce souvenir n'est jamais « absent de mon cœur. Mais apprends ceci, Érigone, « nymphe dont le sort devrait tant exciter l'envie si le « bonheur et la gloire se mesuraient sur la beauté, « apprends ceci : Eurydice ne me fut point donnée « comme une épouse est donnée à son époux. Elle fut « ma sœur et ma compagne mystique. — Eh bien, « s'écrie Érigone, une telle gloire me suffit; qu'elle « me soit accordée, et que la mort vienne ensuite me « frapper! Pourrais-je d'ailleurs soutenir le poids « d'une si grande félicité? Non, non, les facultés du « bonheur ont des bornes bien plus étroites que les « facultés de la douleur! Je mourrai donc, mais que « je meure ton épouse! » Orphée restait en silence. Érigone était accablée par la multitude de ses pensées et de ses sentiments. « Réponds-moi, Orphée, lui dit-« elle, veux-tu que je sois ta sœur? veux-tu que je « sois ton épouse mystique? veux-tu que je sois ton « esclave obéissante, et que je te suive dans tes courses « aventureuses, comme les tigres de Bacchus me sui-« vent lorsque je les tiens en laisse? Tu ne m'ensei-« gneras d'autre science que celle de louer les dieux « immortels, ou de tendre les cordes de ta lyre lors-« que tu voudras chanter. Je me tiendrai, si tu le « veux, en silence devant toi; j'obéirai au moindre

« signe de tes yeux. Pour toi, oui, je m'en sentirai la « force, pour toi je ferai taire toutes les voix de la « nature. Nul enfant ne s'assiéra sur mes genoux et « ne m'enchantera de son innocent sourire. Que te « faut-il de plus ? »

« Alors Orphée, s'inclinant sur la ménade et la contemplant avec une tendresse toute paternelle : « Une « seule femme a pu être à la fois et ma sœur vénérée « et mon épouse mystique. Elle a mis en moi des sen- « timents que les dieux voulaient sans doute qui y « fussent. Elle a donné la vie à mes propres pensées. « Quand j'ai été ce que je devais être, elle m'a été ra- « vie : c'était tout ce qu'il lui était donné d'accomplir. « Maintenant nulle créature humaine ne peut rien me « révéler. Il faut que je vogue seul sur l'océan du « monde. Mon cœur est un sanctuaire d'où le sou- « venir d'Eurydice ne doit plus sortir pour être « remplacé par aucune affection qui puisse m'en dis- « traire. »

« Érigone, à ces mots, verse un torrent de larmes, et Orphée, ému d'une magnanime compassion, pleure avec la ménade infortunée. Puis, d'une voix entrecoupée de sanglots, elle dit : « Oui, je t'ai compris, je « sais ce que fut la fille de la vision ; je sais que tu « dois en conserver religieusement le souvenir. Laisse- « moi dans ma solitude et dans ma misère. Non, « Orphée, nul ne dormira sur la couche parfumée que « je te destinais. Continue, poëte divin, de travailler

« à la pénible tâche que tu t'es imposée. Tu ne peux
« être arrêté dans ta carrière glorieuse par une pauvre
« ménade. Ah ! je m'accoutumerai à ma solitude ; ton
« image pourra m'y suivre, puisque aucun obstacle
« terrestre ne sera entre nous. Une seule grâce, Or-
« phée, fais-moi entendre les chants qui contiennent
« les leçons de la sagesse.

« Enseigne-moi, enseigne-moi l'art de tirer des sons
« de la lyre, afin qu'après ton départ, poëte divin, je
« puisse chercher un adoucissement à mes maux, une
« distraction à ton absence. »

« Orphée, indécis, ne sait s'il doit obtempérer à ce désir ; il se décide à essayer ce que pourra la communication de la grande doctrine contenue dans la musique. Il place donc la lyre civilisatrice sur les genoux de la belle ménade, et dispose toute l'attitude de la vierge infortunée avec un soin généreux et paternel. Il lui enseigne comment ses deux mains doivent être occupées en même temps, l'une à presser mollement les cordes tendues pendant que l'autre en détacherait les sons. Il lui apprit la mesure et l'intervalle de chaque son, et la manière dont il devait se marier avec la voix. Érigone, tout à la fois docile et impatiente, arrondissant ses bras charmants avec une grâce infinie, semblait caresser l'instrument harmonieux ; elle commença par en tirer des sons isolés, puis quelques accords timides qui la ravissaient d'une joie naïve. Alors Orphée se mit à lui enseigner les sons religieux qui portent l'âme à la mélancolie, tristesse intime, mais non désolée, et qui la font s'élancer dans un autre avenir. « Oui, disait-elle, voici les sons « qui sans doute réjouissent les ombres heureuses ; « Orphée, lorsque tu ne seras plus parmi nous, lors- « que je serai exilée de ta présence, je ne serai qu'une « ombre, mais je serai une ombre heureuse. »

« Cependant Orphée partit. Un jour on vit un léger esquif sur la mer orageuse ; on entendait de doux accents : c'était Orphée qui, seul, s'abandonnait à la providence des flots. Les peuples réunis sur la plage poussaient des cris d'admiration. Érigone, assise à l'écart, versait des larmes amères.

« Depuis ce jour, on vit la ménade inconsolable fuir ses compagnes, errer dans la solitude. Quelquefois on l'apercevait tout à coup, légère comme une biche, mais comme une biche blessée, disparaissant au fond des forêts ; quelquefois suspendue sur des abîmes, sautant de rocher en rocher, franchissant les bruyantes cascades ; quelquefois encore elle s'arrêtait au milieu des vastes bruyères pour essayer les chants mélancoliques d'Olen de Lycie, les chants glorieux de Linus, qu'Orphée lui avait enseignés. Elle vantait les charmes et les félicités d'Eurydice. Souvent on l'entendit entonner un hymne à Bacchus, et cet hymne, sur ses lèvres ardentes, devenait un brillant épithalame :

« Triomphateur de l'Inde, Bacchus, divinité puis- « sante, viens assister à la noce de ton heureuse prê-

« tresse, car tu n'interdis pas l'hymen aux ménades. « Tes prêtresses ne sont pas déshéritées des biens de la « vie. Viens consoler celles qui sont délaissées ! viens « sur ton char attelé de tigres obéissants ; tes tigres « connaissent ma voix. Je sais presser sur leurs langues de feu les grappes vermeilles dont le suc les « enivre. Viens! Évohé! Évohé! ah! que je vive assez « pour voir le jour de mon bonheur!

« Préparez le voile nuptial! continuait-elle, mères « augustes! Jeunes filles, allez dans les prairies cueillir les fleurs qui doivent couronner la nouvelle « épouse ! Mes maux enfin sont finis. Après une nuit « douloureuse, oui, j'ai entendu, dans mes songes du « matin, une voix qui me disait : « Éveille-toi, Érigone, éveille-toi, ô la plus glorieuse et la plus belle; « voici que la barque divine trace un sillon de feu « sur la mer éblouissante et te ramène celui que tu « aimes; toutes les cordes de la lyre frémiront sous tes « doigts désormais inspirés. Éveille-toi! »

« Puis elle ajoutait avec un sentiment profond de toute espérance déçue : « Hélas! hélas! l'instant si « fugitif de la beauté passe ainsi qu'une ombre vaine, « et déjà ne commence-t-elle pas à s'évanouir? Elle « va donc s'éteindre dans la solitude ! »

« Bientôt elle cessa d'éviter la foule des peuples. Elle n'était plus vêtue de la chatoyante nébride, et le pudique péplos cachait en partie sa ravissante figure, dont la douleur n'avait point terni la beauté.

« C'était un spectacle singulier et sinistre de la voir, l'œil égaré, dire les préceptes de la sagesse, revêtus de tout le charme de la poésie ; et elle avait perdu la raison, que nul ne s'en doutait. Elle souffrait des maux inouïs, et elle chantait, en quelque sorte à son insu le plus souvent, des paroles qui avaient un sens très-élevé, souvent aussi des paroles harmonieuses dont le sens était indécis. Elle se croyait un être sacré, parce qu'elle avait été honorée de l'affection d'un homme tel qu'Orphée. « C'est lui qui m'a tout enseigné, disait-elle, et nul ne peut comprendre la multitude et la grandeur des choses qu'il m'a enseignées. » La foule se pressait autour d'elle, et elle disait encore : « Ne me regardez pas, je suis une « vierge sainte ; Orphée a pleuré sur moi. » Et tous, obéissant à la ménade, détournaient leurs regards où brillaient à la fois l'admiration et la pitié.

« Cependant Érigone ne put supporter plus longtemps le poids de la vie. Elle succomba. Elle succomba comme la fleur chargée de trop de rosée. Sa mort fut paisible. Elle recouvra tout à fait sa raison avant de mourir. Elle dit : « Je vais trouver Eurydice, « et j'attendrai auprès d'elle le poëte divin dans les « bocages de l'Élysée. » Son âme se détacha doucement de son enveloppe mortelle, et la nymphe parut s'endormir dans les songes du bonheur.

« Les ménades menèrent un grand deuil autour du tombeau de leur belle compagne, morte à la fleur de ses ans, et frappée d'une blessure incurable, d'une blessure que tous les dictames de la terre ne pouvaient apaiser.

« Roi pasteur, j'ai vu et la mort et les funérailles d'Érigone, et le tableau de cette touchante ménade est souvent devant mes yeux. »

Nous terminerons ces citations par la *Mort d'Orphée*. Cette mort est racontée au vieil Évandre sur le Palatin, en présence de cette solitude qui sera Rome, par le poëte Thamyris, qui a longtemps suivi la trace d'Orphée pour recueillir les enseignements laissés par le chantre divin. Enfin il est arrivé près de lui sans le connaître, le législateur ne s'est révélé qu'au moment d'expirer. Dans les dernières paroles d'Orphée, dans cette vue prophétique, en présence de l'initiation suprême, il y a une sublimité que nous croyons, avec M. Sainte-Beuve, égale aux plus belles épopées modernes. C'est comme une manifestation définitive de la vérité se dévoilant à travers les ténèbres de la tombe au poëte inspiré, qui semble être déjà en possession de l'autre vie et contempler le monde du sein de Dieu.

Quand M. Ballanche lisait ce morceau, il s'identifiait si bien avec le personnage créé par lui que l'exaltation d'Orphée expirant le gagnait: son émotion allait jusqu'aux larmes quand il prononçait ces paroles :

« Rideau brillant des êtres, des éléments, de la

« nature variée et infinie dans son admirable variété, « tu vas donc enfin te lever devant moi! Une lueur « lointaine effleure déjà mon regard mourant. »

« Tels furent, poursuit Thamyris, les accents de l'inconnu ; et ces accents parlaient à mon âme beaucoup plus qu'à mes sens. Je devinais en quelque sorte, plutôt que je n'entendais, tant était devenue intime la communication entre lui et moi. Ce n'est pas tout, Évandre, la nature entière me paraissait éprouver quelque chose de ce que j'éprouvais moi-même. Il me semblait que j'étais confondu et abîmé dans le sentiment d'une existence universelle dont je faisais partie. C'était comme un frémissement d'attente, comme une participation indicible à je ne sais quelle transformation, qui s'opérait partout en ce moment. Les oiseaux du ciel, les animaux de la terre, les arbres des forêts, les herbes des champs, les météores légers de l'air, tout s'animait à mes yeux de la même pensée, la pensée d'une immense régénération, d'une vaste palingénésie. Toute la chaîne de l'organisation, depuis la pierre brute jusqu'à la plus haute intelligence, était remuée à la fois, et je me sentais entraîné par cette impulsion irrésistible. Le vieillard, qui était devenu semblable à une jeune divinité, m'enveloppait de son regard doux et serein, expression pure d'une substance incorporelle.

« Adieu, Thamyris! il ne me reste plus qu'à accom- « plir le mystère de ma propre régénération, et il ne

« doit s'accomplir que dans la solitude. Ainsi que le « phénix, je vais me retirer à l'écart pour construire « mon bûcher de parfums. Nul ne peut m'aider dans « ce dernier travail, dans cet enfantement sublime et « douloureux de l'âme immortelle. »

« Il ajouta, et ce fut le dernier effort de sa voix affaiblie : « Oui, il sera un temps, un législateur « viendra, qui donnera les véritables lois, les lois in- « dépendantes des temps et des lieux, les lois qui sur- « vivent aux empires. Ce n'est point une prophétie « que tu entends, Thamyris, c'est la contemplation « même de l'ordre éternel qui me fait parler. Je ne « prédis pas, je vois... Tous les peuples ne sont plus « qu'un peuple.

« Oh! combien sont beaux les pieds de l'envoyé « céleste s'imprimant sur la vile poussière de notre « monde malheureux! oh! combien sont beaux les « pieds du Désiré des nations, qui ne dédaigne ni les « carrefours des villes, ni les chemins des campa- « gnes! oh! combien sont beaux les pieds de celui « qui apporte la grande rançon! Hommes de toutes « les classes, n'en formez qu'une, pour vous presser « sur les pas de celui qui est le salut de tous!...

« Lyre, beauté, grâce, amour, souffle de la vie, « âme, éclat et baume des fleurs, mélodie de l'air, « ombrage sacré des bois, verdure calme des prairies, « murmure charmant des fontaines... orages et tem- « pêtes... souffrances, plaintes et soupirs... cygne

« éclatant de blancheur, colombe gémissante... elle « s'enfuit sur une nuée d'opale et d'azur, comme un « son détaché de la lyre, comme le parfum qu'exhale « une fleur... Nous nous jouerons sur la nuée, dans « les plaines du ciel, parmi les collines de l'éternité. « Nous tresserons des guirlandes de fleurs, de fleurs « immortelles... Molle clarté des nuits, tu n'abaisseras « plus ma paupière assoupie... Que j'essaye mes ailes « d'argent!... Je veux me baigner dans des torrents « de lumière... Douce extase de la mort... la vie, « ombre flottante, image passagère... Je sais!... Dieu « écarte le voile du temps et des êtres... »

« Le vieillard, devenu semblable à une jeune divinité, disparut dans un nuage qui couvrit la montagne. A mesure que j'en descendais, un grand bruit se faisait entendre comme celui d'une horrible tempête. Au milieu de toutes les voix de l'orage, on distinguait seulement quelques sons du chant d'Eurydice. Puis un tourbillon de feu vint éclairer rapidement tous les sommets de la montagne, et à la lueur du tourbillon je crus apercevoir, entouré du chœur céleste des Heures, celui que je venais de quitter. Alors je me rappelai ce que m'avait raconté Œagrius d'Orphée apparaissant au sein de la bataille terrible, jeune, beau, calme, vêtu d'une longue robe blanche, et tenant sa lyre à la main. Alors mes souvenirs et l'étonnement où j'étais plongé ne formèrent plus qu'un songe divin. La tempête s'apaisa tout à coup, les éléments rentrèrent dans le repos, l'obscurité couvrit les sommets de la montagne, et bientôt l'on n'entendit plus que les gémissements plaintifs des Oréades. Une multitude était accourue pour être témoin du prodige. Nous sentions une terreur intime, et cette terreur nous avertissait que la mort venait de frapper une grande victime. Nous nous hâtons de nous diriger du côté de l'apparition : nous trouvons le corps du noble étranger, que moi seul pouvais reconnaître, puisque seul j'avais vu s'évanouir en lui toutes les traces de la vieillesse ; l'empreinte de l'immortalité, d'une jeunesse éternelle, était sur ce visage auguste. Ses yeux fermés annonçaient les longues méditations d'une vie qui ne doit plus finir, et le calme de ses traits indiquait l'immobilité de ses pensées dépouillées du charme fugitif de la parole.

« Les peuples s'assemblent pour donner la sépulture à l'illustre inconnu et remplir à son égard le dernier devoir de l'hospitalité. Je suis désigné pour mener le deuil, pour veiller aux soins de la cérémonie funèbre. Mais, arrivés sur le lieu même, nous n'avons point de deuil à mener, point de cérémonie funèbre à exercer. Nous trouvons un tombeau magnifique élevé par les Muses au vieillard mystérieux que l'approche de la mort avait revêtu de jeunesse, et que la mort elle-même venait de revêtir d'immortalité. Sur ce tombeau était gravé le nom de l'inconnu, du délaissé, enfin le nom désormais impérissable d'Orphée. Les chastes filles du ciel ont enfermé dans le tombeau du poëte divin sa lyre d'or, qu'il avait reçue, dit-on, de Mercure, et que nul autre ne pouvait manier. Les chastes filles du ciel ont fait entendre d'harmonieux concerts; mais aucune parole n'est sortie du tombeau, et les chants des Muses n'ont point été recueillis. »

VII

PROLÉGOMÈNES DE PALINGÉNÉSIE SOCIALE.

En arrivant à celui des ouvrages de M. Ballanche qui renferme l'exposition de ses idées, non sous une forme dramatique, comme *Virginie*, ou sous la forme épique, comme *Orphée*, mais sous la forme philosophique, j'éprouve une difficulté nouvelle à remplir le devoir que je me suis imposé envers sa mémoire, celui de donner par des extraits une idée de la beauté et du charme de ses écrits ; ici, il faudrait faire précéder les citations d'un exposé des doctrines de l'auteur. Mais c'est une tâche délicate ; ces doctrines n'ont pas été présentées par lui dans un ordre systématique ; procédant par la synthèse plus que par l'analyse, il manifestait sa pensée, moins suivant les règles de la dialectique que suivant les inspirations de sa haute intelligence. Le titre même de *Prolégomènes* indique assez que dans ce livre il ne croyait pas avoir dit son dernier mot. Sa philosophie devait ressortir de l'ensemble de ses œuvres, et surtout d'une trilogie composée de la *Formule générale*, d'*Orphée* et de *la Ville des expiations*. Le tout devait former comme un code de *Palingénésie sociale*. Par ce mot, qui veut dire *renaissance*, ou plutôt *génération renouvelée*, il désignait la loi de transformation qu'il regardait comme la loi de l'individu et de la société. La plus grande partie de la *Formule générale* et *la Ville des expiations* presque tout entière n'ont point été publiées. *La Ville des expiations* est, dit-on, entièrement terminée; il est à désirer que ce qu'on pourra retrouver des œuvres inédites de M. Ballanche paraisse par les soins d'amis distingués qui étaient des disciples fidèles. Jusque-là, il serait prématuré de vouloir résumer une doctrine dont toutes les parties, liées étroitement, ont besoin l'une de l'autre pour se compléter. En outre, séparer les idées de M. Ballanche de la forme dont les revêtait son beau talent, ce serait risquer d'en altérer l'originalité et d'en amoindrir la grandeur. Enfin je ne me crois pas assez initié à ces idées pour prendre sur moi de les exprimer. Ce serait sortir du cadre que je me suis proposé de remplir. J'ai voulu faire entendre M. Ballanche et non me faire entendre en son nom. Je me bornerai donc encore cette fois à détacher de son œuvre ce qui m'a semblé accessible à tous et admirable pour tous.

Pour se faire une idée du système auquel se rapportent les *Prolégomènes*, il faut s'adresser aux biographes déjà cités ou consulter un brillant travail de M. de Lavergne, travail qui avait obtenu l'approbation de M. Ballanche, et surtout le remarquable résumé des théories religieuses et sociales de l'auteur de la *Palingénésie*, publié dans un volume intitulé *un Automne au bord de la mer*, par M. Barchou de Penhoën, que ses travaux ont placé à un si haut rang parmi nos penseurs et nos écrivains. M. de Barante a exposé avec toute la clarté de son esprit et toute la finesse de sa parole l'ensemble des théories historiques de M. Ballanche, dans un discours prononcé au sein de l'Académie française, discours sur lequel nous reviendrons. Ici, je citerai seulement quelques passages des *Prolégomènes*, dans lesquels l'auteur semble avoir voulu exposer lui-même avec une grande simplicité et une grande clarté, sinon les derniers secrets, au moins les points essentiels et fondamentaux de sa doctrine.

Mais auparavant il faut transcrire les lignes tracées par lui au fronton du temple; on verra par cette poétique dédicace, adressée à madame Récamier, comment ses idées revêtaient la forme de ses sentiments, et comment, nouveau révélateur d'un monde inconnu, Dante de la philosophie, il voulait être accompagné, dans les plus hautes sphères de la contemplation, par celle dont l'âme et les traits avaient inspiré à Canova le type de Béatrix.

« Un artiste entouré d'une grande renommée, un statuaire qui naguère jetait tant d'éclat sur la patrie illustre de Dante, et dont les chefs-d'œuvre de l'antiquité avaient si souvent exalté la gracieuse imagination, un jour, pour la première fois, vit une femme qui fut pour lui comme une vive apparition de Béatrix. Plein de cette émotion religieuse que donne le génie, aussitôt il demande au marbre, toujours docile sous son ciseau, d'exprimer la soudaine inspiration de ce moment; et la Béatrix de Dante passa du vague domaine de la poésie dans le domaine réalisé des arts. Le sentiment qui réside dans cette physionomie harmonieuse est devenu maintenant un type nouveau de beauté pure et virginale, qui à son tour inspire les artistes et les poëtes.

« Cette femme, dont je veux taire ici le nom, que je veux tenir voilée, comme fit Dante, est douée de toutes les sympathies généreuses de ce temps. Elle a visité, avec le petit nombre, le lieu qu'habitent les intelligences : c'est dans ce lieu de paix immuable, d'inaltérable sérénité, qu'elle a contracté de nobles amitiés, ces amitiés qui ont rempli sa vie, qui, nées sous d'immortels auspices, sont également à l'abri du temps et de la mort, comme de toutes les vicissitudes humaines.

« Je m'adresse donc à celle qui a été vue comme une vive apparition de Béatrix : puisse-t-elle m'encourager de son sourire, de ce sourire sérieux d'amour et de grâce, qui exprime à la fois la confiance et la pitié pour les peines de l'épreuve, pour les ennuis d'un exil qui doit finir; présage doux et serein, où se lit dès à présent la certitude de nos espérances infinies, la grandeur de nos destinées définitives ! »

Suivons maintenant M. Ballanche dans les routes de la pensée où il va s'engager après avoir salué au départ son gracieux génie.

Pour M. Ballanche, toute vérité était dans le Christianisme ; il a vécu et il est mort dans cette foi ; mais il croyait *à l'évolution du Christianisme*. Sur un point aussi délicat je craindrais, plus encore que sur tout autre, de ne pas reproduire fidèlement sa doctrine. Le moyen d'échapper à ce danger est simple, c'est de citer sans commentaire. Pour être certain de ne pas faire parler M. Ballanche, le mieux est de le laisser parler.

« Le temps est venu, dit-il, je n'en doute point, d'introduire la science dans le domaine des croyances religieuses, comme il faut l'introduire dans le domaine de la poésie.

« Il est évident que le dix-neuvième siècle est las du funeste héritage que lui a légué le siècle précédent. Il cherche à se dégager de ce suaire d'incrédulité dont il est encore à moitié enveloppé. Il veut entrer dans le Christianisme; et comme, ainsi qu'il en est averti par son propre instinct, et qu'il serait facile de le démontrer, les véritables traditions chrétiennes, jamais séparées des traditions primitives générales, reposent toujours dans la même majestueuse unité, c'est au sein de cette unité catholique que le dix-neuvième siècle veut entrer. Aidez-le donc à déposer le suaire de mort qui le gêne dans l'accomplissement de l'acte de sa résurrection. »

On le voit, M. Ballanche était très-nettement catholique, mais il l'était dans un esprit très-large, car il disait :

« Ce ne sont plus quelques hommes, c'est le genre humain tout entier qui est dépositaire des traditions générales.

« Les traditions, soyons-en bien convaincus, ne peuvent jamais être entièrement perverties. Sous ce point de vue élevé, la diversité des cultes a quelque analogie avec la diversité des langues : on a peine à suivre la pensée divine dans les enveloppes que lui prête la pensée humaine, mais c'est toujours la pensée divine.

« Appuyons notre pensée, et que ce soit avec quelque vigueur et quelque indépendance, sur l'analogie évidente de toutes les histoires sacrées et de toutes les histoires profanes, primitives; nous trouverons que toutes suivent les mêmes développements dans l'origine, les mêmes évolutions dans leurs crises, sont soumises aux mêmes périodes, ont les mêmes suites et les mêmes retours.

« M. de Maistre attend un siècle nouveau, une nouvelle révélation : il ne sait donc pas que le Christianisme a tout dit ! Moi aussi je crois à une ère nouvelle, mais cette ère est commencée. Le siècle attendu existe déjà. Les choses parlent un langage qui est aussi une révélation de Dieu. »

Une invincible foi dans la Providence fut le point de départ de toutes les spéculations historiques de M. Ballanche. Il a résumé cette foi dans une remarquable parole : « Dieu n'a pu vouloir se laisser exiler de ses ouvrages. » Il l'a exprimée avec beaucoup de force dans le passage suivant sur ce qu'il appelle *les hommes du destin et les hommes de la Providence.*

« Les hommes du destin voient le mal répandu sur la terre, ils ne voient que cela. Alors ils se mettent à accuser Dieu ou à le nier.

« L'homme, à les entendre, est sous le joug inexorable d'un destin de fer ; il n'a point de liberté ; il est emprisonné dans ses organes, dans les limites de ses facultés, limites qu'il sent plus étroites à proportion que ses facultés elles-mêmes sont plus étendues ; l'esprit s'use dans les obstacles de tout genre, se brise contre la force des choses ; la vie n'est qu'une longue douleur, un rêve pénible, une cruelle maladie. Nous n'existons que pour souffrir ou faire souffrir. La société, dans une si triste hypothèse, est une chose mauvaise et factice; c'est une malheureuse invention de l'homme. Cette philosophie du découragement et du désespoir revêt plusieurs formes, selon les temps, les lieux, l'âge des peuples; mais le fond est toujours le même.

« Les hommes de la Providence voient aussi le mal, mais ils sont pleins de confiance, et ils croient fortement que si l'économie des desseins de Dieu pouvait être manifestée dans tout son majestueux développement, elle satisferait à toutes les plaintes, elle apaiserait tous les doutes de la pensée. Néanmoins, selon eux, nous en savons assez pour comprendre la raison de ce qui nous est caché. Ils croient à la fois et de la même façon, à l'action continue de la Providence et à la liberté de l'être intelligent. Dans leur conviction intime, l'institution sociale est une institution divine; c'est par elle que l'homme se perfectionne et s'élève. Ils ne séparent jamais les destinées dont nous jouissons dans cette vie de celles qui nous sont assurées dans une autre vie, assurées par toutes nos croyances primitives et traditionnelles, assurées par notre nature même de créature intelligente et morale. C'est là qu'après une nouvelle série d'épreuves et d'expiations, car il ne doit entrer rien que de parfait dans les royaumes immuables de Dieu; c'est là que se trouve enfin le dernier terme de toute palingénésie; c'est là seulement que s'accomplissent nos destinées définitives. »

L'ouvrage de M. Ballanche n'était à ses yeux qu'une introduction et, comme il disait, une initiation à un système de vérités qu'il n'a nulle part présentées dogmatiquement dans leur ensemble. Pascal aussi n'a pas achevé le monument qu'il voulait élever. Mais ses pensées éparses frappent peut-être encore plus dans leur isolement qu'elles ne l'eussent fait dans la place qu'il leur destinait, car elles parlent doublement à l'imagination comme pierres d'attente et comme ruines.

Certaines pensées que M. Ballanche a jetées dans les prolégomènes de la *Palingénésie* peuvent également se détacher sans rien perdre. Peut-être même les voit-on mieux en les isolant parce qu'ainsi on les voit de tous côtés. La première de celles qu'on va lire fera comprendre pourquoi je me suis souvenu de Pascal.

« Dans les profondeurs du ciel nous croyons remarquer avec nos télescopes des mondes à plusieurs âges d'existence ; les uns semblent encore se dégager d'un vaste vase de lumière, pendant que d'autres, dans leurs ellipses accoutumées, ne roulent plus que des mondes éteints. Notre tour arrivera sans doute aussi. Un jour viendra qui sera le dernier de cette terre ; et cette grande catastrophe, cette immense agonie, qui frappera de stérilité un point de la création, ne sera pas même soupçonnée par quelques habitants des autres globes. Des milliers de créatures intelligentes et morales souffriront des maux étranges ; et ces habitants des autres globes continueront de regarder avec indifférence le chétif météore perdu dans l'espace. Il sera cependant arrivé un grand événement dans le monde infini, à savoir que la manifestation de l'homme, dans le temps et sur la terre, aura cessé. »

« Les gouvernements n'aiment pas les météores nouveaux; ils sont, comme Hérode, effrayés de l'étoile qui conduit les mages et qui éclaire les bergers. Ils aiment à se réveiller le lendemain avec les idées et les habitudes de la veille; ils aiment à s'endormir paisibles dans la pensée que le jour suivant n'amènera aucune mutation, aucun événement à prévoir. S'ils se disent les images de Dieu, ils ne devraient pas oublier qu'un des attributs de Dieu est la prescience. Cependant les peuples grandissent comme les individus, et le genre humain grandit aussi. »

« Le présent raconte le passé, et le passé raconte l'avenir. On conçoit qu'à l'égard de Dieu tous les temps sont contemporains; la prescience n'est autre chose que l'infinie contemplation de l'éternité. L'immensité de l'espace est un symbole merveilleux de cette vue tout intellectuelle pour qui la succession n'existe pas. Ainsi nos yeux découvrent au loin, dans les brillants abîmes du ciel, une étoile fixe qui nous paraît immobile; elle nous paraît immobile parce qu'elle se meut dans une sphère incommensurable pour nos yeux. Ce clou d'or que nous nommons Sirius, nous savons que c'est un soleil mille fois plus grand que le nôtre; et toutefois, ce qui est pour nos organes un clou d'or, pour notre science un vaste soleil, qu'est-il dans la réalité? Il est ce que nos sens le voient, un clou d'or, mais un clou d'or qui étincelle avec des myriades d'autres clous d'or, inaperçus par nous et dans une symétrie impossible à comprendre, sur le marchepied du trône éternel. »

« La Providence secoue violemment le genre humain pour le faire avancer. Il n'a d'intelligence qu'à la sollicitation du besoin; il n'a de vertu qu'à la sollicitation de la douleur. »

« Le calme endort l'esprit; le trouble le réveille : les grands hommes sont les produits de révolutions agitantes; le génie naît dans le sang et dans les larmes.

« L'éducation du genre humain est pénible; il faut qu'il mérite; il faut qu'il se fasse lui-même; il faut qu'il expie. »

« Toujours un fondateur trouve quelque chose d'établi; toujours il trouve un dieu Terme qu'il n'est pas en sa puissance de déplacer; et c'est toujours là-dessus qu'il est tenu d'élever son édifice : cette nécessité est le grand obstacle pour assigner un commencement à une institution quelconque. »

« L'Orient fut immobile parce qu'il devait être la source éternelle de nos destinées progressives. Le sol sur lequel on bâtit ne doit pas toujours trembler. »

« Dieu veut que tous les hommes soient sauvés et « parviennent à la connaissance de la vérité. » C'est saint Paul qui parle ainsi. »

« La plus forte individualité qui ait paru sur cette terre depuis les temps primitifs est incontestablement celle de Bonaparte. Chez lui l'intelligence fut portée à son plus haut développement. Le sentiment moral était resté en arrière, non relativement peut-être aux autres hommes, mais sans aucun doute relativement à lui-même. Serait-ce un des inconvénients d'une intelligence tellement puissante et tellement concentrique? S'il eût été placé dans un milieu où il eût moins dominé, où il eût été moins centre d'activité, il est vraisemblable que son sentiment moral se fût développé en raison du développement de son intelligence, ce qui eût été une des plus belles harmonies de ce monde. L'existence où il est entré depuis sa mort, et qui a été si bien préparée par sa chute éclatante, par son exil tout semblable au supplice long et douloureux infligé à un redoutable Titan, cette existence nouvelle est peut-être une épreuve destinée à mettre de niveau son intelligence et son sentiment moral, et cette épreuve commença sur le rocher de Sainte-Hélène. Que cela soit ainsi devant le Créateur de tous les êtres !

« La chrysalide, qui fut une chenille rampante, devient l'éclatant papillon qui se joue avec tant de grâce dans le vague des airs, qui se repose à peine sur le calice embaumé des fleurs ; mais cette métamorphose, emblème si prodigué par l'auteur de la vie universelle, est tout organique ; elle s'opère sans que la chenille ait besoin d'y concourir. Il n'en est point ainsi de la chrysalide humaine : il faut qu'elle se donne à elle-même les ailes brillantes sur lesquelles elle doit s'élever de région en région jusqu'au séjour de l'immutabilité et de la gloire éternelles. »

« La propriété est une institution divine : les déclamations du dernier siècle contre le *tien* et le *mien* ne peuvent soutenir le regard de la raison, malgré le secours que l'éloquence de Rousseau a daigné leur prêter. L'homme fait le sol ; la terre, c'est lui. »

A côté des grandes pensées, les pensées ingénieuses abondent ; en voici un exemple :

« Lorsque les expositions des systèmes ou des doctrines n'existent plus, il reste encore quelques-unes des objections qui ont été faites dans le temps de la controverse ; il reste au moins les outrages et les calomnies du parti qui a vaincu ; il reste enfin ses chants de triomphe. On suit la route du char à la trace incertaine qu'il a laissée sur la poussière. »

La doctrine palingénésique appliquée à la politique, c'est la doctrine du progrès, du progrès réel. M. Ballanche, parti d'opinions et de sentiments politiques qui tenaient à l'ancienne société, était venu, nous l'avons déjà vu, se ranger sous l'étendard des temps nouveaux. Son libéralisme était comme celui de Niebuhr, un libéralisme historique ; il voulait que l'ancienne organisation sociale se transformât sans se briser.

Il désirait que tout se fît, non par *révolution*, mais

par *évolution;* il n'en était pas moins ferme sur le terrain libéral pour y être venu du royalisme et pour en vouloir énergiquement écarter l'esprit révolutionnaire. Les *Institutions sociales* nous ont montré la vigueur et la décision de ses principes : il ne les a pas exprimés moins énergiquement dans les *Prolégomènes :*

« La participation du peuple au pouvoir ne suffit pas dans l'état actuel des idées et des opinions; il faut que le pouvoir sorte du peuple même. La société, une fois instituée, marche vers l'indépendance; c'est à elle un jour à produire le pouvoir qui doit la régir. Les âges de la tutelle sont passés, les âges de l'émancipation commencent[1]. Est-il besoin d'ajouter que, néanmoins, la société continue d'exister par les mêmes lois qui l'ont fondée? L'émancipation d'un peuple ne peut être pour lui l'affranchissement du haut domaine de la Providence. »

M. de Maistre, ce puissant écrivain, avait beaucoup agi sur M. Ballanche et lui imposa toujours un certain respect; il lui avait fallu un grand effort pour *s'émanciper* du joug de ce *patricien*. Mais il avait fait cet effort, et quand l'auteur des *Soirées de Saint-Pétersbourg* mourut, M. Ballanche, en rendant hommage à ce noble esprit, en faisant avec une grande élévation de sentiment et de langage l'oraison funèbre de son illustre adversaire, fit aussi l'oraison funèbre du

[1] Ce passage, que j'avais cité avant le 24 février, semble avoir été écrit depuis.

principe de droit divin et de légitimité absolue que M. de Maistre représentait avec tant de passion et de talent :

« L'homme des doctrines anciennes, le prophète du passé, vient de mourir. Ses écrits, pleins de verve, d'originalité, de véritable éloquence, de haute philosophie, attestent l'énergie dont fut douée cette civilisation qui se débat encore dans sa douloureuse agonie, et que l'on voudrait en vain ressusciter. Paix à la cendre de ce grand homme de bien! gloire immortelle à ce beau génie! Maintenant qu'il voit la vérité face à face, sans doute il reconnaît que ses rêves furent ceux d'une évocation brillante, mais stérile et sans puissance. Il voulut courber notre tête sous le joug d'un destin fini. La foi, qui opère tant de prodiges, ne peut pas faire celui-là ; elle ne peut pas faire que ce qui est progressif soit stationnaire, que le passé soit le présent. Ah! c'est bien au rigide néoplatonicien de notre temps qu'il est permis de dire, comme jadis à l'ombre du magnanime Hector : « Si la ville de Troie, « condamnée par la cruelle fatalité des choses hu- « maines, eût pu être garantie de la ruine, ton bras, « généreux guerrier, ton bras aurait opéré ce pro- « dige. » Tant il est vrai qu'un sentiment qui cesse d'être général se réfugie avec violence dans un petit nombre d'esprits élevés, et, ainsi concentré, trouve encore d'admirables organes. C'est le flambeau qui jette une vive et dernière lumière avant de s'éteindre ;

c'est la vie qui rassemble encore une fois ses forces pour échapper à la mort.

« Mais je me trompe ; c'était sous Louis XIII que les livres de M. de Maistre devaient paraître ; ils eussent peut-être empêché de porter les derniers coups à la civilisation du moyen âge, à cette formidable féodalité que nos rois, las de lui devoir leur sceptre, avaient été, durant plus de trois siècles, sans cesse occupés à désarmer. Depuis la mort de Louis XIV, en effet, la monarchie française était un véritable interrègne, car l'institution si vigoureusement et si glorieusement improvisée par ce prince avait péri avec lui. Cela devait être. Il avait renversé sans élever ; il avait réglé le présent sans régler l'avenir. Il fut roi, et il fallait être législateur. La personnalité sur le trône, quelque éclatante qu'elle soit, ne produit que les fruits inféconds de la personnalité. Ce n'est jamais en vain que l'homme général conserve sous les insignes du pouvoir les étroites passions, les puériles vanités de l'homme individuel. Un tel homme ne doit pas se faire centre, il doit l'être. Louis XIV, dans la dernière moitié de son règne, fut condamné à se survivre, exilé en quelque sorte au fond de ses palais par sa royale misère et par les infortunes de ses peuples. Le temps était donc venu de substituer un autre principe à celui de l'institution féodale, trahie ou vendue de toutes parts, et qui ne devait plus avoir d'asile que les splendeurs pâlissantes de Saint-Germain, ou les pompes nouvelles de Versailles. On ne sut trouver que le droit divin, tel que l'avait expliqué Bossuet, en présence, et, pour ainsi dire, sous les yeux de la révolution anglaise. C'était la première fois qu'on faisait de ce droit, en Europe, un principe théocratique semblable à celui qui gouverna les Juifs; et, par une contradiction inouïe, on niait en même temps au pouvoir religieux la suprématie de ses prérogatives. On élevait donc un édifice qui manquait de base, qui ne pouvait s'asseoir sur aucun fondement. M. de Montlosier a donc raison de blâmer l'établissement monarchique de Louis XIV, quoique ce soit dans d'autres intérêts et d'autres vues. Ce premier pas dans une si mauvaise route devait nous faire graviter vers l'unité du pouvoir, qui est si près du despotisme de l'Orient, lorsqu'il n'est plus et qu'il ne peut plus être le pouvoir patriarcal du père de famille, étendu de la tribu au peuple. L'affranchissement des communes et l'abolition de la puissance féodale devaient avoir un autre résultat, par la nature même des choses; et la révolution française est survenue à l'improviste, sans avoir été ni préparée ni mûrie dans la haute sphère des traditions sociales. Si elle se fût bornée à faire passer l'émancipation chrétienne de la sphère religieuse dans la sphère civile, elle n'aurait fait qu'accomplir la loi du progrès. C'est sans doute ce qu'eût voulu faire Fénelon par M. le duc de Bourgogne, lorsqu'il serait monté sur le trône; mais le prophète de l'avenir, celui en qui l'amour des hommes, l'intimité du sentiment évangélique, l'imagination la plus gracieuse, des souvenirs pleins de poésie, formaient un mélange si charmant, ce beau et aimable génie était regardé par le roi absolu comme un esprit chimérique. La lyre mélodieuse du nouvel Orphée ne pouvait être entendue sous le règne corrupteur qui suivit de si près la mort du grand roi. La révolution est allée au delà de ces rêves d'amélioration, parce que la transformation sociale, se faisant trop tard, ne pouvait s'opérer que par des moyens violents et illégaux, et aussi parce que la partie dominante de la société a refusé le remède providentiel qui lui était offert depuis si longtemps en vain; peut-être enfin parce qu'il vient un moment où Dieu n'a plus que des fléaux pour venger ses lois méconnues. Alors la parole est aux événements; alors le vaisseau des destinées humaines, sans pilote et sans gouvernail, est abandonné à la merci des flots.

« Néanmoins cette forte organisation du moyen âge, toute vivante en Europe, traînait encore chez nous sa terrible caducité. Oui, les écrits de l'illustre philosophe piémontais sont le chant du cygne d'une société expirante. Et, chose digne de remarque! le prophète du passé, l'homme des doctrines anciennes, est mort paisiblement, aux côtés de son vieux souverain, la veille du jour où l'orage devait subitement gronder autour des dynasties italiennes; la veille du jour où elles se sont cru obligées de livrer leur pays à l'étranger ; et il n'a eu aucun pressentiment de ce rapide orage qui allait forcer son roi à abdiquer une couronne replacée depuis si peu de temps sur sa tête, par des événements imprévus qu'il n'avait ni préparés ni secondés. Peut-être, dans ses derniers entretiens avec son maître, racontait-il le retour d'Esdras après la captivité, l'ancien livre de la loi expliqué de nouveau sur les ruines du temple, le peuple d'Israël brisant les liens illicites, renvoyant des épouses qui ne lui avaient pas été données par la loi de ses pères, tenant d'une main la truelle et de l'autre le glaive, pour relever et défendre à la fois ses murailles démolies par de barbares vainqueurs : tant les analogies incomplètes ne servent qu'à tromper les hommes et à fasciner les esprits les plus élevés ! Mais c'était la patrie qu'Esdras faisait sortir du tombeau ; c'était une proie qu'il ravissait à l'étranger. Qu'eût-il dit, cet homme d'un autre âge, s'il eût vu, quelques jours après, la Grèce soulevant elle-même le poids de ses fers, et cherchant à se rajeunir, après tant de siècles de l'oppression la plus ignominieuse! Ainsi les deux grandes métropoles du monde moderne, de l'Europe chrétienne, Rome et Constantinople, se trouvent à la fois battues par les flots d'une mer inconnue, les flots d'une civilisation naissante, d'une civilisation à qui l'avenir est promis. Le prophète du passé s'est endormi la veille du jour solennel, il s'est endormi au sein de ses souvenirs, qu'il prenait pour des prévisions; et les réalités de son temps ne lui ont été révélées qu'avec les grandes réalités des pensées éternelles. Mais n'a-t-il pas dû éprouver quelque doute, lorsque sa tête reposait sur l'oreiller de son lit de mort? N'avait-il pas eu le temps de savoir que l'Espagne se levait pour faire un pas vers l'Europe, dont elle se sentait trop séparée, et que le Portugal venait d'abolir la peine de mort, signe, selon lui, si funeste, signe de ruine et de décadence? N'avait-il pas jeté un œil inquiet sur les Amériques voulant entrer dans l'indépendance, qui seule peut constituer un peuple?

« Non, ce grand homme de bien, ce noble théosophe, ce vertueux citoyen d'une cité envahie par la solitude, n'avait reçu d'oreilles que pour entendre la voix des siècles écoulés; son âme n'était en sympathie qu'avec la société des jours anciens. Il ne savait point distinguer ce cri si parfaitement articulé de l'avenir; il n'entrevoyait rien des destinées nouvelles; les peuples ne pouvaient le comprendre, car il avait cessé de parler leur langage.

« Toutefois, il faut bien le dire, M. de Maistre n'a point erré dans les routes obscures du passé. Il a vu tout de suite, pendant que les chefs des peuples ne faisaient qu'entrevoir, il a vu que la féodalité ne pouvait ressusciter. Dès lors il s'est hâté de gravir au plus haut sommet du principe théocratique; il avait compris d'avance que c'était le seul moyen d'éviter le piége où le fier génie de Bossuet s'était laissé honteusement prendre. Il a dédaigneusement repoussé l'inconséquence des transactions, pour marcher plus directement au règne de l'immobilité. Il a franchi d'un saut les débris de l'empire de Charlemagne, pour aller prendre des armes dans le camp de Constantin. Il a convoqué de nouveau les peuples et les rois sous le *Labarum*, devenu non plus le signe vivificateur de l'affranchissement, mais le signe silencieux du pouvoir sacré. Il a redemandé au Vatican d'Hildebrand ses foudres usés dans de glorieux combats livrés à la multitude des tyrans du moyen âge; il les a redemandés pour en armer la main débile du vieux prêtre dont nous n'avions su admirer naguère que la douceur évangélique.

« Bossuet, dans sa *Politique sacrée*, livre admirablement beau, composé en entier de centons de l'Écriture sainte, Bossuet a essayé de faire revivre la loi abolie, puisqu'il prend ses exemples et ses règles dans la théocratie juive, renversée par la mission de Jésus-Christ; mais dans d'autres écrits il a fait de vains efforts pour assigner des limites à une puissance qui ne peut pas connaître de limites.

« Moïse initia un peuple; le Christ initia le genre humain : Bossuet et M. de Maistre ne parviendront point à nous ravir le bienfait de ces deux initiations, devenues notre inaliénable héritage. »

M. Ballanche se sentait profondément séparé des

opinions de M. de Maistre sur la question des peines et des supplices ; on juge si la doctrine qui faisait du bourreau le pivot de la société pouvait agréer à celui qui pensait que l'abolition de la peine de mort était une conséquence rigoureuse du christianisme.

Aussi, sur ce point, M. Ballanche prenait M. de Maistre corps à corps avec une colère généreuse, pareille à ces colères soudaines dont ceux qui l'ont connu se souviennent de l'avoir vu saisi jusqu'à en pâlir, toujours à l'occasion d'un sentiment moral blessé en lui quelquefois sans motif. Nul n'était plus doux et plus facile en tout ce qui le concernait, nul n'était par instants plus violent et plus emporté quand il s'agissait de la dignité humaine, de la vérité ou de la justice.

Je l'ai vu entrer dans une véritable fureur contre une idée de Bossuet prétendant que Moïse avait caché à dessein au peuple hébreu le dogme de l'immortalité de l'âme. M. Ballanche s'indignait qu'on eût pu avoir la pensée de priver un peuple d'une si consolante vérité : il s'indignait plus encore que Bossuet eût prêté une telle dissimulation à Moïse et qu'il eût osé l'en louer.

S'il était si vif contre Bossuet, on conçoit qu'il le fût encore plus contre M. de Maistre, qui, entraîné par le besoin du paradoxe, avait eu la triste audace de regretter les anciens supplices et de dire que si la société française avait été si rudement frappée pendant la révolution, c'est que, depuis l'abolition de ces supplices, elle était devenue insolvable à l'égard de la justice divine.

En lisant cette phrase étrange, M. Ballanche pâlit sans doute d'une de ses généreuses colères ; on la sent quoiqu'il la contienne, et l'éloge de Voltaire, la justice rendue à son amour de l'humanité, lui est arraché comme une représaille vengeresse contre la férocité de l'opinion qu'il combat.

« M. de Maistre, dit-il, menace des plus grands malheurs, d'une dissolution complète, la société qui abolira les supplices. Je ne sais s'il est permis de regretter l'atrocité de la législation criminelle que Louis XVI, le premier, avait commencé à détruire. Les malheurs et les crimes de la Révolution seraient-ils, par hasard, une punition de cette haute imprudence de Louis XVI?

« La société, pour employer une expression remarquable par son étrange énergie, par sa barbare originalité, et que l'apôtre du passé pouvait seul trouver, la société serait-elle devenue insolvable à l'égard de la justice divine? Voilà, il faut l'avouer, une singulière explication de l'anarchie et des échafauds de 93 ; et surtout voilà qui me confond et qui en confondrait de plus hardis, car cette législation criminelle, lorsqu'on en lit à présent les détails, nous fait frémir dans tout notre être. C'est un véritable chaos d'horreur, d'ineptie, de froide cruauté. Il fallait toutes les indolences dans lesquelles nous étions malheureusement bercés pour que nous pussions ne pas y prendre garde au milieu même du progrès de toutes les idées de justice et d'humanité. Pour le dire en passant, et pour rendre justice à qui elle est due, c'est Voltaire surtout qui, par ses cris puissants, ses cris de tous les jours d'une si longue et si éclatante vie, appelait notre attention, contraignait notre pensée pusillanime à s'arrêter sur ce triste objet de notre indifférence et de nos trop longs dédains. Ce rire sardonique, habituellement produit sur ses lèvres par une contemplation railleuse de nos destinées, s'effaçait lorsqu'il sentait en lui, ou les vives inspirations de la gloire, ou les sympathies généreuses de l'humanité. La société insolvable par l'abolition des supplices! Que sera-ce donc de l'abolition de la peine de mort? Que sera-ce encore de l'abolition de toute peine entraînant un effet irrévocable? Tranquillisons-nous : Dieu, qui en sait plus que M. de Maistre, a permis successivement la désuétude des lois rigoureuses à mesure que le sentiment moral s'est perfectionné. »

L'adoucissement graduel des châtiments, l'*irrévocable* banni de la pénalité et remplacé par l'expiation, tel était un des articles de foi du *Credo* social de M. Ballanche auquel il tenait le plus fortement. *La Ville des expiations* devait offrir une réalisation idéale de l'abolition de la peine de mort; mais dans tous ses ouvrages il trouvait moyen d'exprimer sur ce sujet une conviction qui possédait son cœur autant qu'elle émanait de son intelligence.

J'aime à citer ces pages imprégnées d'un souffle si pur d'humanité.

« Dans les peines on regarde toujours l'utilité de la société; ne serait-il pas temps enfin, comme j'en ai déjà exprimé le désir, de compter pour quelque chose l'utilité du coupable lui-même, de ne pas l'exclure de toute confraternité humaine? Si cela est vrai, si cela est juste, comme je n'en doute point, il faut réclamer jusqu'à ce que justice soit obtenue; il faut réclamer avec persévérance, avec acharnement, l'abolition de toute peine qui entraîne un effet irrévocable après elle. Ne craignons pas de désoler l'impassibilité de ceux qui veulent continuer de supplicier par le sang, par la torture, par la gêne, par les geôliers et les bourreaux. Non, ne nous lassons pas de le redire, non, il ne faut pas, autant qu'on le peut, placer le malheureux sous la loi absolue de l'irrévocable; il ne faut pas lui river les fers de son mauvais destin : c'est bien assez qu'il se place, par la triste direction de ses propres penchants, sous cette loi fatale, et que trop souvent il se ferme de plein gré tout chemin de retour. Laissons une place au repentir, à l'amélioration morale; et quelquefois encore, n'en doutez pas, cette place que vous croirez n'avoir accordée qu'à la possibilité du repentir, pourra servir à réparer quelque erreur douloureuse.

« Mais allons plus loin. Il est permis de douter de l'utilité des peines rigoureuses, flétrissantes, en un mot, irrévocables; il est permis, dis-je, d'en douter, même dans l'intérêt de la société. Il y a des faits nombreux, très-extraordinaires, et fort attestés, qui établissent qu'à différentes époques la vue des supplices a produit sur l'imagination d'un certain nombre de personnes l'effet de créer en elles le funeste besoin, le vertige amer de se donner à leur tour en spectacle dans ces cruelles tragédies. Des sectaires, des mélancoliques, n'ont-ils pas cherché aussi, faute d'autre célébrité, la gloire d'une torture publique qu'ils avaient vu endurer avec une constance de martyr? Le supplice de Jean Châtel fit peut-être Ravaillac. Le coupable sait que dans nos lois actuelles il encourt la peine de mort; ne lui laissez donc pas la pensée du danger, pensée si souvent pleine d'attrait, et qui, même dans nos préjugés, pourrait si souvent ennoblir la révolte contre les lois.

« L'application de la peine de mort produit le mal moral de porter à croire que le meurtre n'est pas mauvais en soi, mais selon la circonstance. La société s'élève dans l'échelle des idées morales, et elle en est parvenue à celle-ci, que le meurtre, hors le cas de défense naturelle, est toujours un crime.

« Si je ne me trompe point, voici la progression

naturelle des peines et des châtiments et de leur adoucissement successif.

« Anathème porté contre des populations entières pour le crime de quelques-uns, ou même pour le crime d'un seul : cet anathème depuis longtemps n'existe plus, ni dans nos mœurs, ni dans nos formes légales. Un préjugé a survécu, mais il va s'atténuant de jour en jour.

« La mort s'étendant du coupable à toute sa famille, et j'oserai dire aux choses mêmes du coupable ; cette législation d'une cruelle solidarité a péri à son tour. Il n'en reste non plus qu'un préjugé affaibli.

« La torture n'a pu résister aux attaques du siècle qui vient de finir. La graduation de la peine capitale elle-même, par la variété des supplices, avait survécu à la torture ; elle a été aussi abolie, et cet agent incompréhensible, l'horreur et le lien de toute association humaine, du moins, ne peut plus se vanter de sa hideuse habileté.

« La confiscation, autre conséquence de cette législation qui étendait le châtiment du coupable à la famille, la confiscation n'est plus dans nos facultés de vengeance.

« Maintenant l'abolition de la peine de mort est réclamée avec cette sorte d'unanimité qui ne peut tarder de triompher, parce que c'est l'unanimité des hommes qui ont la pensée sympathique de ce siècle.

« L'humanité, marchant toujours de triomphe en

triomphe, achèvera de désarmer les bourreaux, les geôliers, les gardiens des bagnes.

« Enfin on en viendra tôt ou tard à l'abolition de toute peine qui entraîne après elle un effet irrévocable.

« Jour de bénédiction, je te salue dans un avenir qui ne peut longtemps se faire attendre ; car le genre humain ne met plus des siècles à accomplir son œuvre.

« Il y a un droit public tout entier qui a été frappé de mort par le christianisme, et qu'on ne peut ressusciter sans abolir le christianisme lui-même. »

Quant à la guerre, M. Ballanche est moins loin des théories de M. de Maistre, bien qu'il les modifie. M. Ballanche avait un certain faible pour la guerre, et pour le duel une certaine indulgence ; chose étrange, mais réelle, dans cette âme plus douce que paisible il y avait quelque chose de vaillant.

« M. de Maistre regarde la guerre comme une forme d'expiation. Je ne le conteste pas, dit M. Ballanche, mais n'est-ce que cela ? Examinons. La mort est une des conditions de la vie ; la guerre condamne un certain nombre d'hommes à mourir sur les champs de bataille ; elle est donc un genre de mort ajouté à tous les autres. La guerre a été dans la main de Dieu un moyen providentiel, un instrument de civilisation. De plus, il est évident que les questions sociales les plus importantes ne peuvent se décider que par les armes ; et remarquez bien qu'un combat entre des hommes est un combat entre des intelligences, combat dont le signe terrible est l'immolation d'un plus ou moins grand nombre de victimes. La force physique, ici comme ailleurs, n'est que l'emblème de la force intellectuelle ou morale. La guerre est donc souvent légitime, même la guerre civile. La victoire est l'ascendant d'êtres intelligents sur d'autres êtres intelligents, ascendant qui se manifeste dans le fond des âmes plutôt qu'il n'apparaît par les chances extérieures des armes, et même on ne peut l'expliquer autrement. La valeur n'est que la foi sous une forme différente. Voilà pourquoi une croyance religieuse ou fatale, un sentiment très-exalté, une grande confiance dans la fortune d'un chef, dans la justice ou la sainteté d'une cause, sont des raisons si puissantes de victoire. Ajoutons encore que l'homme trouve à exercer parmi les chances de la guerre un genre de facultés et de vertus qu'il n'aurait pas connues sans elle. La pensée de l'épreuve se retrouve partout.

« Le duel est lui-même une sorte de progrès qui à son tour doit se perdre dans un autre progrès. Le duel et la guerre sont des jugements de Dieu. »

Passant de la politique à la religion et appliquant la mansuétude chrétienne, qu'il avait puisée dans l'Évangile, au dogme de l'éternité des peines, M. Ballanche émettait avec la réserve d'un croyant et la soumission d'un laïque le charitable espoir que ce point controversé par de grands docteurs de l'Église tels qu'Origène serait abandonné par la théologie de l'avenir. Laissons-le parler.

« Parmi les théologiens, dit-il, ceux qui ont soutenu l'éternité des peines, et qui ont été moralistes en même temps, ont dit que les réprouvés méritaient incessamment la réprobation ; ils ont jugé avec raison que si ce n'était pas ainsi, la perpétuité du supplice serait une chose injuste. Dans les réprouvés, disent-ils, la volonté du mal survit à la liberté, ce qui suffit pour motiver la continuité de la peine. Un jour sans doute, et il faut désirer que ce jour ne soit pas éloigné, un jour tous les théologiens seront d'accord sur ce point. Ils comprendront que les êtres intelligents ne peuvent se passer de liberté, même les êtres intelligents déchus. D'autres épreuves leur seront accordées pour que tous parviennent à accomplir la loi définitive de leur être. La touchante inspiration qui a produit Abbadona attendrira la rigueur du dogme : les véritables poëtes ont quelque chose de prophétique. Nul ne doute de la religion de Klopstock : quoique ce grand hymnographe ait appartenu à une communion qui a repoussé le purgatoire et adopté la prédestination, il s'est rendu l'interprète du christianisme de ce temps de tolérance, comme le Dante fut l'interprète du terrible christianisme du moyen âge. C'est avec une sorte d'anxiété que je fais de telles excursions dans un domaine où peut-être il eût été de mon devoir de rester étranger ; mais comment séparer les destinées humaines de ce qui en fait l'âme et la vie, de la religion? J'ai dit plus haut que tout était successif dans le temps, même la manifestation des vérités religieuses ; que la pensée divine, en daignant revêtir les formes de la parole, a dû consentir à devenir successive comme la pensée humaine elle-même. Appliquons ceci au dogme des peines éternelles, et achevons de nous exprimer dans le langage des lois de la société. La peine de mort est une peine définitive, relativement à ce monde. Est-ce à l'homme ignorant à infliger une peine définitive? Est-ce à l'homme qui vit dans le temps, et dans un temps si fugitif, à retrancher le temps à son semblable? Les arguments qu'on a faits contre le suicide s'appliquent à la peine de mort lorsqu'une fois on est arrivé dans le système d'idées où nous sommes graduellement parvenus. Ce n'est pas nous qui nous sommes volontairement placés dans le temps, et la vie n'est pas pour nous un don purement gratuit. Ce n'est point à nous à nous priver du temps et de la vie, parce que nul n'est sûr des conditions de l'un et de l'autre. J'en dirai autant pour la perpétuité de la réclusion, et, à plus forte raison, pour les fers, pour les peines entraînant la flétrissure. En suivant les règles de l'analogie et de la transformation des idées, nous trouverons que le sentiment religieux qui fait fléchir la croyance absolue aux peines éternelles, et le sentiment social qui nie la nécessité de la peine de mort, sont identiques : l'un est l'expression de l'autre, comme l'un des dogmes fut l'emblème de l'autre.

« Si j'ai osé sonder deux avenirs à la fois, l'avenir religieux et l'avenir social, j'y ai été entraîné par la contemplation de cette unité merveilleuse qui rend semblables et analogues, dans toutes les sphères d'idées, les faits accomplis comme les faits destinés à s'accomplir. Ainsi le dogme de la déchéance et de la réhabilitation, qui se trouve au commencement, doit se trouver à la fin de l'histoire des épreuves humaines; après en avoir éclairé toute la durée, il en éclairera encore la consommation. Mais je m'abstiens de convertir la pensée de l'avenir en la pensée du présent. Pour produire une telle transformation, il faudrait une autre puissance que la mienne. Mon sentiment, en effet, ne peut être qu'un timide et respectueux pressentiment; tout motivé qu'il est, il est sans autorité. »

Il me semble que ces dernières paroles doivent désarmer les susceptibilités les plus rigoureuses. Ceux qui penseraient que, dans les pages qui précèdent, il y a une erreur selon la théologie, ne peuvent s'empêcher de reconnaître au moins que c'est une erreur de la charité. Qui aurait le courage de condamner Abbadona ?

VIII

LA VISION D'HÉBAL.

La *Vision d'Hébal* est peut-être celui des ouvrages de M. Ballanche dans lequel l'ensemble de sa pensée s'est le plus complétement réfléchi. C'est une vue ou plutôt une vision rapide de l'histoire universelle ; un tel ouvrage ne s'analyse point. Je vais en extraire quelques morceaux ; il me semble qu'on sera frappé d'un caractère de grandeur extraordinaire. On dirait un rêve de Bossuet.

D'ailleurs nous avons le bonheur de pouvoir donner ici au public quelques lignes sur la *Vision d'Hébal* qui valent mieux que toutes les préfaces, car ces lignes sont tirées d'une lettre signée Chateaubriand.

« Votre livre m'est enfin parvenu après avoir fait le « voyage complet des petits cantons dans la poche de « votre courrier. J'aime prodigieusement vos siècles « écoulés dans le temps qu'avait mis la sonnerie de « l'horloge à sonner l'air de l'*Ave Maria*. Toute votre « exposition est magnifique ; jamais vous n'avez dé- « voilé votre système avec plus de clarté et de gran- « deur. A mon sens votre *Vision d'Hébal* est ce que

« vous avez produit de plus élevé et de plus profond ;
« vous m'avez fait réellement comprendre que tout
« est contemporain pour celui qui comprend l'éter-
« nité. Vous m'avez expliqué Dieu avant la création,
« la création avant l'homme, la création intellectuelle
« de celui-ci, puis son union à la matière par sa chute
« quand il crut se faire un destin de sa volonté.

« Mon vieil ami, je vous envie ; vous pouvez très-
« bien vous passer de ce monde dont je ne sais que
« faire ; contemporain du passé et de l'avenir, vous
« vous riez du présent qui m'alarme, moi chétif, moi
« qui rampe sous mes idées et sous mes années. Pa-
« tience, je serai bientôt délivré des dernières, les
« premières me suivront-elles dans la tombe ? Sans
« mentir, je serais fâché de ne plus garder une idée
« de vous.

« Mille amitiés. »

« CHATEAUBRIAND. »

L'idée du cadre étrange et ingénieux qu'a choisi M. Ballanche lui avait été suggérée probablement par des états extatiques fort singuliers que lui-même semble avoir éprouvés; ils offrent quelque ressemblance avec la *double vue*. Mais c'était une double vue idéale; pendant une maladie nerveuse, il croyait, m'a-t-il dit, s'entendre lui-même dans un pavillon éloigné gémir et crier. Un ami de M. Ballanche, M. Dupré, que nous retrouverons près de son lit de mort, nous apprend qu'un jour à Lyon, sur un pont au milieu de la Saône, M. Ballanche eut tout à coup une intuition de l'ensemble des choses humaines. Enfin, M. Ballanche lui-même a mis dans la bouche d'Orphée l'expression poétique de cette intuition rapide et immense à laquelle il s'était élevé par moments et qu'il prête à Hébal.

« Les instincts de ma lyre, comme les blanches ailes de la colombe, me soulevaient de dessus la terre, et me tenaient suspendu dans les hautes régions que le corps ne peut habiter. Un jour, durant mon voyage dans ces hautes régions de l'esprit, il me sembla voir une grande lumière qui enveloppait la nature immense, et éclairait profondément toutes choses. Ma vue n'était point assez rapide, ni ma pensée assez active pour être partout à la fois dans un instant indivisible. J'eus néanmoins un sentiment réel, mais obscur et indéfinissable, de l'essence et de l'ensemble de tout ce qui existe. »

VISION D'HÉBAL

LE RÉCIT

« Un Écossais, doué de la seconde vue, avait eu, dans sa jeunesse, une santé fort triste et fort malheureuse. Des souffrances vives et continuelles avaient rempli toute la première partie de sa vie. Des accidents nerveux d'un genre très-extraordinaire avaient produit en lui les phénomènes plus singuliers du somnambulisme et de la catalepsie.

« Vers l'âge de vingt et un ans, sa santé se raffermit; cet état de souffrance cessa; il ne lui resta plus pendant quelques années qu'un ébranlement de nerfs et une sensibilité très-facile à émouvoir.

« Un jour, Hébal était absorbé dans ses vagues contemplations ; il avait les yeux attachés sur une horloge, où le temps était mesuré par trois aiguilles, et il considérait attentivement la marche relative de ces trois aiguilles. Il comparait cette petite horloge, ouvrage de l'homme, avec la grande horloge de l'univers, dont les phases sont dans une harmonie irréfragable, établie par l'éternel Géomètre, hauts problèmes avec lesquels la science humaine est ardente à se mesurer.

« C'était sur la fin de l'été : le crépuscule du soir étendait son voile de silence, de recueillement, de longue rêverie sur la nature. L'aspect de la campagne, doucement éclairée par la dernière lueur du jour, flottait devant ses yeux comme un songe qui commence. Des sons indécis et monotones venaient légèrement onduler sur le bord de son oreille.

« L'horloge à chaque heure jouait un air qui s'appliquait aux paroles de l'*Ave Maria*, et cet air était d'une grande suavité.

« Le petit roulis qui précède l'air se fait entendre,

l'aiguille des secondes se précipite sur le nombre soixante; celle des heures touche à la neuvième.

« Hébal ne s'endort point, mais le monde extérieur semble disparaître pour lui; sa pensée, dégagée de tout ce qui pouvait contraindre ou borner son essor, ne trouve plus de limite, ni dans le temps ni dans l'espace. Une réminiscence d'un genre nouveau se présente à son esprit : c'est la réminiscence de toutes les apparitions magnétiques dont se remplissait si souvent la première partie de sa vie. Celles de ces apparitions qui faisaient saillir un point de l'ensemble des choses se groupèrent entre elles, prirent de l'unité tout en se classant avec la rapidité de l'éclair qui fend la nue. Il en résulta subitement une magnifique épopée idéale.

« Avant le déplissement de la grande épopée, une lueur était entrée dans l'esprit d'Hébal. Et son esprit illuminé avait vu et senti ce que nul langage ne saurait exprimer, car c'était l'antériorité des choses.

« Une puissance était, puissance sans nom, sans symbole, sans image.

« Et un hymne non cadencé par des sons formait une harmonie que l'oreille ne saurait comprendre, et cet hymne disait l'univers qui était une pensée de Dieu, et qui n'était pas encore sa parole.

« Et une lumière qui n'avait rien de matériel, éclairait des objets à l'état d'idées non exprimées.

« Et le temps n'avait point de périodes astronomiques ; le temps ne s'était pas détaché de l'éternité.

« Dieu reposait dans son immensité, dans son ineffable solitude, dans sa faculté de contenir tout avant qu'il eût produit aucune substance.

« Dieu donc avant toutes choses, et toutes choses émanées de lui ; et la création en puissance avant d'être en acte.

« Dieu avait-il besoin de rayonner en dehors de lui, de se manifester dans des choses et des existences? Avait-il besoin d'être contemplé, d'être adoré, d'être aimé? Avait-il besoin de s'assurer de sa puissance de réalisation? Ne lui suffisait-il pas d'être?

« Qui lui demanderait compte de la raison de ses œuvres?

« Et qui eût pu le faire sortir de son repos?

« Seulement il lui plut de sortir de son repos ; il en sortit sans effort, sans cesser la contemplation de lui-même.

« Maintenant l'univers peut éclore, la matière peut sortir du néant et apparaître sous des formes variées : l'organisation et la vie peuvent se manifester.

« Notre chétive planète, jetée dans l'espace infini, prend sa place dans l'harmonie universelle. La parole du Créateur est le moule qui lui donne une forme sphérique par ces lois primitives dont l'effet dure toujours. Une croûte extérieure cache ses entrailles incandescentes. De grands craquements brisent sa surface scoriée. Les montagnes sont produites avec un effort tel, que, si la terre n'eût pas été contenue dans le moule puissant de la parole, elle se fût partagée, et elle n'eût roulé dans son ellipse désolée que de stériles débris. Le bassin des mers se creuse avec un effort égal. Les continents se dessinent comme de vastes déchirures. Des végétaux, pleins d'une séve créatrice, les couvrent pour élaborer une atmosphère brute. Cette atmosphère, élaborée par des plantes qui sont le vêtement de la terre, qui ne servent encore ni d'abri ni de nourriture, devient successivement propre à la vie animale dans ses divers degrés d'organisation. L'air, les eaux et la terre se peuplent d'espèces variées. Les plaines, les collines, les vallées, les lacs et les fontaines reflètent la lumière, et les nuages versent de fertiles ondées. Les animaux qui remplissent ces étonnantes solitudes volent, nagent, rampent, marchent, et ne sauraient rencontrer de maîtres. Ils dévorent et sont dévorés. Ils vivent, ils respirent sans admirer, sans aimer. Une création sans but! un spectacle sans spectateurs! Un monde sans prière et sans adoration! Nulle voix qui exprime un sentiment ou une pensée! Des bruits confus! Des sons qui ne disent rien!

« Le cœur d'Hébal est saisi d'épouvante. »

Après avoir admiré cette étonnante peinture de Dieu avant la création et du monde avant l'homme, nous passons avec Hébal au spectacle des premiers âges.

L'aurore des temps historiques va commencer à luire.

« Eh quoi ! si près du berceau de la race humaine, et déjà de grands empires, des peuples puissants, de vastes métropoles ! et déjà les grains sont tombés sur l'aire, et l'aire plus d'une fois a été balayée par le terrible moissonneur ! C'est que des siècles ont passé sans qu'Hébal les ait aperçus, parce qu'ils ont à peine laissé de trace dans la mémoire des hommes. Et ces fondateurs inconnus, et ces conquérants innommés, et ces événements qui ne furent chantés par aucun poëte, tout cela est de la poussière. Voilà qu'un vieux monde a disparu, et l'homme survit ; il survit avec ses traditions, ses castes, ses formes sociales.

« Et autour des grands événements qui sont l'axe de la roue merveilleuse des destinées humaines, grondent çà et là de lointaines rumeurs : ce sont des empires qui s'élèvent ou s'effacent ; ce sont d'obscures et d'éclatantes dynasties qui périssent enveloppées des mêmes ténèbres ; ce sont des peuples qui disparaissent comme s'ils n'eussent jamais existé. Que de fois, en des lieux divers, ont été prononcés de terribles anathèmes, les funestes paroles écrites par une main inflexible sur les murs de la salle du festin où se réjouissait un dominateur sans pitié ! Mais l'Égypte, mais l'empire fondé par Nembrod, mais la Phénicie, mais Tyr et Sidon ; que de souvenirs reposent seulement sur les prophéties qui condamnèrent de grandes métropoles à périr! Où sont Sésostris et Alexandre? L'œil a-t-il le temps de suivre un éclair dans la nue? Et pourtant il reste quelque chose d'Alexandre : il a transporté l'Orient en Égypte. Et pourtant il reste quelque chose de l'Égypte : une immense réalisation de la mort, toute la science humaine devenue un vaste hiéroglyphe muet. »

Hébal voit la Grèce briller et passer; il salue le formidable commencement de Rome.

« Où donc est le berceau du peuple romain? Est-ce de la tanière d'une louve, est-ce d'un repaire de brigands que sortira le peuple qui doit assujettir le monde? Un premier roi, qui est un fratricide, fonde la ville éternelle, établit le mariage par le rapt, et nul ne sait la mort de Romulus, parce qu'il a disparu dans un orage. Et chaque roi est une personnification d'une chose sociale. Toutes ces royautés symboliques se succèdent dans un crépuscule douteux, qui n'est plus la nuit, qui n'est pas encore le jour. Et toute origine remonte à des enfants exposés, à des meurtres, à des fratricides : emblème primitif de la violence de l'état social. Épreuve! initiation! »

Hébal voit la promesse de la rédemption s'accomplir.

« Et toute la destinée humaine, dans le passé et dans l'avenir, dans le temps et hors du temps, se résume et se transfigure dans la vie de Celui qui a voulu être le péché pour être le salut, être la faute pour être le pardon, de Celui qui s'est fait notre image pour que nous devinssions la sienne. »

Puis Hébal assiste à l'asservissement du monde entier par l'empire romain, et il exprime pour l'indépendance qui résiste une sympathie dans laquelle je crois reconnaître la sympathie généreuse de l'auteur pour la vaillante et malheureuse Pologne.

« Et toutefois, au bout du monde, qui était encore le monde romain, dans les mers du Nord, mers inconnues, est une île conquise par les armes de César ; et, au bout de ce petit univers, il reste un rocher sur lequel l'aigle romaine n'a pu s'élever. Tant que la liberté trouve à placer son pied quelque part, tant qu'elle peut prendre son essor de l'aire la plus étroite, pour de là étendre son vol sur mille contrées, pour de là faire retentir sa voix puissante, et réveiller les peuples courbés sous le joug de l'esclavage, il est permis d'espérer. Trois cris terribles retentissent des bords du Tibre aux lacs de la Calédonie : le premier, pour proclamer le monde soumis ; le second cri annonce qu'un rocher est resté inaccessible aux armes des maîtres du monde, et les maîtres du monde s'indignent, et les peuples font des vœux. Et les sympathies généreuses sont aussi une puissance. Rome rassemble toute l'énergie de son destin pour vaincre un rocher. La force qui a subjugué le monde se brise un instant contre le rocher, comme une vaste mer contre un grain de sable. Mais le grain de sable disparaît au troisième cri. La liberté n'a plus où poser son pied. Ainsi la Calédonie a été pour le monde entier ce que les Thermopyles avaient été pour la Grèce. Harpe sonore du Barde, tais-toi en présence du despotisme universel ! »

Voici quelques grands traits qui achèvent le tableau.

« Les vainqueurs des maîtres du monde sont cachés dans les catacombes mêmes.

« Trois sanglantes persécutions attestent la grandeur de l'initiation chrétienne. Et le sang des martyrs versé sans mesure est une semence sans mesure.

« Et Jérusalem tombe comme dans un gouffre de sang et de feu.

« Et Palmyre, bâtie par Salomon, disparaît du désert.

« Et les Barbares, qui doivent renouveler la face de l'empire romain, croissent dans des climats ignorés.

« Et la corruption romaine est égale à sa grandeur. »

Celui qui a peint si énergiquement les temps anciens, après qu'il aura esquissé à grands traits les imposantes figures de l'histoire moderne, Charlemagne, saint Louis, Jeanne d'Arc et Louis XIV, trouvera aussi de fortes paroles pour exprimer les temps nouveaux.

« Et la Révolution française vient accomplir la mission du dix-huitième siècle.

« Et la coupe des malheurs est versée sur la France, et l'enivrement de la gloire ne la console pas.

« Et une grande victime est tombée.

« Et un homme antique s'élance sur la scène du monde.

« Il reconstruit l'empire de Charlemagne, et il veut faire rétrograder l'idée comme il a fait rétrograder la pensée du pouvoir.

« Et les batailles qu'il livre sont des batailles de géants.

« Et l'esprit de la nation française se retire de celui qui a voulu ressembler à Julien.

« Et deux fois il perd l'empire, et deux fois sa chute ébranle le monde.

« Il meurt sur un rocher perdu dans les mers immenses de l'Atlantique, tombeau digne d'un Titan!

« Et l'exil a ramené l'affranchissement par l'expiation.

« Et la Restauration, à l'insu d'elle-même, a été l'âge de l'émancipation de la pensée.

« Et la dynastie s'est considérée comme cause et non comme instrument.

« Et l'instrument indocile a été brisé par un effort subit et spontané.

« Et la foudre n'aurait pas été plus prompte.

« Et une multitude a agi comme un seul homme, comme une intelligence unique.

« Un silence succède : le silence de l'admiration.

« Et les peuples racontent au loin la victoire d'une grande multitude, qui a été un seul homme, un homme puissant et sage.

« Et les vieux rois se sont retirés dans l'exil, et ils ont excité une pitié profonde, car on a compris qu'ils avaient été sans intelligence, qu'ils avaient méconnu leur mission.

« Une Europe toute nouvelle doit sortir des ruines de l'Europe ancienne, restée vêtue d'institutions usées comme un vieux manteau.

« Une incrédulité apparente menace d'abolir toute croyance ; mais la religion du genre humain renaîtra plus brillante et plus belle.

« Elle renaîtra au moment où le moyen âge aura rendu son dernier soupir dans sa dernière agonie : la résurrection est fille de la mort.

« N'a-t-il pas été dit : « Je graverai ma loi dans « leurs entrailles, et je l'écrirai dans leurs cœurs ! »

« Et le Christ n'a-t-il pas dit : « J'ai d'autres brebis « qui ne sont pas de ce troupeau? »

« Toutes les expressions des croyances intimes tendent à se résumer dans un symbole qui se forme en silence, au milieu des terribles agitations des sociétés humaines, et quelques sons de ce futur symbole déjà commencent à se mêler au glas funèbre du moyen âge expirant.

« Hébal sait bien que le genre humain n'est point en travail d'une religion nouvelle, car il sait que tout est dans le christianisme, que le christianisme a tout dit.

« Toutes les communions chrétiennes gravitent donc vers une unité catholique ; le temps est venu où toutes les hérésies vont confesser leur insuffisance. »

En approchant du jour où il écrit, l'auteur d'*Hébal* trahit toujours plus vivement, dans le langage qu'il prête à son personnage, les émotions que lui-même a ressenties.

« C'est en vain que, dans la métropole de la civilisation, le signe de la promesse a été outragé : la croix civilisatrice régnera sur le monde.

« La Grèce, la Belgique, la Pologne, ont demandé la liberté promise aux enfants de la foi ; et voyez les miracles qui ont été enfantés ! La renommée aura-t-elle assez de palmes immortelles pour tant de héros?

« Une voix, prière ardente de tout un peuple qui demande le baptême du sang, s'élève vers les hauteurs du ciel à la Mère du Christ :

« Que la Pologne, qui vous appelle sa Reine, que la « Pologne, qui fut si souvent le plus ferme appui de « la chrétienté, redevienne florissante sous l'abri du « saint Évangile, et soit aussi l'égide de la liberté des « peuples. Vierge sainte ! si le Tout-Puissant a décidé, « dans sa sagesse profonde, que notre patrie toute « chrétienne doit souffrir comme votre Fils la mort du « martyre, que sa gloire fasse partie de la gloire éter-« nelle du monde ! »

« Qu'encore une fois la civilisation soit sauvée ! »

Ici la seconde vue d'Hébal semble réellement prophétique, car nous voyons déjà la prophétie commencer à s'accomplir.

« L'Italie ne conquerra-t-elle pas son indépendance, et la péninsule ibérique n'entrera-t-elle pas dans la loi du progrès?

« La ville éternelle sait qu'un nouveau règne lui est promis. Le pontificat romain dira de quelles traditions il est dépositaire.

« Les peuples ne sont plus parqués selon le caprice des conquêtes ou de la politique. »

Voilà ce qu'écrivait M. Ballanche il y a quinze ans[1]: et aujourd'hui l'Italie aspire à reconquérir son indépendance; le pontificat romain annonce un nouveau règne à la ville éternelle, au milieu des bénédictions du monde. Les nations protestent contre les arrêts de la diplomatie et ne veulent pas être parquées par son caprice. Mais reprenons le récit d'Hébal.

« Un nouveau rideau est levé, un dernier sceau est brisé.

« Et le passé raconte l'avenir.

« Et une voix se fait entendre : Qui dira l'avenir?

« Et une autre voix dit : Celui qui sait le passé sait aussi l'avenir.

« L'Europe se constitue donc de nouveau.

« Et un frémissement général se fait sentir dans toute la création.

« Le sang qui a arrosé le Golgotha proclame enfin

[1] M. Ampère à son tour écrivait ces réflexions à la fin de 1847. (*Note de l'éditeur.*)

l'abolition de la peine de mort, et dit l'impiété de la guerre.

« Le christianisme achève son évolution ; il règne sur le monde, mais d'un règne pacifique.

« Et le christianisme, identique à lui-même, accomplit ses promesses dans toutes ses traditions, qui sont les traditions générales du genre humain.

« L'Occident triomphe. Voilà que l'Orient est ébranlé et perd la conscience de son immobilité.

« L'islamisme succombe dans la lutte.

« La Chine elle-même devient progressive.

« Le Gange est affranchi.

« . . . .

« Hébal croit assister à l'agonie de l'immense univers.

« Les lois qui en firent l'harmonie semblent avoir cessé.

« Et cependant les corps célestes continuent de suivre en silence leurs ellipses tracées depuis l'origine des choses. Mais la terre, la terre seule ne sait plus où est son équateur, où sont ses pôles. Elle chancelle sur elle-même. Son atmosphère est redevenue mortelle. Toute vie périt comme au temps du déluge. Hébal lui-même se sent mourir au sein de cette angoisse universelle. Son âme, détachée de son enveloppe mortelle, plane sur cette vaste ruine : elle se prépare à contempler un nouvel acte de la puissance suprême. La terre, globe éteint, la terre est lancée dans un autre coin de l'espace.

« A un signe de la puissance suprême, le genre humain tout entier se réveille de la mort.

« Les hommes sortent des entrailles de la terre, des lieux qui furent des montagnes, des vallées ou des profonds abîmes des mers. Ils se lèvent debout, et ne reconnaissent ni la terre, ni les cieux, car tout est changé. Hébal revêt pour la dernière fois le vêtement de poussière qu'il venait de quitter. Il se trouve au milieu de cette multitude qui est le genre humain tout entier.

« Quel spectacle!

« Le genre humain, se réveillant de la mort, et se mettant, comme autrefois Job, à interroger le Créateur, le Créateur dont l'ouvrage va périr! Tant de générations qui parlent par un cri unanime, devenu une voix articulée, une seule voix, la voix de l'homme universel! Et cette voix est un gémissement qui contient l'image et le souvenir de toutes les calamités humaines depuis le commencement jusqu'à la fin.

« Et cette voix du gémissement, de l'angoisse et de la mort, cette voix disait :

« Voilà donc cette terre qui me fut donnée comme « un héritage.

« Voilà cette terre que j'ai arrosée de mes sueurs, « que j'ai baignée de mon sang, que j'ai pétrie de « mes larmes!

« Voilà cette terre telle que l'ont faite les déluges, « les tempêtes, les volcans, les fléaux, les cataclysmes, « l'infructueux labeur de l'homme!

« J'ai lutté contre les forces de la nature, j'ai lutté « contre les éléments, j'ai fait le sol et les climats! « Les forces de la nature m'ont dompté, les éléments « m'ont vaincu, le sol et les climats se sont élevés « contre moi!

« J'étais poussière et je suis redevenu poussière!

« Et ma vie n'a été qu'un combat, une angoisse.

« Pourquoi tant de calamités, tant de crimes, tant « de douleurs?

« Pourquoi la guerre, les dévastations, l'esclavage, « les castes et les classes? Pourquoi les sacrifices hu- « mains, les superstitions, les infamies? Pourquoi de « jeunes filles innocentes et de chastes épouses ont- « elles été profanées? »

« Et tout ce cri de l'homme universel semblait se résumer dans le cri échappé sur le Golgotha :

« Pourquoi m'avez-vous abandonné? »

« Mais Dieu ne dispute point comme jadis il avait disputé avec Job, son serviteur. Une immense clarté intellectuelle descendit sur le genre humain.

« La conscience d'Hébal, assimilée à la conscience universelle, a compris sans qu'aucune parole ait retenti dans le monde expirant.

« Cette étrange contemplation finit pour Hébal, et il entendit sonner neuf heures.

« Son voyage, qui avait embrassé toute la durée des âges depuis le commencement jusqu'à la fin, avait été accompli dans le temps qu'avait mis la sonnerie de l'horloge à sonner l'air de l'*Ave Maria*.

« Et il éprouva une grande fatigue. Il n'eut que le temps de raconter ce qui venait de lui arriver, et que nul autour de lui n'avait soupçonné.

« Et il rendit le dernier soupir en prononçant le mot *éternité*.

« A ce moment, sans doute, tous les rideaux ont été levés pour lui, tous les sceaux ont été brisés, et il a eu le sentiment vrai des choses dont il avait eu le sentiment obscur.

« Or, l'air de l'*Ave Maria*, qui avait bercé son oreille durant son rapide voyage dans les régions de l'esprit, semblait reposer encore sur sa figure; car c'est le signe aimable de la médiation, et la médiation est le mot de l'énigme de l'humanité. »

Tel est le dénoûment magnifique et gracieux de la vision d'Hébal. Dans aucun de ses ouvrages, M. Ballanche ne s'est mis plus lui-même tout entier. Ses amis ne pouvaient le séparer d'Hébal à la seconde vue. L'auteur de l'*Ame exilée*[1], dont l'affection pour M. Ballanche, par qui elle s'honorait d'être inspirée, appartient à l'histoire des lettres; l'auteur de l'*Ame exilée*, qui fut pour lui une amie tendre et un disciple illustre,

[1] La comtesse d'Hautefeuille, qui écrivait sous le pseudonyme d'Anna-Marie. (*Note de l'éditeur.*)

en lui écrivant, l'appelait : « Mon cher Hébal. » Pour moi, je ne saurais oublier le jour où j'entendis l'auteur d'*Hébal* lire son œuvre extraordinaire; c'était près de Dieppe, en vue de la mer, au milieu d'un cimetière abandonné où de grandes herbes croissaient parmi des tombes ou plutôt des ruines de tombes. Il était assis sur un de ces débris; sur un autre étaient la Béatrix de ses inspirations[1], son illustre et ancien ami M. de Chateaubriand, et son jeune ami, comme il m'appelait alors, celui qui devait un jour, quand la jeunesse serait écoulée, retracer d'une main pieuse des souvenirs toujours présents bien qu'anciens déjà, les recueillir et les déposer à côté des chants du poëte, comme on place une image à côté d'une lyre sur un tombeau.

IX

1830. — LA RENOMMÉE DE M. BALLANCHE GRANDIT. L'ACADÉMIE FRANÇAISE. — LES OUVRIERS. — SES INVENTIONS MÉCANIQUES. — SA MALADIE. — DERNIERS MOMENTS. SES FUNÉRAILLES.

On a vu quel mouvement s'était opéré dans l'esprit de M. Ballanche depuis ses émotions royalistes de 1814 jusqu'aux sévères avertissements que d'un cœur fidèle, mais navré de douleur, il adressait à une

[1] Madame Récamier.

dynastie qui se perdait pour n'avoir pas su se renouveler. En présence du défi insensé qu'elle jetait à la France par la nomination du ministère Polignac, il écrivit ces lignes indignées :

« Une nation nouvelle s'était élevée, était sortie de son silence, comme les Francs jadis sortirent de leurs forêts pour conquérir les Gaules. Cette nation nouvelle, pleine de force et de puissance, devait être civilisée : on a voulu d'abord la nier ; ensuite, lorsque son existence n'a pu être méconnue, on a imaginé de la dédaigner.

« Pour la première fois, il a été dit à l'immense majorité d'une nation : Tu es privée de toute espèce de vertu ; tu n'as que des vices odieux. Il y a, au milieu de toi, une petite minorité qui seule a des vertus, qui seule est dépourvue de vices : c'est à cette minorité que nous allons te livrer.

« Pour la première fois, il a été dit : C'est dans le petit nombre qu'est la force et la puissance.

« Non, je ne crois pas que la folie soit jamais allée jusque-là.

« Les représentants du passé ont voulu refaire le passé. La société, qui ne sait jamais rebrousser en arrière, s'est arrêtée un instant ; mais elle ne s'est arrêtée que pour s'étonner d'une telle démence. Elle a jeté un œil de mépris sur le petit nombre pour lui demander s'il avait reçu de Dieu le pouvoir qui fut accordé au chef hébreu, le pouvoir d'arrêter le soleil.

« Illustre maison de France, tu as refusé de te réunir aux représentants du présent, aux représentants de l'avenir ; tu as refusé de t'identifier aux destinées nouvelles du peuple français, aux destinées futures de l'Europe ; tu as refusé de polir et de civiliser des conquérants ; tu ne régneras plus que sur le passé, tu t'es déclarée chef des vaincus. Ta mission est finie. Ton abdication a été signée le jour où tu as laissé quelques-uns de tes soldats insulter les tribuns du peuple, le jour où l'épée a été tirée contre des hommes désarmés, le jour où tu as approuvé ceux qui avaient tiré l'épée.

« Eh bien, puisque tu ne veux que le passé, réfugie-toi dans le passé et laisse-nous accomplir nos destinées. Eh bien, puisque tu veux rester unie aux vaincus, rentre avec les vaincus dans l'impuissance de toutes choses. Eh bien, puisque tu ne veux pas nous civiliser, nous nous civiliserons nous-mêmes. Eh bien, puisque tu es devenue inhabile à cultiver en nous ce qu'il y a de bien, de bon, de noble, retire-toi, car tu ne peux plus que nous pervertir, que dénaturer en nous de hautes facultés, que détruire le sentiment moral, si le sentiment moral n'était pas plus fort que tes faiblesses et que les aveuglements de tes conseillers. »

Quand la justice de 1830 se fut accomplie, tout en approuvant ce grand acte comme l'acte d'une nation mise en état de défense légitime, M. Ballanche fut affligé et inquiet : affligé par des infortunes illustres, inquiet pour la France. Mais sa foi politique ne fut pas ébranlée; il fut après 1830 ce qu'il avait été avant, un libéral convaincu et modéré.

Le mouvement rapide et un peu tumultueux qui s'opéra dans les idées sous le coup de la révolution de 1830 dirigea sur M. Ballanche l'attention de plusieurs hommes qu'il ne connaissait point et de plusieurs écoles qui n'étaient pas la sienne. Les socialistes, quels qu'ils fussent, ne pouvaient négliger un penseur qui sur plusieurs points avait devancé dans sa solitude les nouvelles directions de la pensée.

M. Ballanche, sans repousser les sympathies dont il était l'objet, conserva soigneusement toute son indépendance. Les tentatives de réforme sociale qui prenaient leur point d'appui dans le christianisme pouvaient seules s'accorder avec sa manière de voir et de sentir.

Bien que très-catholique de conviction, et, si j'ose le dire, de *poésie*, il entra dans des rapports bienveillants avec les consciencieux écrivains du *Semeur*. Le programme de *l'Avenir* : catholicisme et liberté, avait tout son cœur. Quand ce programme, qu'un sage et saint pape vient d'inaugurer au Vatican, eut été déchiré par l'inintelligence des uns et l'emportement des autres, M. Ballanche crut que son moment était venu, et que ses doctrines étaient appelées à faire le bien auquel il eût applaudi s'il l'eût vu accomplir par d'autres doctrines. Alors il se sentait rempli d'une confiance profonde dans son œuvre et sa pensée : alors il écrivait à ses amis : « Je crois que la Palingénésie est destinée à porter des fruits. »

Il lui était permis de penser qu'il exerçait une influence aussi réelle qu'elle était salutaire sur beaucoup d'âmes, car il recevait de plusieurs côtés des témoignages d'adhésion qui allaient jusqu'à l'enthousiasme. « J'ai trouvé chez Nodier, écrivait-il, un homme qui « m'appelle tout uniment un homme divin. » Il avait des disciples et des adeptes ; avec moins de candeur et plus d'ambition, il aurait pu être chef de secte.

Il se bornait à recueillir avec quelque satisfaction les preuves du progrès de ses idées, par exemple les paroles d'un étranger qui était venu le voir pour lui dire : « Monsieur, c'est de vos ouvrages que sortira la théologie de l'avenir. »

Et à propos de la tentative de M. de Lamennais et de ses amis, tentative dont il déplorait l'avortement, il disait à madame Récamier, avec son ingénuité ordinaire : « Il ne reste donc plus que la Palingénésie de votre pauvre ami... Il m'est bien démontré à présent que c'est à la société religieuse à se constituer elle-même : ce à quoi je puis servir, c'est à préparer les voies. »

S'il n'était point insensible à la satisfaction de voir les progrès de sa renommée, la gloire lui apparaissait surtout sous une forme touchante. Ces douces aspirations vers l'immortalité s'épanchaient ainsi dans l'âme de celle avec laquelle il voulait mettre en commun sa renommée, comme il avait mêlé toute sa vie :

« ... Si mon nom me survit, chose qui devient de plus en plus vraisemblable, je serai nommé le Philosophe de l'Abbaye-aux-Bois, et ma philosophie sera considérée comme inspirée par vous. Souvenez-vous qu'Orphée n'eut une véritable mission sur ses semblables que par Eurydice, et souvenez-vous encore qu'Eurydice fut une vision merveilleuse. La dédicace de la Palingénésie expliquera tout cela à l'avenir. Cette pensée est une de mes joies. Je crois que j'entre en ce moment dans le dernier âge de ma vie; cet âge peut se prolonger quelque temps; mais je sais bien ce qui est au bout. Je m'endormirai dans le sein d'une grande espérance, et plein de confiance dans la pensée que votre souvenir et le mien vivront d'une même vie. »

C'est ici le lieu de parler de la modestie de M. Ballanche. M. Ballanche avait mieux que de la modestie; il avait de la candeur. Son premier ouvrage n'ayant pas eu le succès qu'il méritait, M. Ballanche ne contredit point ce jugement qui est déjà rapporté[1], il l'accepta sans résistance et sans amertume. Plus tard il s'exprimait sur son propre compte dans un langage

[1] Dans un recueil grave, *le Correspondant*, M. Ch. Lenormant a rendu le premier à ce livre, trop méconnu, même de son auteur, une justice méritée. (*Note de M. Ampère.*)

bien éloigné de toute illusion; il disait : « D'autres bâtissent un palais sur le sol et ce palais est aperçu de loin ; moi, je creuse un puits à une assez grande profondeur, et on ne peut l'apercevoir que lorsqu'on est tout auprès. »

Il lui fallut longtemps pour reprendre confiance et croire à lui-même. Il lui fallut des admirations illustres, passionnées et enthousiastes chez quelques-uns, l'attention des étrangers, le suffrage des penseurs et des écrivains; alors il crut à lui avec la même simplicité. Jamais cette foi qu'il avait en lui-même ne lui inspira le plus léger mouvement d'humeur contre ceux qu'il pouvait soupçonner de ne pas la partager assez. Dans une de ses lettres, après s'être plaint, mais sans nulle amertume, de ceux qui oublient de le citer en examinant des théories historiques dont il est l'auteur, il ajoute avec une douceur et une bonhomie charmantes : « Mais cela ne fait rien, mon nom est bien plus connu qu'il ne paraît en effet, et Nodier disait hier qu'avant deux ans ce serait un des noms les plus populaires de France. »

Peu pressé de se produire, et insensible à la vanité, s'il n'était pas indifférent à la gloire, M. Ballanche était arrivé à l'âge de soixante ans sans avoir ambitionné la palme de l'homme de lettres, l'Académie française. Il laissait solliciter pour lui ses ouvrages, dans lesquels l'harmonieuse pureté du style est portée à un si haut degré de perfection. Enfin une pensée qui aurait pu se présenter plus tôt frappa plusieurs académiciens; on en parla à M. Ballanche. Mais M. Ballanche craignit, peut-être à tort, qu'il n'entrât dans l'intention de certaines personnes de se servir de lui pour retarder l'entrée dans l'Académie d'un écrivain et d'un poëte éminent dont la place lui semblait y être naturellement marquée, de M. Victor Hugo.

Voici ce que M. Ballanche écrivit dans cette conjoncture. Cette fois encore je n'ai pas effacé mon nom. J'aime mieux rendre grâce publiquement à la mémoire de M. Ballanche de ce vote anticipé que j'ai eu le bonheur de lui voir renouveler depuis.

« Voilà dix ans que je n'ai pas acquis de nouveau titre aux suffrages de l'Académie, puisque ma dernière publication est de 1830.

« J'ai parfaitement la conscience qu'aujourd'hui, si l'Académie songe un peu à moi, c'est uniquement pour m'opposer à Victor Hugo. Sans ce motif, il est bien certain que je n'aurais que de très-faibles chances.

« Je ne puis accepter une telle situation ; je supplie mes amis de ne pas me l'imposer.

« Il est impossible de laisser Victor Hugo en dehors de l'Académie. Ce que l'Académie a de mieux à faire, c'est de surmonter ses susceptibilités.

« Ce n'est pas à dire pour cela que j'aie le projet de me présenter après Victor Hugo. C'est bien fini pour moi.

« J'ai soixante-trois ans ; il ne me reste qu'une chose à faire, c'est de donner la forme définitive à ma pensée et de rentrer dans mon silence.

« Lorsque ma dernière publication sera faite, je ne vivrai plus que pour mes amis; ma carrière sera complétement close.

« Si j'ai un conseil à donner à l'Académie, c'est de voir à recueillir dans l'ancienne génération pour se hâter de l'adopter.

« Or, de cette ancienne génération, dont je suis le doyen, il reste M. de Béranger, M. de Lamennais, M. Alfred de Vigny.

« Ce dernier seul serait, je crois, sur les rangs.

« Je ne conseillerais pas à M. de Vigny de se présenter avant que M. Hugo ne soit entré; mais sitôt après, à mon sens, il doit être admis.

« Vienne ensuite la génération nouvelle : Ampère, Sainte-Beuve!

« Voilà mon avis. »

Plus tard M. Ballanche fut élu par l'Académie française, et M. de Barante fut chargé de le recevoir. Des rapports de société et des amitiés communes les avaient depuis longtemps rapprochés. On reconnut dans les paroles du directeur une déférence délicate pour l'homme à côté d'une appréciation ingénieuse de l'écrivain :

« Plus que personne, monsieur, vous avez remarqué que chaque époque refait l'histoire du passé; en la regardant du point de vue qui lui est propre, elle y cherche et elle y découvre ce qui lui est analogue. C'est en ce sens que vous avez raconté une histoire romaine qui n'est point dans Tite Live, et que, pour manifester votre idée, vous avez pris la forme d'une fiction historique. N'est-ce point là ce que vous appelez ingénieusement se faire le prophète du passé?

« C'est à cet ordre d'idées que vous vous êtes laissé charmer, vous vous êtes créé un monde où vous vivez avec les principes et les origines des choses humaines, revêtues de formes mystiques, flottant entre les convictions de la raison et les prestiges de l'imagination. Vous empruntant une expression heureuse, je dirai que c'est la poésie de la pensée.

« Quelquefois, en contemplant les objets de la nature, en laissant nos yeux se fixer sur une pittoresque perspective, nous nous sentons dériver à une douce rêverie; les contours s'effacent, les plans se confondent; il semble que ce ne soit plus un paysage réel, mais une sorte de vision fantastique. Vous, monsieur, ce qui vous fait rêver, ce qui berce votre imagination, ce qui amène des apparitions devant vos regards, c'est la méditation sur la destinée sociale; c'est l'aspect moral de la terre et du ciel.

« Mais, dans votre poétique philosophie, se trouve un plan arrêté, un système complet, une histoire abstraite de la civilisation. La forme que vous lui donnez n'est point un jeu de l'esprit, un artifice de composition. Vous parlez une langue qui est naturellement la vôtre, la langue du poëte et de l'artiste. Vos travaux n'en sont pas moins sincères et sérieux, vos convictions n'en sont pas moins entières ; me permettrez-vous de dire naïves? »

Dans cette séance, le public n'entendit pas sans émotion le vieil ami de l'auteur du *Génie du Christianisme* lui adresser cet hommage noblement reconnaissant, auquel on ne saurait reprocher que trop de modestie :

« M. de Chateaubriand, qui m'encourage de sa présence et dont la volonté m'arrête, ne me permet pas de prononcer des paroles qui ne seraient, après tout, que l'expression des sentiments unanimes. Et pourtant, il faut bien que je le dise pour moi-même, pour honorer, en quelque sorte, le choix proclamé aujourd'hui par l'Académie : depuis plus de quarante ans qu'il est parvenu au sommet de la gloire, M. de Chateaubriand n'a jamais cessé de m'accorder toute son affection : je suis, à cette heure, le seul de ses anciens amis resté debout à ses côtés sur cette terre où nous passons si vite. Plus d'une fois même il a consacré dans ses écrits des souvenirs qui nous sont communs, des suffrages qui ont été pour moi des titres aux vôtres. Ainsi, ce nom destiné à survivre à tant de noms, ce nom qu'en vain je voulais taire, doit emporter le mien sur ses ailes. »

Mais si M. Ballanche avait peu vivement désiré les honneurs littéraires, il est un genre de succès auquel il n'était point insensible, parce qu'il y voyait la preuve d'une direction sérieuse et morale au sein des classes populaires ; c'était le succès qu'avait eu la Palingénesie dans un auditoire, non pas d'académiciens ou de philosophes, mais d'ouvriers.

Il faut l'entendre raconter cet incident remarquable en lui-même et qui causa, comme on le croit sans peine, à M. Ballanche une vive et innocente joie :

« Une chose assez singulière, c'est que je commence à percer chez les ouvriers. Voici le fait. Un maître ouvrier, qui demeure près de l'Arsenal, avait pris depuis quelque temps l'habitude de réunir chez lui un certain nombre de ses ouvriers, et de faire là une sorte de cours de philosophie à leur usage. Il avait commencé par le saint-simonisme, dont il n'a pas tardé à se séparer, et il s'est mis à professer l'économie politique de Fourier ; mais il a bien vite compris qu'une économie politique fondée sur le bien-être matériel seulement était insuffisante ; il s'est mis à m'étudier, et s'est épris d'un véritable enthousiasme pour mes doctrines. Lorsqu'il sera un peu plus fort, il se propose d'initier ses néophytes. Comme il avait un très-grand désir de me voir, Nodier l'a fait venir chez lui après-dîner. J'ai trouvé un homme d'un très-grand sens et d'une rare intelligence. »

Voilà maintenant le récit de la visite de M. Ballanche à ses nouveaux disciples :

« J'ai assisté hier au soir avec mon introducteur à cette réunion ; il n'y avait que Nodier et moi qui ne fussions pas des ouvriers. Dans le nombre, il y avait quelques femmes, mais des femmes d'ouvriers. J'ai été étonné de l'intelligence de tout ce monde-là.... Croiriez-vous qu'au milieu d'une discussion provoquée par Nodier et où je me suis mêlé, j'ai été entraîné à l'exposition de mon système historique fondé sur le dogme chrétien de la déchéance et de la réhabilitation, et que j'ai été parfaitement compris..... Je ne sais ce qu'aurait pensé M. *** s'il eût assisté à cette séance, et qu'il eût senti que j'étais bien mieux compris là que je ne l'aurais été dans le sein de l'Académie française. C'est pourtant la vérité. »

L'Académie française a montré depuis qu'elle aussi savait comprendre M. Ballanche et l'honorer.

On n'aurait pas une idée complète de la puissance intellectuelle de M. Ballanche, si je ne mentionnais, quelque rapidement que je sois condamné à le faire, une aptitude chez lui naturelle à l'invention des machines, à la création de nouveaux procédés ou de nouveaux instruments. Qui le croirait ? L'auteur d'*Antigone* avait inventé un canon qui a été exécuté et se trouve, je crois, à Vincennes.

Ce qui est plus remarquable, il avait devancé par la réflexion plusieurs inventions célèbres de notre temps : la presse à eau, le papier sans fin, la composition mécanique des planches d'imprimerie; enfin, dans la dernière année de sa vie, il croyait avoir découvert un nouveau moteur dont sa belle âme rêvait déjà les applications utiles à l'humanité.

En même temps il donnait son appui à une invention dont il n'était point l'auteur, mais qu'il avait adoptée comme sienne, et il écrivait ces remarquables paroles :

« A fin de compte, j'aurai accompli trois choses :

« Un monument littéraire qui sera ce que Dieu voudra ;

« Un appui utile donné à une sorte de régénération dans l'emploi de la vapeur ;

« Enfin l'invention d'une machine qui sera un jour le point de départ de beaucoup d'autres inventions utiles, car c'est un moteur nouveau que j'introduis dans le monde industriel.

« Ma vie n'aura pas été sans quelque importance. »

On doit commencer à connaître M. Ballanche. Ceux qui ont lu ces pages où il ne faut chercher que lui doivent, ce me semble, admirer son rare talent et aimer sa mémoire.

Il n'y a eu qu'à citer l'écrivain et à laisser parler l'homme; je n'ai rien à dire après lui. Mais pour accomplir la tâche qu'une affection filiale m'imposait, il me reste un pénible devoir à remplir, il faut parler de la fin qui a couronné une telle vie.

Je ne m'arrêterai pas sur de tels moments; ils sont encore trop près de moi pour que leur souvenir ne m'oppresse d'un poids douloureux; mais il ne faut pas abandonner dans la mort ceux qu'on a aimés. J'irai donc jusqu'au bout.

Dans les premiers jours du mois de juin de cette année (1847), M. Ballanche, dont la santé était depuis longtemps très-frêle, fut atteint d'une fluxion de poitrine que sa grande faiblesse rendit bientôt dangereuse... Pendant les huit jours que dura sa maladie, la douceur et la sérénité d'âme du malade ne l'abandonnèrent pas un instant; il ne montra aucune inquiétude, pour n'inquiéter personne; mais ses amis ne doutent point qu'il n'ait senti toute la gravité du danger; durant les derniers jours, il fut aussi entouré que le permettait le repos nécessaire à sa faiblesse. Un ancien ami, M. Dupré, ne le quitta point; enfin il éprouva une grande joie lorsque celle qui était la vie de son cœur vint s'établir auprès de lui, souffrante elle-même, et quand ses yeux n'avaient pas soulevé un voile qui pour quelque temps est retombé avec ses larmes[1].

M. Ballanche, dès les premiers jours de sa maladie, avait réclamé les secours de la religion; le neuvième, il s'éteignit avec le calme d'un sage, la résignation

[1] M. Ampère parle ici de madame Récamier, qui au moment de la mort de son ami Ballanche venait de subir l'opération de la cataracte. (*Note de l'éditeur.*)

d'un saint, et, comme il l'avait dit lui-même, il s'endormit dans le sein d'une grande espérance.

Le surlendemain, vers l'heure où tous les jours il se rendait à l'Abbaye-aux-Bois, il en franchissait la grille une dernière fois, escorté d'amis en deuil et d'un grand nombre d'hommes éminents, tous pénétrés profondément de la perte que faisaient en ce jour les lettres, la philosophie et la religion. Son illustre ami, M. de Chateaubriand, fondait en larmes; tous les cœurs étaient remplis d'émotion et de recueillement; un sentiment unanime d'attendrissement et de respect régnait aussi dans la foule choisie qui l'accompagna au cimetière. Ce sentiment trouva un interprète qui le satisfit pleinement dans le discours de M. de Tocqueville[1].

Un poëte penseur, l'élève et l'ami de M. Ballanche, M. de Laprade, après avoir passé la nuit pieusement auprès de sa dépouille mortelle, vint prononcer sur sa tombe, au nom de cette partie de la jeunesse qui voyait en lui plus spécialement le chef d'une école dévouée, et en particulier au nom de la patrie lyonnaise, de touchants adieux[2].

Nous placerons ici quelques paroles de M. Ballanche lui-même; ce qu'il avait dit des funérailles du sage Théoclès convient merveilleusement à ses propres funérailles :

[1] Voir note A, page 196.
[2] Voir note B, page 197.

— « Quand nous eûmes rassasié notre amour et notre respect des derniers témoignages qu'on donne à un mort, nous portâmes en pleurant la dépouille du vertueux vieillard à sa dernière demeure. Nous nous retirâmes ensuite en méditant ses paroles, qui avaient acquis toute la solennité des tombeaux. »

NOTE A

DISCOURS DE M. DE TOCQUEVILLE

Messieurs, je pourrais vous entretenir du rare mérite littéraire que possédait l'homme excellent dont nous entourons la dépouille mortelle. Parlant ici au nom de l'Académie française, je le devrais peut-être. Vous l'avouerai-je, messieurs, au bord de cette tombe encore entr'ouverte, à la vue de cette figure austère et solennelle de la mort, dans ce lieu si plein des pensées de l'autre vie, je n'ai pas le courage de le faire. Le talent de l'écrivain, quelque grand qu'il soit, s'efface un moment pour ne laisser voir que le caractère et la vie de l'homme.

Qui de nous, messieurs, ne se sent ému et comme attendri au souvenir de ce doux et respectable vieillard auquel le bien semblait si facile, et qui le rendait si aimable ! Sa pure et rêveuse vertu, qui, au besoin, fût aisément montée jusqu'à l'héroïsme, ressemblait, dans les actes de tous les jours, à la candide innocence du premier âge. Non-seulement M. Ballanche n'a jamais fait le mal, mais il est douteux qu'il ait jamais pu le bien comprendre, tant le mal était étranger à cette nature élevée et délicate. Pour lui, la conscience n'était point un maître, mais un ami dont les avis lui agréaient toujours, et avec lequel il se trouvait naturellement d'accord.

A vrai dire, la vie tout entière de M. Ballanche n'a été qu'une longue et paisible aspiration de l'âme vers le bonheur des hommes et vers tout ce qui peut contribuer à ce bonheur : la liberté, la confraternité, le respect des croyances et des mœurs, l'oubli des injures; qu'un constant effort pour apaiser les haines de ses contemporains, concilier leurs intérêts, renouer le passé à l'avenir, et rétablir entre l'un et l'autre une harmonie salutaire.

« Dans les dernières années de sa vie, M. Ballanche s'était créé comme une société à part dans la grande société française; il s'y occupait plus des idées du temps que des faits; il s'y unissait à ses contemporains par les pensées, par les sympathies, non par l'action; il n'y restait pas étranger à leur sort, mais à leurs agitations. C'est là qu'il vécut dans une atmosphère calme et sereine où pénétraient les bruits du monde, mais où les passions du monde n'entraient point. C'est là aussi qu'il s'est éteint.

« Quoique M. Ballanche ait survécu à tous les siens et qu'aucun de ses proches ne puisse aujourd'hui nous accompagner à ses funérailles, nous ne saurions le plaindre. L'amitié avait depuis longtemps remplacé pour lui et peut-être surpassé tout ce que la famille aurait pu faire.

« Pour nous, messieurs, qui venons de rendre un dernier hommage à sa mémoire, nous rapporterons de cette cérémonie un souvenir triste, mais salutaire et doux: le souvenir d'un homme qui a bien vécu et qui est bien mort, d'un écrivain dont la plume désintéressée n'a jamais servi que la sainte cause de la morale et de l'humanité. »

NOTE B

I.

PAROLES DE M. DE LAPRADE

« Cher maître, si belle que soit votre renommée présente, vous n'avez pas été de ceux qui assistent vivants à tout l'épanouissement de leur gloire. C'est à une époque plus attentive que la nôtre qu'il sera donné d'épuiser le sens profond de vos écrits, de s'abreuver de toute la poésie de ce beau style qui renferme les plus mystérieux parfums du sentiment chrétien et de la pensée moderne dans les contours harmonieux et purs de la forme grecque. En vous, l'avenir honorera le grand esprit; de plus que lui, nous avons respiré la belle âme. Tous ceux qui vous ont approché le savent, on se sentait meilleur auprès de vous. Il n'était pas besoin d'entendre votre parole pour subir l'influence qui émanait de votre cœur. Certains justes sont comme les sanctuaires dont le silence même nous remplit de religieuses émotions.

« Il y avait dans votre esprit, dans sa sérénité, dans sa simplicité charmante, dans sa tendresse, quelque chose de plus que chez les hommes les plus sages et les meilleurs. Votre vertu était d'une nature tout adorable et toute divine; c'était à la fois une innocence conservée et une sagesse acquise. Chez vous la docte vieillesse était restée pure de cette candeur et de ces grâces qui chez les autres ne survivent pas à l'enfance. Vous saviez que le mal existe, mais vous sembliez ne l'avoir appris que du raisonnement; votre cœur ne vous en avait rien dit, l'expérience des hommes elle-même n'aurait pas suffi à vous convaincre.

« On ne surprit jamais en vous un mouvement de haine ou d'ironie; et comme vous avez su aimer! Ce qui ne fut chez les plus grands poëtes qu'un rêve sublime de l'imagination, fut la régle et la pratique journalière de votre cœur. Si sereine et si rayonnante que soit aujourd'hui votre âme dans le séjour de la paix, nous avons peine à nous la représenter plus aimante et plus pure que nous ne l'avons vue sur cette terre de souillure et de combats. »

. . . .

DISCOURS

DE RÉCEPTION A L'ACADÉMIE FRANÇAISE

PRONONCÉ LE 18 MAI 1848

Messieurs,

Il y a des jours qui sont des siècles : cette vérité, présente à tous les esprits, me frappe au moment où je vais prononcer devant vous un discours écrit sous la monarchie, dans lequel cependant je n'ai rien trouvé à désavouer sous la république ; cette république, que des événements inouïs ont proclamée, que la France a courageusement acceptée, et qui, si elle sait se maintenir dans la voie difficile de la modération, assurera la grandeur de la patrie comme elle a déjà ouvert pour l'Europe l'ère glorieuse de la liberté.

Personne, je puis le dire, ne ressentit une joie plus vive en recevant le titre que vous avez daigné me conférer. Cependant, les premières paroles que je prononcerai devant vous seront tristes. Sans rappeler encore les regrets si justement excités par la perte de l'académicien auquel je succède, regrets unanimes et que j'ai bien sincèrement partagés ; à cette solennité se mêle pour moi une douleur profonde, et comme un deuil domestique. Il m'est impossible de ne pas me souvenir que là, près de moi, devrait être assis M. Ballanche, ce fidèle ami de mon père, et j'ose ajouter, avec une respectueuse tendresse, mon plus ancien ami.

C'était sous les auspices d'une affection héréditaire qui datait pour moi du commencement de ma vie, et qu'avait resserrée depuis longtemps le culte commun des plus nobles amitiés ; c'était sous ces auspices vénérables que je comptais me présenter devant vous.

Messieurs, vous approuverez, je l'espère, cet hommage rendu à une mémoire que je chéris et que vous honorez. L'Académie française, arbitre aussi délicat des sentiments que du langage, reconnaîtra sans doute que la piété des souvenirs devait parler avant tout, même avant la reconnaissance.

Et comment pourriez-vous douter de cette reconnaissance ? Vous avez appelé un candidat qui ne vous apportait pas la gloire. Passionné pour les lettres, amoureux du beau sous toutes les formes, l'adorant tour à tour dans l'antiquité, dans le moyen âge, dans les temps modernes, dans l'époque où nous vivons, l'ayant cherché au nord, au midi, à l'orient, de la Norwége à l'Égypte, j'ai couru après l'étude comme d'autres courent après la renommée. Cette étude, c'était celle des littératures comparées, labeur immense qui embrasse tous les temps, tous les lieux, toutes les langues, tous les sentiments, toutes les idées, et qui demande une vie entière pour être achevé, s'il peut l'être. Depuis vingt-cinq ans, messieurs, toujours en marche vers ce but encore lointain, je n'ai pu poser, pour ainsi dire, que les premières pierres d'attente du monument auquel je travaille sans relâche. Vous avez bien voulu récompenser ces efforts et ces commencements. Vous avez tenu compte de ce que j'ai fait, et qui est bien peu en comparaison de ce que j'espère accomplir. Votre indulgence a devancé l'heure de votre justice. Ce qui me reste de force et de vie sera consacré à l'accomplissement de la tâche que la confiance de vos suffrages m'a imposée.

Ne pouvant m'expliquer facilement, messieurs, la bienveillance que j'ai trouvée auprès de tous, et l'extrême intérêt que plusieurs d'entre vous ont bien voulu me témoigner, intérêt dont le souvenir me sera toujours particulièrement sacré, je suis tenté de voir dans votre choix un encouragement donné aux lettres sérieuses, au double enthousiasme du savoir et de l'art. L'un et l'autre, sans doute différents par leur essence, ne doivent jamais se confondre. Il ne faut pas que la science soit énervée par un vain désir de plaire, il ne faut pas que l'imagination laisse ternir par la poussière de l'érudition ses ailes brillantes. Mais il est bon peut-être qu'entre ces deux empires, distincts, et non point ennemis, un commerce heureux s'établisse, et, sans les mêler, les rapproche. Il est une région intermédiaire qui confine à tous deux. C'est sur cette frontière commune que vous m'avez trouvé, messieurs, et qu'après l'illustre compagnie à laquelle j'avais déjà l'honneur d'appartenir, vous avez bien voulu me tendre la main. Ce n'est pas la première fois que vous donnez place en votre sein aux études sévères. Car vous croyez qu'au dix-neuvième siècle la littérature, c'est-à-dire la pensée humaine écrite, tient plus étroitement que jamais à la philosophie et à l'histoire.

Vous trouvez bon qu'on s'efforce d'élargir le champ illimité des lettres par des rapprochements variés. Dante, Shakespeare, les Niebelungen, sont des noms dont vos oreilles ne s'effrayent pas. Car faire retentir ces noms dans ce temple de la muse nationale, c'est proclamer l'extension de ses conquêtes et l'agrandissement de son empire. La France, qui comprend tout ce qui est grand, admire tout ce qui est beau. Vous représentez, messieurs, ce sentiment sympathique, cette intelligence universelle propre à notre nation. Vous ne repoussez rien. Le dirai-je? vous permettez qu'on écrive même sur les hiéroglyphes, pourvu qu'on écrive en français.

Enfin, messieurs, si le sentiment de mon insuffisance me conduisait à supposer que vous ayez voulu honorer en moi une mémoire glorieuse, croyez bien que je serai loin de m'en sentir humilié. Le cœur aussi a son orgueil, et la fierté du mien serait, je vous le jure, bien à l'aise, si je pensais que j'ai été protégé par le nom de mon père.

La modestie elle-même fait à celui que vous avez élu un devoir de parler de soi. Mais il ne faut pas remplir ce devoir trop en conscience, il ne faut pas être modeste trop longtemps. Je ne vous entretiendrai donc désormais que du confrère dont la mort prématurée vous a été si douloureuse; il me sera plus doux et plus facile de vous parler de lui que de son successeur.

Avant d'adresser au talent littéraire de M. Guiraud de justes éloges dont je chercherai à rendre la franchise digne de la sienne, le premier besoin que j'éprouve est celui de louer son caractère et son cœur. Avant de vous entretenir de l'écrivain, je veux vous rappeler l'homme que nous regretterons toujours. Pour cette partie de ma tâche je n'aurais qu'à laisser parler vos souvenirs. Qui de nous ne le voit encore avec sa physionomie animée, sa parole chaleureuse, son geste sincère, son caractère loyal, son âme ardente, tenant à ses idées et supportant la contradiction, opiniâtre dans ses croyances, facile dans les rapports de la vie, impétueux sans violence?... Si l'on ne pouvait constamment s'entendre avec M. Guiraud, il était impossible de ne pas l'honorer toujours, et difficile de ne pas l'aimer.

Trop souvent, de nos jours, le scepticisme est intolérant, soit quand il s'impose, soit aussi quand il se cache aux regards des autres, et peut-être aux siens, sous les dehors d'une conviction d'autant plus irritable qu'elle est moins sûre d'elle-même. Les convictions de M. Guiraud étaient trop profondes pour être inquiètes, trop pures pour être tyranniques; et tandis que plusieurs semblent vouloir expier le doute par l'intolérance, chez lui, au contraire, l'enthousiasme, j'ai presque dit le fanatisme religieux, était tolérant.

Il est un ouvrage de M. Guiraud que j'écarterai d'abord avec respect, parce qu'il appartient plus à la théologie qu'aux lettres : c'est la *Philosophie catholique de l'histoire*, de l'histoire prise de bien haut, car l'auteur n'a pas été plus loin que le déluge. M. Guiraud y aborde intrépidement les sujets les plus relevés; mais un concile serait plus compétent pour le juger qu'une académie. Je me bornerai à une observation qui peut faire ressortir un trait saillant du caractère de l'auteur. Bien que confessant l'orthodoxie la plus rigoureuse, bien que soumis de cœur à l'Église, il n'en a pas moins abordé le dogme avec quelque indépendance, et tenté d'en approfondir les mystères selon les lumières que Dieu lui avait données. Zélé catholique, il a énergiquement défendu les droits de la pensée en matière religieuse. C'est que M. Guiraud, de même qu'il était un homme de foi et de tolérance, était un homme de foi et d'intelligence. Pourquoi n'en serait-il pas toujours ainsi? Pourquoi la philosophie, cet effort suprême de la pensée, et la religion, ce sublime élan de l'âme, ne pourraient-elles se rencontrer et s'unir au sein d'une harmonie puissante? N'en désespérons pas dans ce siècle où nous voyons la philosophie raffermir sur leurs fondements impérissables les croyances religieuses du genre humain, et la religion emprunter les armes de la philosophie même, pour la combattre.

Quoi qu'on puisse penser des opinions particulières de M. Guiraud, et sans se croire obligé de les partager toutes, on doit lui savoir gré d'avoir donné un bon exemple, l'exemple d'une foi réfléchie. Après cet hommage rendu à de nobles tendances, redescendons avec lui des hautes régions où l'on peut rencontrer les nuages et le vertige, mais où l'on respire un air qui épure et fortifie; abordons les régions plus modestes que l'art habite; de ces régions dans lesquelles je porterai sur ses traces des pas plus assurés, sa pensée et sa parole s'élèveront toujours vers le ciel.

Souvent, parmi les ouvrages d'un écrivain, il en est un qui, sans être le plus considérable et le plus important, a eu cette destinée, que la mémoire de l'auteur y est demeurée particulièrement attachée. Le public s'est épris de cette œuvre modeste ; il en a conservé comme un reconnaissant souvenir. Les *Études de la nature* sont un grand ouvrage : elles renferment de nombreuses beautés. Mais pour beaucoup de lecteurs, Bernardin de Saint-Pierre est resté surtout l'auteur de *Paul et Virginie*. Plus près de nous, Alexandre Soumet a écrit avec succès des tragédies, et même des poëmes épiques ; mais l'éclat de ces productions n'a pu effacer *la Pauvre fille*. M. Guiraud a eu la même destinée que son brillant ami. Lui aussi a connu les succès de la scène, il s'est distingué dans le roman, il a touché à la philosophie. Le recueil de ses poésies offre des beautés vraies. Mais le public, sans méconnaître ses autres titres à la renommée, s'est pris d'une affection particulière pour son premier ouvrage ; lui aussi il a eu sa *Pauvre fille : l'élégie des Petits Savoyards*.

Les *Petits Savoyards* furent une bonne œuvre en beaux vers. L'auteur puisa l'émotion dans la charité. Sa muse compatissante fit aux pauvres enfants de la Savoie l'aumône d'une poésie qu'ils avaient inspirée. Il semble que Dieu ait béni le pieux motif de l'écrivain en le récompensant par le don du talent et la fortune du succès. Cette récompense ne fut pour M. Guiraud ni la seule, ni la meilleure : tandis qu'on l'admirait dans les salons les plus brillants de Paris, on priait pour lui dans les cabanes de la Savoie ; il lui fut moins doux de voir couler nos larmes, que de songer à celles qu'il épargnait aux enfants, ou qu'il tarissait dans les yeux des mères.

Trois courtes pièces de vers : *le Départ*, *Paris*, *le Retour*, forment, si le mot n'est pas trop ambitieux, une trilogie touchante. C'est tout un petit drame dont la scène est d'abord dans les montagnes.

La mère du petit Savoyard lui dit :

Tant qu'un travail utile à mes bras fut permis,
Heureuse et délassée en te voyant sourire,
Jamais on n'eût osé me dire :
Renonce aux baisers de ton fils!
Mais je suis veuve; on perd sa force avec la joie.
Triste et malade où recourir ici?
Où mendier pour toi? Chez des pauvres aussi?

Et elle se décide à la cruelle séparation. Puis le pauvre enfant est à Paris l'hiver, à la porte d'une maison éclairée par la splendeur des fêtes; la neige tombe, et il souffre, et il songe à sa mère.

Ma mère, tu m'as dit quand j'ai fui ta demeure :
Pars, grandis et prospère, et reviens près de moi.
Hélas! et tout petit faudra-t-il que je meure
Sans avoir rien gagné pour toi!

Sa détresse est au comble; il s'écrie :

J'avais une marmotte, elle est morte de faim.

. . . .

Et faible sur la terre, il reposait sa tête;
Et la neige en tombant le couvrait à demi,
Lorsqu'une douce voix, à travers la tempête,
Vient réveiller l'enfant par le froid endormi.

Qu'il vienne à moi celui qui pleure,
Disait la voix mêlée aux murmures des vents.
L'heure du péril est notre heure;
Les orphelins sont mes enfants.

Recueilli par ces vierges charitables qui sont les mères des orphelins abandonnés, le petit Savoyard retourne dans ses montagnes. Son autre mère guérit en le revoyant, et, bénissant le Dieu qui le lui a rendu, elle s'écrie :

C'est le Christ du foyer que les mères implorent,
Qui sauve nos enfants du froid et de la faim;
Nous gardons nos agneaux, et les loups les dévorent;
Nos fils s'en vont tout seuls, et reviennent enfin.

Pardonnez-moi cette citation, messieurs; mais je n'ai pu résister au plaisir de répéter ces vers, et il m'a semblé que les redire, c'était vous faire entendre encore une fois la voix et l'âme de M. Guiraud.

Quand il mit le pied dans l'empire des lettres, cet empire était troublé. En ce temps l'on attaquait et l'on défendait les unités. Les uns tenaient pour Aristote, et les autres s'armaient au nom de Shakespeare. Je l'avouerai, j'ai peine à ne pas regretter ces années de discussion si vive et si désintéressée, alors qu'on se passionnait pour un système littéraire, pour une forme du beau. Sans doute il y eut des deux parts quelques exagérations, dont sont revenus plus tard ceux qui cédèrent un moment à l'emportement du combat. Mais ce combat fut utile, il raviva le sentiment de l'art par l'ardeur de la controverse; il brisa des liens trop étroits; il fit tomber des préventions réciproques également injustes.

Aujourd'hui on n'oppose plus au talent original ces deux fameuses unités de temps et de lieu au nom des tragiques grecs qui ne les observaient pas toujours, et d'Aristote qui ne les a pas rigoureusement prescrites. D'autre part, je cherche les adversaires les plus véhéments de ce qu'on appelait la littérature académique, et je les aperçois dans l'Académie.

M. Guiraud, par ses amitiés et ses sympathies, appartenait à la nouvelle école. Il publia dans la *Muse française*, sous ce titre, *Nos doctrines*, un manifeste qui fut remarqué. On y sentait ce besoin de nouveauté et cette confiance dans l'avenir littéraire de la France, qui étaient alors au fond de toutes les âmes neuves et vives. Mais je rappellerai que la proclamation du jeune insurgé romantique commençait par un vers de Boileau, et que la charte demandée, c'était *originalité dans les conceptions et vérité dans les mœurs*. Je crois, messieurs, que vous auriez voté à l'unanimité ce bill des droits du poëte, qui contenait en même temps le code de ses devoirs.

Dans la pratique, M. Guiraud fut encore plus mesuré que dans la théorie, et l'on peut s'étonner que le poëte dramatique n'ait pas osé davantage.

Le *Comte Julien* offre, il est vrai, des combinaisons

pleines de hardiesse et d'imprévu ; mais, dans *Virginie*, de nobles inspirations, de beaux vers, une progression habile, ne suffisent peut-être pas pour animer un sujet séduisant par la grandeur, et difficile par la simplicité. C'est dans la première tragédie de M. Guiraud, dans les *Machabées*, qu'il a mis le plus d'originalité véritable; la forme est simple et n'annonce aucune ambition de sembler étrange. Mais en 1822, ce n'était pas une tentative dépourvue de nouveauté, que de composer une tragédie sans amour, de soutenir pendant cinq actes l'intérêt presque sans événements, de mettre sur la scène ce qui est en récit dans *Polyeucte*, de demander tout le pathétique du drame à l'enthousiasme religieux et à l'amour maternel. Ces deux sentiments, presque également sublimes, remplissent les *Machabées*. L'exaltation magnanime de ces sept frères, et de cette mère en eux sept fois martyre, ne laisse pas à l'âme le temps de désirer plus de variété dans les émotions. On arrive ainsi jusqu'au dénoûment qui décida le succès de la tragédie. Il fut assuré, quand on vit une femme infortunée, concentrant sur son dernier fils, le plus jeune et le plus aimé, la passion maternelle de ce cœur épuisé de douleur et d'héroïsme, espérant un moment qu'il sera sauvé, puis, avec des déchirements infinis, l'enfantant pour ainsi dire à la gloire céleste, et après l'avoir disputé à la mort, le livrant à Dieu.

J'assistais, messieurs, à la première représentation

des *Machabées ;* je vois encore la pauvre mère, quand l'enfant de ses entrailles hésite à mourir, hésiter elle-même, et, dans le désordre de son âme, éperdue, s'approcher de l'autel qui attend le sacrifice, et dire :

Mon fils, voici l'autel.

Puis s'en détourner avec horreur, entraîner son enfant, et, lui montrant le ciel, s'écrier :

Mon fils, voilà tes frères!

La mort de Talma éloigna M. Guiraud du théâtre. Il est permis de le regretter. Ses premiers succès en promettaient d'autres, peut-être encore plus grands ; et on est certain qu'il n'aurait jamais eu qu'une salutaire influence sur notre scène, celui qui a écrit ces lignes consciencieuses : « S'il est une vocation utile et solennelle, après celle du sacerdoce religieux, c'est assurément celle du poëte dramatique, qui a le droit de disposer à son gré des émotions d'une grande assemblée choisie. Mais ce droit impose un devoir, qui est de diriger ces émotions vers un noble but. Il y a abus et sacrilége toutes les fois qu'il n'en est pas ainsi. »

Pour M. Guiraud, le roman, plus encore que la tragédie, fut moins un but qu'un moyen de manifester des vues philosophiques, et surtout des convictions religieuses. Peut-être cette honorable tentative pouvait-elle difficilement obtenir un succès complet ; peut-être l'alliance de la fiction romanesque et de l'enseignement philosophique ou religieux présentait-elle des difficultés dont tout son talent n'a pu toujours triompher. C'est ainsi qu'on a reproché à *Césaire* d'être trop passionné pour un livre édifiant, et trop édifiant pour un roman. Mais, quoi qu'on puisse dire, on sera ému des luttes que l'amour et la religion s'y livrent dans des âmes pures et déchirées; et ceux même qui pensent que les meilleures intentions n'autorisent pas à placer les passions dans la cellule ou le confessionnal, sentiront leur rigorisme fléchir un moment quand le jeune prêtre, brisé de remords, et la religieuse couchée sur la cendre où elle va expirer, laisseront échapper de leurs cœurs l'aveu de cette longue douleur que la mort purifie, martyre de l'âme, baptême de feu que peut-être ne rejettera pas le Dieu qui pardonne à ceux qui ont beaucoup aimé, sans doute parce qu'ils ont beaucoup souffert.

Dans *Flavien*, l'auteur de *Césaire* a voulu peindre cette grande transformation par laquelle le genre humain a passé du paganisme au christianisme. N'était-ce pas là un bien vaste sujet pour le cadre que M. Guiraud a choisi? Sans doute, une pensée comme la sienne, toujours tournée vers de graves objets, a pu être tentée d'évoquer tour à tour les voluptés du palais impérial et les horreurs du cirque, les superstitions cruelles de l'idolâtrie expirante et le pur enthousiasme de l'Église au berceau; de mettre aux prises une impératrice et un gladiateur, les splendeurs de Rome et la solitude de la Thébaïde. Ce n'est pas aujourd'hui mon devoir de chercher si la fable imaginée par M. Guiraud offre assez de vraisemblance et de simplicité ; mais je n'hésite point à affirmer que l'ensemble de l'ouvrage prouve chez l'auteur, avec une élévation véritable de l'âme, une inspiration ardente et féconde.

M. Guiraud avait placé en tête de son ouvrage une parole de M. de Chateaubriand. Il y avait un peu d'imprudence à rappeler au lecteur de *Flavien* l'auteur des *Martyrs*, et à provoquer ainsi un redoutable rapprochement. Pour moi, j'en remercierai M. Guiraud, puisque ce rapprochement, qui était d'ailleurs inévitable, me permet de prononcer un grand nom et de saluer une grande gloire. Si l'illustre écrivain n'était pas retenu par le poids de ses ans chargés de renommée, j'aurais osé lui adresser ici l'hommage d'une admiration, qui pour tous est un sentiment public, qui pour moi est un sentiment intime ; vous auriez permis à mon humble et reconnaissante main de déposer sur cette tête vénérée et chère une couronne que la France lui a décernée depuis longtemps, et à laquelle le suffrage unanime du premier corps littéraire du monde eût donné quelque prix ; j'ajouterai aujourd'hui, une couronne que nulle révolution ne fera tomber.

Pourquoi faut-il que je sois forcé de m'arrêter ici ?

Pourquoi faut-il que la liste des remarquables ouvrages que je viens de rappeler, ne soit pas plus longue? Elle aurait dû l'être ; l'âge peu avancé de M. Guiraud, la jeunesse de son âme et de son imagination semblaient nous promettre pour lui une longue carrière. On pouvait croire qu'il était pour longtemps encore en possession de la vie et de toute l'énergie de ses facultés, et cette vie précieuse pour l'Académie eût été douce pour lui. Une sympathie expansive, une âme toujours ouverte, le rendaient sensible aux plaisirs de la société, au charme de la conversation, au mouvement du monde, tandis que la méditation lui faisait aimer la solitude et le recueillement. Des salons de Paris où il était recherché, il passait avec bonheur à sa terre de Villemartin, nom qu'il a consacré par la poésie. Là, au pied de ces belles Pyrénées qui l'ont plus d'une fois inspiré, et où j'errais naguère, plein de son souvenir et méditant son éloge, il aimait à vivre, sage, aimable et poëte heureux, le plus tendre des époux et des pères et le plus adoré. Une mort inattendue l'a frappé dans la force de l'âge et du talent, avant d'avoir accompli tout ce qu'il voulait faire. Mais il n'a pas vécu en vain : il a connu les hautes pensées et les nobles sentiments; il a cherché avec désintéressement l'éternelle vérité. En lutte à quelques égards avec son temps, il n'en a point désespéré. Fidèle au passé, il n'a point méprisé le présent. Il faut croire au présent pour mériter l'avenir.

Moi aussi, souffrez que je le dise, messieurs, j'ai confiance dans le présent que j'ai souvent entendu accuser par ceux-là même qui en sont l'honneur.

Si j'avais à faire l'apologie de mon temps, je la demanderais à cette assemblée où le mouvement de l'esprit humain tout entier est si glorieusement représenté. Quand les sciences physiques et naturelles ont-elles enfanté plus de découvertes et d'applications? Un jour on trouve un monde par le calcul, un autre jour on impose des bornes à l'empire de la douleur. La philosophie, réconciliée avec les plus nobles instincts de notre nature, a fait une alliance magnifique avec l'érudition et l'éloquence. Les arts ne sommeillent pas : ils cherchent et ils ouvrent des voies nouvelles. Il y a moins d'écoles, mais il y a plus de maîtres. L'érudition, qui par une inspiration du génie a retrouvé le sens des hiéroglyphes, perdu depuis quinze siècles, soulève en ce moment le voile qui couvre l'écriture de Ninive et de Babylone. Les lettres, quoi qu'on en dise, les lettres, à travers des écarts qu'il faut déplorer, auront marqué d'une trace brillante le siècle dont nous n'avons encore vu que la moitié. La poésie lyrique a pris un puissant essor. La poésie rêveuse et contemplative s'est élevée vers des régions nouvelles, et a sondé plus profondément les replis du cœur. La chanson a été portée à la hauteur de l'ode patriotique et sociale par un poëte cher à la patrie, et qui, depuis longtemps, s'il eût cédé à vos désirs unanimes, ne *manquerait plus à votre gloire*. Dans la nouvelle, je pourrais signaler des chefs-d'œuvre de vigoureuse et saine originalité ; l'amitié me le conseille, mais votre directeur ne le permettrait pas. Cependant toute une école de critiques, sur les pas de votre illustre secrétaire perpétuel, s'est élevée de la discussion des mots à l'intelligence des monuments littéraires de tous les âges. L'éloquence politique est née en France avec la vie politique. L'histoire, qui ne pouvait guère citer que Bossuet et Voltaire, c'est-à-dire, deux exceptions, a été définitivement fondée par des travaux qui sont dans la mémoire de tous. Enfin, si la poésie dramatique qui fut naguère le champ de bataille des doctrines rivales, semble aujourd'hui languir, c'est peut-être que le drame sérieux qui se joue à la clarté du soleil sur tous les points du monde, fait paraître un peu frivoles les catastrophes imaginaires de la scène, et que les travers de tous exposés au grand jour par un Aristophane aux mille noms, la liberté de la presse font, il faut l'avouer, une formidable concurrence à la comédie.

Soyons fiers d'appartenir à un âge du monde qui ne sera point obscur. Applaudissons-nous de ce qu'après avoir acheté l'affranchissement par les convulsions politiques, et la gloire militaire par le despotisme, la France en soit venue à proclamer, comme le faisait naguère à la face de l'Europe une parole magnifique, qui est une de vos gloires, à proclamer la liberté fondée sur l'égalité des hommes, et la paix fondée sur la fraternité des peuples.

Messieurs, je terminerai en vous adressant ces paroles, écrites il y a six mois, et auxquelles je n'ai rien à ajouter aujourd'hui. Voués au culte des grandeurs littéraires de la patrie, que pouvons-nous désirer, si ce n'est que la liberté se fortifie et que la paix soit maintenue jusqu'au jour où il faudrait renoncer à ses bienfaits pour l'honneur de la France ou la cause de l'humanité.

LA

VICOMTESSE DE NOAILLES

L'écrit qu'on va lire[1] n'a pas besoin de préface, il s'annonce et se recommande assez de lui-même. Malgré la bienveillance affectueuse dont m'honorait madame la vicomtesse de Noailles, et les regrets toujours présents que sa mort m'a laissés, je ne me reconnais aucun titre à placer mon nom au-dessous du sien. J'ai

[1] L'écrit dont il s'agit ici est un ouvrage de la vicomtesse de Noailles, intitulé : *Vie de la princesse de Poix*, et publié après la mort de l'auteur à un très-petit nombre d'exemplaires. Les quelques pages écrites en 1855 par M. Ampère, sur l'ouvrage de madame de Noailles, étaient d'abord destinées à figurer en guise de préface en tête d'une réimpression de cet ouvrage. Cette réimpression n'ayant pas eu lieu, le petit travail de M. Ampère est resté inédit, et nous le publions conformément au désir qu'il en a exprimé. (*Note de l'éditeur.*)

besoin d'avertir les lecteurs choisis auxquels ces souvenirs s'adressent, que je n'ai fait qu'obéir aux intentions filiales de madame la duchesse de Mouchy. Elle a bien voulu désirer qu'un hommage de plus vînt s'ajouter à ceux qui ont déjà été adressés à cette mémoire qu'elle entoure d'un culte si tendre et si constamment désolé. J'ai dû me rendre à ce désir dont j'étais flatté, et touché tout ensemble, avec un respectueux empressement.

Une notice fort remarquable a été consacrée à madame de Noailles par une personne de sa famille[1]. Je n'avais pas à refaire ce qui avait été si bien fait. Mais, puisqu'on me l'a permis, je suis heureux d'avoir à dire quelques mots de l'ouvrage où madame de Noailles a laissé à ses amis comme un vivant souvenir d'elle-même.

Ce charmant volume est consacré à peindre un des types les plus aimables, les plus respectables et les plus attachants de l'ancienne société française, madame la princesse de Poix et le cercle d'élite qui l'entourait : on y trouve à la fois un portrait de famille et un tableau animé dans lequel une foule de personnages distingués par l'esprit, l'âme, les manières se dessinent avec beaucoup de relief, dans le cadre d'un salon, sur un fond lumineux et orageux tour à tour. Le fond du tableau, c'est la fin du dix-huitième siècle, la

[1] Madame Standish, née Noailles

révolution et ce qui l'a suivie presque jusqu'à nos jours.

Ceux qui, comme moi, n'ont pas eu le bonheur d'approcher de la princesse de Poix croiront l'avoir vue dans ce salon privilégié, où la retenait sa cécité, sur ce fauteuil d'où elle ne pouvait se lever, mais qu'on ambitionnait d'entourer, avec son infatigable activité de cœur et d'imagination, sa parole vive comme sa bonté, son intérêt constamment jeune pour toutes choses, son caractère qui commanda toujours le respect, son esprit qui inspira toujours de l'attrait.

Madame la vicomtesse de Noailles remonte, par les souvenirs de sa grand'mère, bien au delà des siens. On aperçoit, dans le lointain, un grand oncle qui avait été page de Louis XIV, « et en conservait l'immense souvenir d'avoir brûlé la perruque du grand roi avec un flambeau. »

La société du dix-huitième siècle apparaît ici sous un jour quelquefois nouveau, parce qu'il est toujours vrai. Dans ce siècle, où l'on est porté à ne voir qu'égoïsme et sécheresse, madame de Noailles nous montre une habitude d'exaltation sincère, de généreux enthousiasme qui s'égarait parfois dans ses objets, mais que, peut-être, nous avons trop perdue ; et la véhémence des discussions tempérée et rendue possible par l'extrême urbanité.

On remarquera dans ces souvenirs une grande finesse d'observation unie à une fermeté de jugement dont s'étonneront ceux-là seulement qui ont superficiellement connu madame de Noailles, et à travers la délicatesse habituelle de son langage, quelquefois une rare vigueur de style. On croit être en présence de l'esprit juste et du langage sain du dix-septième siècle. C'est que madame de Noailles était nourrie de la meilleure littérature de ce grand siècle, avec lequel la nature de ses sentiments, le tour et la qualité de son esprit la mettaient dans une parfaite harmonie. Si une partie de sa famille avait tenu par les côtés les plus honorables au mouvement d'idées du dix-huitième siècle, elle, par ses sympathies et ses admirations, en était restée au siècle de Louis XIV.

L'aimable personne qui a si bien apprécié et si bien rendu le charme de la société française au moment qui précéda la révolution, n'en méconnaît pas l'aveuglement, et tout en rendant justice à l'inexpérience généreuse d'un temps où l'erreur même était ennoblie par la beauté des sentiments, elle résume les illusions de ce temps par ces mots : « On tombait dans un puits en regardant les astres. »

Ce puits était un abîme où l'on descend en sortant du salon de la princesse de Poix ou plutôt sans en sortir. Car dans l'intérêt de sa famille, la princesse eut le courage de rester en France et le bonheur d'échapper aux bourreaux ; et voilà que cet esprit français, qui se produisait hier au sein d'une société prospère et brillante, aujourd'hui résiste aux calamités les plus terribles. Sous l'empire, la société se divise et la famille de la vicomtesse de Noailles offre un exemple de cette division, car tandis que le vicomte de Noailles, son mari, entrait au service et allait mourir en Russie, son grand-père s'exprimait avec une grande liberté sur le héros du jour. Madame la vicomtesse de Noailles est assez favorable au commencement de l'empire, mais après cette terrible campagne de Russie qui l'avait rendue veuve ainsi que bien d'autres, on sent que le poids des dernières années est lourd. Cette lassitude était celle de toute la France.

C'est à partir de 1814 que les souvenirs de madame de Noailles commencent à être tout à fait personnels.

Quand vient la restauration, le salon de la princesse de Poix, où s'est conservée une vive image de l'ancienne France pendant les jours affreux de la terreur et à travers les calamités de la fin de l'empire, s'anime des intérêts nouveaux que font naître alors les luttes politiques. Au milieu de cette époque, reparaissent les vieux amis de la princesse de Poix : l'abbé de Montesquiou, M. de Lally-Tolendal, les deux Damas, parmi des personnages survenus depuis, comme le comte Pozzo di Borgo. Ni la princesse de Poix, ni sa petite fille n'étaient indifférentes aux agitations de la vie publique et aux débats de la tribune. La première se souvenait des beaux rêves de la société française la veille de 89 ; la seconde à côté d'un dévouement religieux à ses princes, garda toujours cette disposition un peu frondeuse qui, chez une grande dame de la cour, était la seule forme possible, la seule manifestation convenable de l'indépendance du caractère et de l'instinct de la liberté.

Une raillerie fine et mesurée, une malice spirituelle et sans aigreur percent dans les portraits qui ne sont pas un des moindres ornements de ces souvenirs.

Madame de Noailles, heureusement douée pour les arts, avait un talent naturel pour saisir la ressemblance des gens avec un crayon fidèle. Elle faisait de même la plume à la main. Cette plume dessinait la figure des personnages sans la travestir, mais sans négliger de mettre en saillie le trait irrégulier.

Je ne sais pas si, depuis madame de Sévigné, on a aussi bien raconté les petites scènes du monde et de la cour. La visite que faisait tous les ans le roi Louis XVIII à la princesse de Poix devant son château du Val, dans une allée de la forêt de Saint-Germain, est décrite de manière à ne pouvoir s'oublier. Un tel récit suffit pour transporter dans un monde et dans un temps qu'on ne connaît plus guère. Les souvenirs de madame de Noailles offrent une suite de tableaux de ce genre qui dans un cadre resserré renferme la physionomie d'une société tout entière.

Si madame de Noailles avait gardé sa verve un peu ironique même à la cour du roi Louis XVIII et de Charles X, il n'y a pas à s'étonner beaucoup qu'elle lui donne une plus libre carrière après la révolution de 1830 qui choquait ses sentiments de fidélité et ses convictions légitimistes. Il n'est pas surprenant, par exemple, qu'elle n'ait pas été parfaitement juste pour le général Lafayette et pour quelques autres. Les souvenirs, on l'oublie trop, perdraient la plus grande partie de leur intérêt si l'on n'y trouvait les sentiments, les passions et quelquefois même les préjugés de leur auteur. On est trop heureux quand on y trouve aussi, comme dans ceux dont je viens de parler, une âme sincère, un cœur généreux et un charmant esprit. Tout en peignant le salon de sa grand'mère, et tant d'hommes remarquables qui s'y réunissaient, la vicomtesse de Noailles a tracé d'elle-même sans y penser le portrait le plus ressemblant. Elle est tout entière dans ces pages, avec son esprit rapide et droit, mêlé de verve et de bon sens, qui en se jouant animait et éclairait tout, avec son caractère plein de vraie noblesse et de bonté vraie, avec son cœur excellent que ses amis connaissaient si bien et dont on entendait l'accent entre deux saillies. Enfin, comme elle l'a dit de la princesse de Poix, « ce qui dominait et illuminait pour ainsi dire tous ses agréments, c'était une nature élevée et généreuse qu'on sentait à tout moment à travers sa gaieté même. »

ADRIEN DE JUSSIEU

EXTRAIT DU JOURNAL DES DÉBATS DU 2 JUILLET 1853

La botanique vient de perdre un nom qui l'illustrait depuis 150 ans ; avec le cinquième des Jussieu vient de s'éteindre cette dynastie de la science qui datait du règne de Louis XIV, dans laquelle figurent Bernard de Jussieu qui posa les principes de la *méthode naturelle*, et Antoine-Laurent de Jussieu qui l'a établie sur des bases impérissables. Adrien de Jussieu, leur digne héritier, a trouvé moyen d'ajouter à la gloire d'un tel nom. Il ne siérait pas à celui qui écrit ces lignes de s'étendre sur des travaux auxquels les maîtres de la science ont déjà rendu, devant la tombe de leur collègue, un hommage qui sera développé avec une haute autorité dans l'enceinte de l'Institut. Je dirai seulement qu'en Italie, en Angleterre, en Allemagne, j'ai entendu les botanistes de ces différents pays exprimer leur admiration pour les écrits d'Adrien de Jussieu. M. Asa Gray, botaniste éminent des États-Unis, qui revenait de France quand je le vis, en avait rapporté de préférence le portrait du savant, dont la perte sera sentie à Boston comme à Paris. De tels suffrages valent mieux que mes paroles; mais peut-être appartient-il à un ami d'enfance qui tient aux Jussieu par la parenté et plus encore par un tendre attachement, d'ajouter à ces justes éloges quelques mots sur l'homme excellent qui n'est plus ici-bas. Adrien, qu'on me permette de lui donner ce nom familier qui me rappelle, en me navrant, une intimité si longue et si douce, Adrien était aussi supérieur par l'âme que par l'intelligence. La droiture, l'équité, la sincérité faisaient le fond de son caractère. Aux manières les plus faciles, il joignait une inflexible fermeté de conscience, comme à une bonhomie aimable il unissait une finesse pleine de douceur. Ce botaniste du premier ordre eût pu se distinguer dans les lettres qu'il aima toujours, auxquelles l'avaient formé de brillantes études, comme on s'en apercevait à l'élégante lucidité de son style lorsqu'il écrivait, et de sa parole dans la chaire; il plaisait dans le monde, quand parfois il s'y montrait, par le tour délicat de son esprit; bien organisé pour les arts, il sentait vivement et poétiquement la nature ; c'était un grand charme de voyager avec lui. Il renonça aux lettres, au monde, aux voyages, pour vivre dans la retraite du Jardin des Plantes avec sa mère, ses sœurs, ses filles et quelques vieux amis qu'il ne chercha pas à renouveler. C'est que c'était une famille d'un autre temps, alliant la simplicité des mœurs et des vertus antiques aux plus rares qualités du cœur et de l'esprit. La perte d'une épouse qu'il avait aimée presque depuis l'enfance, que nulle autre femme n'a remplacée dans son cœur, et qui méritait la fidélité de toute une vie, cette perte prématurée fit un grand vide dans son paisible bonheur. Avec le temps il trouva des soulagements à un deuil toujours présent dans ses filles, dignes de leur mère, et dans un gendre digne d'être son fils. Mais sa santé s'altéra peu à peu. Un mal qui ne semblait pas redoutable d'abord alla s'aggravant toujours et finit par devenir mortel. Il y a trois semaines environ qu'il s'alita pour ne plus se relever. L'épuisement produit par de longues souffrances l'avait jeté dans un affaissement d'où il ne sortait que pour adresser des mots affectueux à ceux qui l'entouraient. Son neveu, M. Gueneau de Mussy, et le savant M. Chomel le soignèrent avec une habileté et un dévouement, hélas ! inutiles. Peu de jours avant sa mort, comme M. Chomel lui disait : « La tête est un peu fatiguée, mais le cœur est toujours là pour les parents et les amis. — Oui, répondit le malade, et pour le docteur. »

Ce cœur si bon a cessé de battre. Adrien de Jussieu a expiré sans douleurs, sa mort a eu le calme de sa vie. L'amertume est pour ceux qui restent, surtout pour sa mère, qui avait concentré dans ce fils ses plus vives tendresses, pour sa famille, pour ses amis, pour ses élèves, dont le respect était plein d'affection. Adrien de Jussieu laisse un nom honoré dans la science, la plus pure des mémoires, de nobles exemples et d'inconsolables regrets.

FRÉDÉRIC OZANAM

EXTRAIT DU JOURNAL DES DÉBATS DU 12 OCTOBRE 1853

Il y a quatre mois à peine, la Faculté des sciences perdait un maître éminent dans la personne d'Adrien de Jussieu; aujourd'hui c'est la Faculté des lettres qui est frappée à son tour. Le plus jeune de ses professeurs, un professeur éloquent et savant tout ensemble, cher à la jeunesse, aimé de ses confrères, honoré de tous, Ozanam vient de mourir, au moment où il atteignait sa quarantième année.

Celui qui, il y a si peu de temps, rendait dans ce journal un pieux hommage à un ami de toute sa vie, est appelé aujourd'hui à remplir le même devoir envers un ami d'un autre âge. Celui-ci devait me survivre, et je comptais sur lui pour adresser un jour d'affectueuses paroles à ma mémoire.

Petit-neveu du mathématicien Ozanam, qui fut membre de l'Académie des sciences, et dont Fontenelle a écrit l'éloge, Frédéric Ozanam naquit le 23 avril 1813, à Milan, alors que cette ville faisait encore partie de la France, comme il avait soin de l'expliquer avec beaucoup d'empressement aux autorités autrichiennes quand il voyageait en Italie. Son père était un homme d'une remarquable fermeté de caractère ; il eut à quarante ans le courage d'aller se faire médecin en Italie et le mérite d'y devenir un médecin distingué. L'entrée des Autrichiens à Milan le ramena en France ; il revint à Lyon, patrie de sa femme, et y ramena les trois enfants qu'il avait alors : son fils aîné, aujourd'hui prêtre, son second fils Frédéric, et une fille qui mourut à l'âge de dix-neuf ans après avoir donné à celui-ci sa première éducation. La mère d'Ozanam avait le goût des lettres et des choses de l'esprit. Elle était très-pieuse et très-charitable. Son mari, qui partageait ses sentiments, craignant pour elle les fatigues des visites fréquentes qu'elle faisait aux pauvres, les lui interdisait parfois ; mais il arrivait alors que les deux époux se rencontraient à quelque cinquième étage, et se surprenaient ainsi, à leur confusion réciproque, en flagrant délit de charité.

Ces détails sur les parents d'Ozanam ne sont pas inutiles, car ils sont déjà un commentaire de sa vie, que remplirent toujours les traditions de la piété maternelle et l'occupation constante de la charité. Son père, qui était bon latiniste, l'initia aux études classiques ; il les poursuivit et les termina au collége de Lyon, où il remporta un grand nombre de prix ; mais ce qui dans ce séjour au collége fut vraiment décisif pour son avenir, ce fut d'y faire sa philosophie sous M. l'abbé Noirot. Tous ceux qui ont étudié sous M. l'abbé Noirot s'accordent à reconnaître dans ce maître chéri un don particulier pour diriger et développer chacun dans sa vocation. M. Noirot procédait avec les jeunes gens par la méthode socratique. Lorsqu'il voyait arriver dans sa classe de philosophie un rhétoricien bouffi de ses succès, et aussi plein de son importance que pouvait l'être Eutydème ou Gorgias, le Socrate chrétien commençait par amener, lui aussi, son jeune rhéteur à convenir qu'il ne savait rien ; puis, quand il l'avait pour son bien écrasé sous sa faiblesse, il le relevait en cherchant avec lui et en lui montrant ce qu'il pouvait faire. L'influence que ce maître habile exerça sur le jeune Ozanam décida de toute la direction de ses pensées. Délivré par l'abbé Noirot des angoisses du doute qui avaient traversé son âme, il fut dès lors un ferme croyant, unissant à la foi la plus sincère et la plus éclairée l'amour de la science et du beau.

Au sortir du collége, il entra dans une étude. On le destinait au notariat. Il passa deux années au milieu d'occupations qui étaient peu de son goût. Il se consolait des ennuis de cette condition en rêvant à sa façon son avenir de notaire. Il y voyait le moyen de mener à fin un poëme épique en vers latins sur *la Prise de Jérusalem par Titus*, dont, en grossoyant des actes, il disposait l'ensemble avec une grande satisfaction. Mais il trouvait pour ses heures de loisir des occupations plus utiles que *la Prise de Jérusalem*. Tout en étudiant le droit, il apprenait l'anglais, l'allemand, commençait l'hébreu et lisait énormément.

Aussi, à peine âgé de dix-sept ans, il fut en état de publier une brochure contre *le saint-simonisme*, écrit où l'on sent la jeunesse de l'auteur, mais qui néanmoins mérite d'être cité à cause du sentiment sincère et courageux qui poussait un jeune homme inconnu à entrer en lice contre une secte qui renfermait des hommes de talent, et dont les prédications avaient eu un certain succès. Cet écrit est encore remarquable en ce qu'on y trouve déjà en germe la plupart des qualités qui se sont depuis développées chez Ozanam : un goût vif, bien que novice encore, pour l'érudition puisée aux sources les plus variées, de la chaleur, de l'élan, et, avec une conviction très-arrêtée sur les choses, une grande modération envers les personnes. J'aime à y signaler cette libéralité de vues qui lui faisait reconnaître des sympathies même hors du camp dans lequel il combattait, et honorer généreusement, par exemple, dans ce livre, catholique s'il en fut, les luttes que la philosophie spiritualiste soutenait contre le matérialisme.

Envoyé par sa famille à Paris pour y faire son droit, Ozanam eut un bonheur qu'il apprécia toujours, et dont il aimait à remercier la Providence : ce fut de passer deux années sous le toit de mon père. Dès lors, c'est-à-dire depuis 1831, ont commencé entre nous des rapports fraternels ; j'ai toujours accompagné de l'intérêt le plus tendre ce jeune ami, ce jeune frère, dont je conseillais de mon mieux et tâchais de modérer l'impétuosité studieuse, qui m'attachait par la chaleur juvénile de son âme, et, je le dirai comme je le sens, m'inspirait du respect par ses vertus.

Pendant qu'Ozanam faisait son droit à Paris, il se plongeait dans une foule d'études diverses, parmi lesquelles figura même le sanscrit ; il voyait chez mon père des hommes dont la conversation ne ressemblait guère à celle qu'il entendait dans son étude de notaire à Lyon. Il s'attacha beaucoup au philosophe chrétien Ballanche.

Ozanam vit alors M. de Chateaubriand dont l'accueil l'enchanta, il se lia avec M. de Montalembert, il connut l'abbé Lacordaire et assistait, ainsi que moi, à ce premier sermon à la suite duquel il fut décidé unanimement et, ce qui est plus singulier, avec assez de vraisemblance, que M. Lacordaire ne serait jamais un grand orateur.

Les conférences de Notre-Dame ont démenti d'une

manière éclatante le pronostic. Ce fut Ozanam qui, avec deux de ses amis, comme lui âgés de vingt ans, alla demander à M. de Quélen d'instituer des conférences spécialement destinées aux jeunes gens.

M. de Lamennais se trouvait là. « Voilà celui qu'il vous faut, » dit l'archevêque. M. de Lamennais, qui revenait de Rome, s'excusa et ajouta : « Ma mission est finie. » Les trois étudiants demandèrent l'abbé Lacordaire, on ne le leur octroya pas d'abord; mais un peu plus tard il fut appelé à fonder cette prédication d'un genre nouveau qui a eu tant de puissance et d'éclat ; on la doit à la demande adressée à M. de Quélen par Ozanam et ses deux amis.

Ozanam prit part à une autre fondation bien respectable; il était l'un des sept jeunes gens qui dans une chambre d'étudiant conçurent la pensée de la *Société de Saint-Vincent de Paul*. Chacun de ceux qui appartiennent à cette Société, composée principalement de jeunes gens, se charge d'un certain nombre de familles pauvres qu'il va visiter, consoler et secourir. La *Société de Saint-Vincent de Paul*, qui a eu de si humbles commencements, est maintenant répandue dans les quatre parties du monde.

Il me semble que tout cela fait connaître l'homme et peut expliquer l'écrivain et le professeur auxquels j'ai hâte d'arriver.

Ce sont les travaux d'Ozanam sur Dante qui devaient annoncer avec éclat sa véritable entrée dans la carrière des lettres. La pensée lui en était venue peut-être lors d'un premier voyage qu'il avait fait en Italie avec sa famille. C'est *le pèlerinage longtemps rêvé* dont il parle dans l'introduction à son ouvrage sur Dante. Après avoir vu l'Italie, l'étude du droit lui semblait un peu triste. Il n'en passa pas moins avec succès ses thèses de licencié et de docteur en droit, puis ses thèses latine et française pour le doctorat ès lettres. Les deux dernières se rapportaient à la *Divine Comédie*. J'eus à m'applaudir de lui avoir conseillé le choix de ce sujet ; car la thèse française, qu'il avait dédiée à M. l'abbé Noirot, son maître, et à moi, a été le germe de son ouvrage intitulé *Dante ou la Philosophie catholique au treizième siècle* qui a eu deux éditions, a été traduit en anglais, en allemand, et quatre fois en italien.

Dans ce livre, rempli d'une érudition qu'animent toujours l'enthousiasme religieux et l'enthousiasme poétique, Ozanam a montré aux lecteurs français, encore trop disposés, malgré le bel enseignement de M. Fauriel, à voir seulement dans l'auteur de la *Divine Comédie* le chantre d'Ugolin et de Françoise de Rimini, que Dante était surtout l'encyclopédique représentant du moyen âge, le théologien, le philosophe, le poëte de la scolastique, exprimant dans un admirable langage les dogmes catholiques et les compositions profondes et subtiles de saint Thomas et de saint Bonaventure, dont Ozanam expose à ce sujet les doctrines métaphysiques avec une vigueur et une netteté singulières. Il a saisi un très-grand côté de l'œuvre de Dante, car la théologie est la partie essentielle de cette œuvre. L'ouvrage d'Ozanam est le véritable piédestal de cette figure extraordinaire, qui, grâce à lui, n'apparaît plus comme un fantôme bizarre au milieu des ténèbres, mais, ainsi que lui-même nous la montre, d'après Raphaël, tour à tour sur le Parnasse et dans un concile, parmi les muses et parmi les docteurs.

Les travaux d'Ozanam commençaient à attirer sur lui un juste intérêt. Tandis que M. Cousin lui offrait une chaire de philosophie à Orléans, le conseil municipal de Lyon créait pour lui l'enseignement du droit commercial. Ozanam se décida pour cet enseignement plus aride, mais qui le ramenait près de sa mère devenue veuve et dans une ville qui était sa vraie patrie. Il avait ouvert son cours de droit commercial avec un véritable succès, quand fut publié le programme d'examens nouvellement institués par M. Cousin pour un concours qui donnait le titre d'agrégé près les Facultés. Ce concours était d'un ordre beaucoup plus élevé que les concours ordinaires pour l'agrégation. Les candidats qui se présentaient pour cette lutte supérieure appartenaient déjà à l'enseignement ; M. Soulacroix, recteur de l'Académie de Lyon, qui dès lors suivait avec beaucoup d'intérêt la carrière de celui qui devait être son gendre, l'engagea à se mesurer avec eux. J'avais l'honneur de siéger parmi les examinateurs, et j'eus la joie de voir Ozanam remporter, de l'unanime aveu de ses juges et de ses émules, un triomphe dont le souvenir m'émeut encore aujourd'hui. Il y eut dans ce tournoi universitaire un moment décisif. M. Egger le disputait à Ozanam, qui cependant semblait devoir l'emporter ; mais rien n'était assuré. Restait la plus périlleuse des épreuves, une leçon à faire sur un sujet indiqué par le sort. Le sort donna à Ozanam *les scoliastes*. Il n'avait que vingt-quatre heures pour se préparer. Comment achever en si peu de temps les recherches que demandait une pareille étude ? Comment donner de l'intérêt et de la vie à une pareille leçon ? Il est vrai qu'avec une chevalerie qui régna dans tout ce concours et qu'il est bon de rappeler, les rivaux d'Ozanam s'empressèrent de lui fournir les indications qu'il était en leur pouvoir de lui offrir. Mais vingt-quatre heures seulement et les scoliastes ! Pour ma part, le lendemain j'étais tremblant, quand Ozanam vint s'asseoir devant nous, maître de son sujet, semant les aperçus ingénieux, et fit sur les scoliastes une savante et charmante leçon. Les auditeurs et les concurrents applaudirent, les examinateurs se félicitèrent d'un tel concours, des espérances qu'un semblable talent faisait naître, et l'un d'eux fut presque aussi heureux que le vainqueur en se joignant à ses confrères qui, sans hésitation, proclamèrent Ozanam le premier des candidats admis.

Appelé par le choix de M. Fauriel à le suppléer

dans la chaire de littérature étrangère, dont ce maître illustre avait fondé l'enseignement en France, Ozanam hésitait à quitter sa chaire de droit commercial et Lyon, d'autant plus que M. Villemain lui proposait dans cette ville de succéder comme professeur de littérature française à M. Quinet.

Je combattis ses doutes, je lui dis que sa place était à Paris, je lui garantis des succès brillants et utiles : ils l'ont été jusqu'au jour où une puissance qui déjoue tout calcul humain les a fatalement interrompus.

Ozanam avait quelque mérite à suivre mon conseil, car il quittait une situation beaucoup plus avantageuse pour venir être simple suppléant à Paris. Ce qui rendait ce sacrifice encore plus méritoire, c'est qu'il allait se marier. Ce fut vers ce temps qu'après avoir été un peu tenté de se faire dominicain comme le Père Lacordaire, qu'il a toujours aimé beaucoup et dont la parole le ravissait, il épousa mademoiselle Soulacroix. Il est impossible de séparer madame Ozanam de la mémoire de son mari, car elle a exercé l'influence la plus heureuse sur sa destinée, le soutenant dans ses travaux, calmant les agitations d'une âme inquiète, pouvant l'apprécier et l'inspirer ; puis, quand vinrent les longues souffrances, y mêlant toutes les consolations de l'amour le plus tendre, accru encore, s'il est possible, par une entière communauté de foi et d'espérances.

Malgré la modicité de sa fortune, le jeune couple

débuta, un peu à l'étourdie, par un voyage de Sicile, en sacrifiant quelques meubles; voyage assez pénible, surtout pour une jeune femme, qu'ils firent seuls, sans beaucoup d'expérience des choses de la vie, au milieu de mésaventures de tout genre et d'un perpétuel enchantement.

Ozanam suppléa pendant quatre ans M. Fauriel avec un succès toujours croissant; au bout de ce temps, la Faculté ayant fait dans celui-ci une des plus grandes pertes qu'elle pût essuyer, Ozanam, bien qu'il n'eût que trente-deux ans, fut présenté à l'unanimité par elle pour la place de professeur de littérature étrangère, et nommé par M. Villemain.

Jamais choix ne fut mieux justifié; ceux qui n'ont pas entendu professer Ozanam ne connaissent pas ce qu'il y avait de plus personnel dans son talent. Préparations laborieuses, recherches opiniâtres dans les textes, science accumulée avec de grands efforts, et puis improvisation brillante, parole entraînante et colorée, tel était l'enseignement d'Ozanam. Il est rare de réunir au même degré les deux mérites du professeur, le fond et la forme, le savoir et l'éloquence. Il préparait ses leçons comme un bénédictin, et les prononçait comme un orateur; double travail dans lequel s'est usée une constitution ardente et frêle, et qui a fini par la briser.

Mais aussi quelles leçons! Quand Ozanam paraissait dans sa chaire avec sa figure pâle, sa voix vibrante, tout rempli d'un sujet profondément étudié; quand, s'échauffant peu à peu, sous l'empire de quelque sentiment généreux de religion ou d'humanité qu'il savait faire jaillir des matières les plus arides, tout ému, tout palpitant, il mêlait l'enthousiasme à la science, passionnait l'érudition, élevait par moment la chaire du professeur au niveau de la tribune oratoire ou de la chaire chrétienne, il passait sur son auditoire de ces frémissements qui sont le témoignage de l'éloquence le plus incontestable, parce qu'il est le plus involontaire.

Puisque je raconte l'homme tout entier, je ne dois pas oublier non plus sa coopération à la fondation du *Cercle catholique* et surtout à l'*Œuvre de la Propagation de la foi*.

Le cercle catholique fut fondé pour fournir un centre de réunion et un délassement honnête aux jeunes gens que leurs études amenaient à Paris. On y formait une bibliothèque, on y faisait des cours. Le discours qu'Ozanam y prononça en 1843, sous la présidence de l'archevêque de Paris, fut un fait assez important. L'objet de ce discours c'était de recommander la modération dans la polémique chrétienne; j'espère ne blesser personne en citant les paroles conciliantes prononcées ce jour-là par un catholique non suspect et approuvées par un archevêque.

Après avoir invité à la tolérance envers ceux qui doutent, par l'exemple de saint Basile « entretenant une touchante correspondance avec le sophiste Libanius, entourant de toute la piété filiale d'un disciple son vieux maître païen dont il ne désespéra jamais, » l'orateur, fidèle à l'esprit de saint Basile, ajoutait : « Beaucoup ressentent amèrement la douleur de ne pas croire ; on leur doit une compassion qui n'exclut point l'estime. Il serait habile quand il ne serait pas juste de ne les point rejeter dans la foule décroissante des impies et de distinguer entre les étrangers et les ennemis. »

Dès les premières années de sa jeunesse, Ozanam avait pris part à l'*Œuvre de la Propagation de la foi*, destinée à aider, par des souscriptions privées, les missionnaires catholiques dans les pays étrangers, et qui publie un recueil périodique formant comme une suite aux *Lettres édifiantes*. C'est à Lyon qu'Ozanam avait commencé à faire partie du conseil de l'association, dans cette ville où elle avait été fondée naguère par un petit nombre de personnes, parmi lesquelles je ne puis me refuser le plaisir de citer M. Périsse aîné, cet homme vertueux dont je m'honore d'être le parent. Le succès de cette entreprise chrétienne montre ce que peut faire de considérable la réunion d'un grand nombre de petits efforts animés d'un même esprit. Les membres de l'association donnent un sou par semaine. Les premières collectes furent faites en 1820 parmi les ouvrières de Lyon. Le budget annuel de la Société était en 1852 de 5 millions.

Ozanam ne fit jamais plus pour cette tâche évangélique que dans l'année où, au milieu de ses préparations laborieuses pour ce concours duquel dépendait tout son avenir, tandis qu'il écrivait son livre sur Dante et faisait son cours de droit commercial, il trouvait du temps pour prendre une part active à l'œuvre des missions et pour aller encore le soir apprendre à lire à des soldats.

Je ne puis m'empêcher de dire ces choses ; il faut qu'on sache ce que sa modestie cachait à ses meilleurs amis, qu'il y avait là deux vies : celle du savant, de l'écrivain, du professeur, et celle du saint. Cette seconde existence, qui fécondait la première en nourrissant les sentiments élevés que des livres et des cours révélaient ensuite, cette seconde existence ne m'était connue à moi-même qu'imparfaitement ; en aimant et en honorant beaucoup Ozanam, je ne savais pas à quel point je devais l'admirer.

Et comment ne pas parler encore de ce zèle sans relâche pour conseiller, diriger, encourager les jeunes gens? Combien d'entre eux, s'ils me lisent, rendent en ce moment témoignage à mes paroles ! Combien, en repassant au fond de leur âme les jours où ils l'ont connu, se rappellent avec des larmes de reconnaissance et de douleur tout le bien qu'il leur a fait !

Au milieu des nombreux travaux d'Ozanam et parmi les succès qui les accompagnaient, des peines cruelles vinrent mettre à une rude épreuve cette âme aussi tendre qu'ardente. Il perdit un jeune beau-frère, et M. Soulacroix ne survécut pas longtemps à ce fils. Le deuil entra ainsi, comme presque toujours, dans le bonheur. Mais un enfant longtemps espéré était venu ajouter encore à ce bonheur domestique si pur et le compléter. En ce moment la position d'Ozanam était assurée, sa renommée grandissait en Italie et en Allemagne, les sympathies d'un public toujours plus nombreux l'entouraient ; il voyait devant lui un vaste avenir d'études et d'ouvrages, il avait toutes les distinctions littéraires en perspective. Mais alors sa santé commença à s'altérer et à préoccuper ses amis.

Il alla en Italie demander son rétablissement à ce pays qui lui était si cher et qui l'avait déjà si bien inspiré. Cette fois il en rapporta, avec un peu de force, le résultat de recherches entreprises dans les bibliothèques d'Italie sur l'histoire littéraire du moyen âge. Il avait eu la joie de découvrir un certain nombre de morceaux inédits ; plusieurs étaient d'un véritable intérêt. Il accompagna cette publication d'une préface où, comme toujours chez lui, l'art orne l'érudition sans l'effacer.

Tout en s'enfonçant dans la poudre des bibliothèques pour en exhumer quelques lambeaux curieux de la poésie du moyen âge, le jeune catholique progressif avait senti battre son cœur à l'espoir de l'Italie moderne se régénérant par le catholicisme : un Pape qui proclamait la liberté, cette épreuve était trop forte pour que l'âme enthousiaste d'Ozanam pût lui résister. Qui oserait lui reprocher aujourd'hui d'avoir cru à l'alliance de la religion et de la liberté, et d'avoir salué cette alliance avec transport ?

Comment, à Rome, ne pas partager ce premier enivrement du peuple romain pour son généreux souverain, et ces apparences d'union, de concorde, hélas ! sitôt dissipées, mais alors si décevantes? Ozanam a raconté la bénédiction du Pape donnée aux flambeaux, le jour où il avait promis l'édit qui instituait la *Consulte d'État*. En lisant ce récit, ou plutôt en contemplant ce tableau, après tout ce qui s'est passé, il est impossible de n'être pas atteint soi-même par l'émotion que ressent le témoin de cette grande scène, et d'être sévère pour l'illusion qui lui fait dire : « Pour moi, je restai quelque temps encore au pied de l'obélisque qui domine la place, profondément ému par cette pensée, que je venais de voir la fin du déchirement profond dont souffre depuis soixante ans la société européenne. » Là est l'illusion [1], non, j'espère, dans ce qu'il ajoute : « Depuis soixante ans, la société veut, cherche la liberté ; elle ne saurait s'en passer à aucun prix. Elle ne peut pas se passer non plus du christianisme. Cependant on lui a fait croire que ces deux grands biens sont incompatibles, qu'il faut choi-

[1] Ozanam ne s'aveuglait pas sur les dangers, comme le prouve le titre même d'un de ses écrits : *Les dangers de Rome et ses espérances*.

sir, et elle n'a pu prendre sur elle de renoncer ni à l'un ni à l'autre. »

Toute la politique d'Ozanam est dans ces paroles; elle est dans cette soirée mémorable où Pie IX bénit son peuple encore reconnaissant, sous l'azur toujours étincelant du ciel de Rome; elle est dans cette nuit solennelle qu'illuminèrent tout à coup six mille flambeaux. Cette nuit rayonna toujours dans l'âme d'Ozanam. Mais je reviens de ces beaux élans où tout n'était pas songe, aux réalités de sa vie, à ses travaux, et à ses souffrances.

Ici je rencontre les *Études germaniques*, ouvrage important auquel l'Académie des Inscriptions a décerné deux fois le grand prix Gobert et qui mérite de nous arrêter.

Montrer les barbares disciplinés par la culture romaine, civilisés par le christianisme et l'Église, telle est la pensée de ce livre. Ozanam y a fait entrer des recherches très-laborieuses et des sortes de savoir très-diverses. Il commence par les barbares, et, pour les connaître, il remonte à leur berceau. Il s'enfonce courageusement dans les origines germaniques. Aux sources indigènes il associe toujours les renseignements puisés aux sources latines : pour la civilisation romaine, il consulte les historiens, les rhéteurs, il applique à l'étude de cette civilisation en décadence les lumières que le docteur en droit emprunte à la jurisprudence des Romains. Quant au christianisme, il n'a qu'à se laisser conduire par la prédilection et de ses études et de sa foi. Il résulte de cette association de travaux si différents une triple lumière dont jusqu'à lui personne n'avait éclairé à la fois le grand et obscur sujet qu'il a choisi. Les hommes versés dans les antiquités scandinaves n'approfondissaient point d'ordinaire l'état de la société et de la législation romaines ; les historiens de Rome n'ont point fait une étude sérieuse des antiquités du Nord ; les historiens du christianisme encore moins. Ce n'est pas tout : non-seulement Ozanam a étudié ces trois grands faits, le germanisme, la civilisation romaine et l'Église, mais il s'est passionné tour à tour, bien qu'inégalement, pour chacun d'eux, et ce livre d'érudition est animé et vivifié perpétuellement par ce triple enthousiasme. La majesté sauvage de l'Edda le transporte; il aime les rudes vertus des Germains ; il s'incline devant la grandeur de l'institution romaine, imposante encore dans ses débris ; il se prosterne devant le génie bienfaisant du christianisme et les triomphes de l'Église, dont il est un pieux enfant. Peut-être, dans son premier volume, sent-on parfois un embarras touchant, parce qu'il a pour cause la sincérité de sympathies diverses, pour mettre d'accord tous ces amours.

Mais les contradictions de détail et les légères incertitudes auraient disparu dans l'ensemble dont ce livre était destiné à faire partie et dont je parlerai bientôt ; je les indique pour ôter à ce qui est une appréciation convaincue l'apparence d'un aveugle panégyrique de l'amitié.

Dans le second volume, qui traite de *la Civilisation chrétienne chez les Francs*, il n'y a plus place pour aucune critique de ce genre ; on ne sent plus aucun tiraillement dans les jugements de l'auteur. En racontant les progrès du christianisme, il est entièrement d'accord avec l'histoire et avec un devancier illustre, qui a traité cette partie du sujet d'Ozanam à un point de vue purement historique, M. Mignet.

Sans sortir de la vérité, Ozanam déploie tout le charme de son imagination dans le récit des conquêtes apostoliques des grands serviteurs du catholicisme qui vont à la conquête pacifique des nations barbares. En même temps, parvenu à une époque où l'ancienne Rome est tombée, où le paganisme n'est plus dangereux, il dépose généreusement toute haine en présence d'un ennemi vaincu, et le traite avec une courtoisie qui est encore de la charité ; il se complaît même à faire ressortir le côté littéraire et classique de saint Colomban et de saint Boniface, côté peu connu de l'existence héroïque de ces pieux apôtres, et que n'avaient mis en relief ni les hagiographes ni les philosophes, mais qui donne un charme naïf à leurs austères physionomies en y plaçant comme un sourire, et orne, sans les amoindrir, leurs hautes vertus. Saint Colomban n'en est pas moins le Bridaine intrépide de la cour de Brunehaut, le destructeur des dernières idoles germaniques, le fondateur d'un grand nombre de monastères, parce qu'il a écrit en se jouant une épître en vers adoniques et qu'il prie un ami de ne point mépriser « ces petits vers, ces courtes mesures sous lesquelles Sapho, la grande muse lesbienne, aimait à enchaîner de mélodieux accents, » et parce qu'il dit, se livrant à l'innocent plaisir d'allusions mythologiques dès lors sans danger : « La pluie d'or pénétra dans la tour de Danaé ; pour un collier d'or, Amphiaraüs fut vendu par une perfide épouse. » Saint Boniface, qui évangélisa une partie de l'Allemagne et termina la vie du missionnaire par la mort du martyr, saint Boniface n'était pas plus sévère puisqu'il accueillait avec bonté les vers que du fond d'un cloître lui adressait sa parente sainte Lioba, puisqu'il y répondait par un poëme composé de douze énigmes qu'il accompagnait de ce gracieux envoi : « J'ai voulu envoyer à ma sœur dix pommes d'or cueillies sur l'arbre de vie, où elles pendaient parmi les fleurs. » Le poëme de saint Boniface roulait, il est vrai, sur *les vertus*, mais voici comment parlait *la Justice* : « On dit que le foudroyant Jupiter me donna la naissance et que vierge j'ai quitté à cause de ses crimes la terre profanée. Le jour où je fus méprisée, l'essaim des maux s'abattit sur les peuples, ils foulèrent sans repentir les préceptes du véritable maître du tonnerre, les lois du Christ. Voilà pourquoi ils descendent tristement dans la nuit de l'Érèbe et vont habiter en pleurant le brûlant royaume de Pluton. » On voit que, semblables aux Pères de l'Église, les missionnaires du huitième siècle étaient loin d'une sévérité pour les études classiques dont on devait s'aviser au dix-neuvième, et combien cette sévérité était étrangère à Ozanam lui-même. Celui qui parle quelque part de la *suite des lettres*, utile à étudier comme la suite des empires de Bossuet, ne trouvait pas dans sa rigoureuse orthodoxie d'anathèmes contre les chefs-d'œuvre de l'antiquité. Au contraire, il voyait dans ces chefs-d'œuvre un instrument secondaire de Dieu pour l'éducation du genre humain, dont le christianisme était le complément divin. Un tiers de son second volume est consacré aux *écoles*, et c'est peut-être la partie la plus complète et la plus neuve de ce travail, qui allait se perfectionnant toujours, à mesure que l'auteur s'éloignait lui-même de la jeunesse et s'avançait vers la maturité. Il y a notamment dans l'histoire des écoles un exposé très-curieux de la singulière franc-maçonnerie littéraire de ces grammairiens qui pendant les siècles barbares inventèrent, comme un langage cabalistique pour leur usage secret, onze sortes de latin outre le véritable. Il y est traité spécialement de ce grammairien de Toulouse qui au sixième siècle prit modestement le nom de *Virgilius Maro*, et qui, sous d'autres noms empruntés à l'antiquité, a fait l'histoire de toute une série de maîtres inconnus qu'Ozanam a retrouvés avec des allusions aux événements contemporains qu'il a démêlées avec une rare sagacité. Il a apporté dans la discussion de cet étrange problème d'histoire littéraire une vraie supériorité de critique et une grande nouveauté de résultats.

Comme je l'ai dit, les *Études germaniques* devaient faire partie d'un grand ensemble destiné à combler une lacune dans l'histoire de l'esprit humain, à rattacher l'antiquité et les temps modernes, en montrant que sous l'influence du christianisme la culture antique non-seulement n'avait jamais été interrompue, mais avait reçu un principe nouveau et fécond qui à travers les siècles de la plus grande barbarie s'était propagé jusqu'au treizième siècle, apogée du moyen âge. Ce livre, un par la pensée, et composé de plusieurs ouvrages de forme différente, devait s'appeler : *Histoire de la Civilisation aux temps barbares.*

Nous allons essayer d'indiquer comment les publications et les manuscrits d'Ozanam pourront donner l'idée de ce vaste dessein.

Un premier volume dont les matériaux existent manuscrits ou imprimés contiendra le tableau du paganisme à l'avénement des barbares, de la littérature chrétienne et de l'art chrétien à cette époque et dans les temps qui ont suivi. Il paraîtra prochainement[1].

J'emprunte à l'introduction qui sera placée en tête

[1] Cet ouvrage a paru, il forme le Ier et le IIe volume des *Œuvres complètes* d'Ozanam, publiées chez Lecoffre avec une préface de M. Ampère (*Note de l'éditeur.*)

de ce volume quelques lignes qui font connaître à la fois et le plan qu'Ozanam avait conçu, et le sentiment qui lui avait fait prendre la plume. Après avoir béni Dieu de l'avoir fait chrétien, et avoir rappelé les doutes qui avaient assailli sa jeunesse, et dont un prêtre philosophe l'avait délivré, il ajoute :

« Depuis lors, vingt ans se sont écoulés. A mesure que j'ai plus vécu, la foi m'est devenue plus chère. J'ai mieux éprouvé ce qu'elle pouvait dans les grandes douleurs et dans les périls publics ; j'ai plaint davantage ceux qui ne la connaissaient pas. . . . .

. . . .

« Le bonheur de mon temps m'a permis d'entretenir de grands chrétiens, des hommes illustres par l'alliance de la science et la foi, et d'autres qui, sans avoir la foi, la servaient à leur insu par la droiture et la solidité de leur science. La vie s'avance cependant ; il faut saisir le peu qui reste des rayons de la jeunesse. Il est temps d'écrire et de tenir à Dieu la promesse de mes dix-huit ans. . . . .

. . . .

« Je ne ferme point les yeux sur les orages du temps présent ; je sais que j'y peux périr, et avec moi cette œuvre à laquelle je ne promets pas de durée. J'écris cependant, parce que Dieu, ne m'ayant point donné la force de conduire une charrue, il faut néanmoins que j'obéisse à la loi du travail et que je fasse ma journée. J'écris comme travaillaient ces ouvriers des premiers siècles qui tournaient des vases d'argile ou de verre pour les besoins journaliers de l'Église, et qui d'un dessin grossier y figuraient le bon pasteur ou la Vierge avec des saints. Ces pauvres gens ne songeaient pas à l'avenir. Cependant quelques débris de leurs vases trouvés dans les cimetières sont venus, quinze cents ans après, rendre témoignage et prouver l'antiquité d'un dogme contesté.

« Nous sommes tous des serviteurs inutiles, mais nous servons un maître souverainement économe et qui ne laisse rien perdre, pas plus une goutte de nos sueurs qu'une goutte de ses rosées. Je ne sais quel sort attend ce livre, ni s'il s'achèvera, ni si j'atteindrai la fin de cette page qui fuit sous ma plume ; mais j'en sais assez pour y mettre le reste, quel qu'il soit, de mon ardeur et de mes jours. »

Puis, s'inspirant de Dante et de son cœur :

« Je veux faire aussi le pèlerinage de trois mondes, et m'enfoncer d'abord dans cette période des invasions sombre et sanglante comme l'enfer. J'en sortirai pour visiter les temps qui vont de Charlemagne aux croisades, comme un purgatoire où pénètrent déjà les rayons de l'espérance. Je trouverai mon paradis dans les splendeurs religieuses du treizième siècle. Mais tandis que Virgile abandonne son disciple avant la fin de la course, car il ne lui est pas permis de franchir la porte du ciel, Dante au contraire m'accompagnera jusqu'aux dernières hauteurs du moyen âge, où il a marqué sa place. Trois femmes bénies m'assisteront aussi : la Vierge Marie, ma mère et ma sœur. Mais celle qui est pour moi Béatrix m'a été laissée sur la terre pour me soutenir d'un sourire et d'un regard, pour m'arracher à mes découragements, et me montrer, sous sa plus touchante image, cette puissance de l'amour chrétien dont je vais raconter les œuvres. »

Après cet ouvrage sur le paganisme et la civilisation chrétienne à l'arrivée des barbares, se placent les *Études germaniques* déjà publiées.

Ces deux ouvrages étaient, comme on vient de le voir, le fondement de son œuvre ; il voulait suivre le christianisme, la culture latine et le génie barbare, chez les principaux peuples de l'Europe, à travers l'époque obscure qui va de Charlemagne jusqu'au treizième siècle. Son livre sur Dante devait couronner le tout. On voit qu'il a eu le temps de construire la base de l'édifice et d'en achever le faîte. Pour la partie intermédiaire, le plan existe, dessiné par des indications précises parmi lesquelles se trouvent heureusement un assez grand nombre de morceaux terminés. Ses amis espèrent qu'on pourra plus tard tirer de là une suite de jalons au moyen desquels l'appréciation de ce qu'il a fait sera jusqu'à un certain point complétée par l'appréciation de ce qu'il aurait pu faire.

Il m'avait communiqué en très-grande partie le manuscrit du premier volume, et ceci me rappelle des souvenirs personnels mêlés à des souvenirs douloureux que maintenant ma plume rencontrera trop souvent. De tristes moments s'approchent, et j'ai besoin de tout mon courage pour aller jusqu'au bout.

Ce fut durant l'automne de 1851, sur un banc que je vois encore dans son petit jardin de Sceaux, où il était allé, déjà bien fatigué, chercher quelque repos entre sa femme et son enfant, qu'Ozanam me lut ce tableau du paganisme qu'on connaîtra bientôt. Derniers jours sereins de notre amitié, les derniers où l'inquiétude qu'il fallait lui cacher ne vint pas en empoisonner la douceur. Qu'on me permette de leur donner un regret et de ne pas essuyer cette larme qui tombe sur le papier tandis que j'écris. Je vais reprendre le plus tranquillement que je pourrai le récit de ses derniers travaux et de ses deux dernières années.

Je fis avec lui et madame Ozanam un petit voyage en Angleterre pour voir la grande Exposition ; je m'enthousiasmais plus qu'il ne faisait lui-même en présence de ces merveilles de l'industrie. J'allais partir pour les États-Unis ; mon esprit, trop curieux peut être, s'ouvrait à des admirations nouvelles qu'Ozanam ne partageait plus autant qu'autrefois quand nous nous entendions si bien sur les Niebelungen et sur Dante. Il trouvait que j'admirais trop l'Angleterre, que j'oubliais trop les Irlandais. Lui, meilleur que moi, me laissait retourner seul au Palais de cristal, pour avoir le temps de visiter les caves habitées par les pauvres catholiques d'Irlande ; il en revenait tout ému, et je crois un peu plus pauvre qu'en y descendant.

Dès lors il avait écrit dans le *Correspondant* des articles sur les poëtes franciscains, qui sont devenus un livre charmant qui devait se placer avant Dante dans son grand ouvrage. J'ai dit ailleurs (dans la *Revue des Deux Mondes*) tout le bien que je pense de ce chef-d'œuvre plein de savoir et de grâce. J'insiste sur le mot grâce parce que c'était un des caractères de cette imagination dont l'austérité de la vie et les labeurs de l'érudition n'avaient pas fait tomber la fleur. Ses amis le savent par ses lettres; le public le peut reconnaître en mille endroits de ses plus doctes travaux, et partout dans ses *Poëtes franciscains en Italie au treizième siècle*. On est surpris qu'il soit possible de parler avec autant de charme de ces pauvres moines. Cela aurait bien étonné Voltaire. Il est vraiment incroyable que le même homme ait pu en même temps se livrer aux recherches érudites consignées dans son rapport sur une mission en Italie que lui avait confiée M. de Salvandy, et écrire ce délicieux volume. Dans nos soirées de Sceaux, j'avais été initié au secret de la traduction modeste des *Petites fleurs de saint François* qui accompagne l'ouvrage d'Ozanam, et qui, dit-il, est l'œuvre d'une main plus délicate que la sienne : cette main est celle qui s'est trouvée assez forte pour lui présenter le dernier breuvage, et qui lui a donné la dernière étreinte.

Quand je revins d'Amérique, au printemps de 1852, je trouvai Ozanam bien plus malade que je ne l'avais laissé : il ne pouvait plus songer à reprendre son cours l'hiver suivant, il fallait chercher un climat plus doux. Il alla d'abord aux Eaux-Bonnes, qui ne lui réussirent point. Tout en jouissant beaucoup de ses excursions dans les Pyrénées, car il sentait vivement la nature, il se préoccupait d'autre chose que du cirque de Gavarnie. Il travaillait activement à fonder un hôpital pour les malades pauvres qui ont besoin des eaux. La Société de Saint-Vincent de Paul aurait fourni le prix du voyage, et les malades aisés auraient subvenu à l'entretien. J'énonce ici ce plan charitable dans l'espoir qu'il ne sera pas abandonné ; accomplir cette pensée d'humanité serait l'hommage le plus selon son cœur qu'on pût rendre à sa mémoire.

Ozanam fut envoyé ensuite à Biarritz, où il se trouva mieux, et d'où rien ne put l'empêcher de faire une excursion en Espagne. Il voulut voir Burgos. On a publié ce petit voyage entrepris témérairement, par enthousiasme pour les souvenirs et les monuments de l'Espagne catholique, pour la mémoire du Cid. Voici ce qu'il m'écrivait alors avec une jeunesse d'impressions charmante et si triste, quand on songe combien cette jeunesse était près de sa fin :

« A Burgos, j'avais tout le poëme de l'Espagne héroïque et sacrée. J'ai salué l'arc de Fernan Gonzalès, premier comte de Castille, dont les aventures remplissent tant de ballades ; des chapelets de têtes sculptées sur les murs de la cathédrale m'ont rappelé les têtes coupées des sept infants de Lara ; mais par-dessus tout, et à chaque pas, la grande image du Cid, le lieu de sa maison marqué par une pierre monumentale, le château où il célébra ses noces avec Chimène, la porte de l'église où il obligea le roi Alfonse VI à se purger par serment de la mort de son frère, le coffre, oui, le célèbre coffre qu'il remplit de sable, et sur lequel les juifs du lieu lui prêtèrent 600 écus d'or. Pour moi, toutes ces traditions vivent, tous ces personnages ont chair et sang ; j'ai presque touché de ma main la belle barbe du Campéador, et si je veux réveiller son vieux cheval Babieça, je sais l'endroit où il est enterré. »

Après être demeuré quelque temps à Bayonne, il résolut de passer l'hiver à Pise. Ce voyage, dont on attendait beaucoup, trompa toutes les espérances. L'hiver fut extrêmement pluvieux, il y eut là de tristes moments ! M. le ministre de l'instruction publique, qui a donné dans toutes les circonstances à Ozanam, son ancien condisciple, des marques d'un affectueux intérêt, lui avait ménagé une mission scientifique. Ozanam entendait que cette mission fût sérieuse, et, déjà très-malade, il allait travailler à la bibliothèque de Pise. Il avait rassemblé les matériaux d'un récit qu'il voulait faire de la fondation de la commune de Milan, et qui se rattachait à la dernière partie de sa grande entreprise. Ce travail avait vivement excité l'intérêt d'un bien bon juge, M. Gino Capponi, si profondément versé dans l'histoire de l'Italie.

L'état d'Ozanam empirait visiblement; on pensa qu'un séjour au bord de la mer pourrait lui être salutaire, et on choisit un petit village tout près de Livourne. En effet, à peine arrivé dans ce lieu, le malade éprouva un mieux surprenant, et ses amis se prirent de nouveau à espérer. Il eut alors lui-même un sentiment d'espoir, et, tombant à genoux, il remercia Dieu de le rendre à la vie. C'est alors aussi qu'il écrivit ces vers, car il en a composé beaucoup, tous dédiés aux mêmes affections d'époux et de père, et qui ne sentent point trop l'érudit.

Sur l'écueil de San-Jacopo, le 23 juin 1853.

Sur un écueil lointain notre nef échouée
Attend le flot sauveur qui la ramène au port,
Et la madone à qui la barque fut vouée
Semble sourde à nos vœux, et l'enfant Jésus dort.

Pourtant, voici douze ans, sous ce doux patronage
Nous partions pleins d'espoir : des fleurs ornaient ton front,
Et bientôt, pour charmer, pour bénir le voyage,
A la poupe s'assit un petit ange blond.

Depuis ce temps le ciel s'est noirci sur nos têtes,
Les vents ont ballotté notre esquif nuit et jour;
Mais nous n'avons pas vu si cruelles tempêtes,
Climats si rigoureux où s'éteignît l'amour.

Non, non, je ne veux plus craindre sous votre garde,
Compagnes de l'exil que Dieu me prépara.

Déjà d'un œil clément la Vierge nous regarde,
Tout à l'heure l'enfant Jésus s'éveillera;

Et sa main nous poussant sur une mer calmée,
Sans peur et sans effort nous toucherons enfin
Au bord où nos amis, foule ardente et charmée,
Signalent notre voile et nous tendent la main.

Ses amis l'attendaient en effet avec impatience; mais il ne leur a pas été donné de lui serrer la main. Dès qu'Ozanam s'était senti plus de force, il avait voulu visiter Florence et Sienne. A Florence, une distinction bien flatteuse et bien rarement accordée à un étranger l'attendait : il fut nommé académicien de la Crusca, comme l'avait été M. Fauriel et en même temps que M. le comte César Balbo, de respectable mémoire, qui avant d'avoir fait partie du ministère piémontais modéré pendant la guerre contre l'Autriche, avait, lui aussi, écrit sur Dante et publié ce livre sur les *Espérances de l'Italie*, qui en fit naître de si grandes et de si passagères. Ozanam fut très-sensible au choix dont la Crusca l'honorait et à cette association avec M. Balbo, auquel il écrivit une aimable lettre.

Mais ce qui le touchait encore plus que les distinctions académiques, c'était la Société de Saint-Vincent de Paul; il s'en occupait partout. Et quand on lui disait de ménager ses forces, il répondait : « Puisque Dieu me rend de la santé, je dois l'employer à son service. » Il s'occupait sans cesse d'échauffer le zèle des associations là où il en existait, et d'en fonder de nouvelles.

Cette amélioration de sa santé, dont il s'était hâté de faire un si touchant usage, devait être la dernière. Revenu au bord de la mer, près de Livourne, dans le village de l'Antignano, il commença à déchoir rapidement, et bientôt toute espérance fut désormais impossible. Ozanam remercia encore Dieu ; mais cette fois c'était de le faire souffrir. Alors le chrétien se montra tout entier. Ses deux frères étaient accourus auprès de lui : l'un, son aîné, prêtre plein de zèle, et l'autre, plus jeune, auquel il a tenu lieu de père, et qui est déjà un médecin estimé.

Il était donc aussi entouré qu'on peut l'être sur la terre étrangère, il y avait trouvé de véritables amis dont sa famille se plaît à attester le dévouement. Il passait une grande partie de son temps à lire la Bible. Il en avait extrait tous les passages qui se rapportent à la maladie. Ce fut son dernier travail, entrepris pour être utile à ceux qui souffriraient après lui. Enfin on se décida à le ramener en France, l'Italie ne pouvait rien pour lui. A Marseille, il trouva sa belle-mère et la famille de sa femme. « A présent que j'ai remis Amélie entre les mains de qui elle doit être, dit-il, Dieu fera de moi ce qu'il voudra ! »

Il faudrait une plume plus sainte que la mienne pour raconter les sept jours qu'il vécut encore sur la terre de France. En présence de tant de résignation, de tant de foi, il n'y a plus qu'à s'agenouiller comme on fait au pied du lit d'un mourant.

Mais après ces derniers instants, qui appartiennent à la famille et à la religion, viennent les hommages publics, qui ne sont pas une consolation pour les vivants, mais un juste tribut payé à la mémoire des morts.

Il y a quelques jours, en présence de la dépouille mortelle d'Ozanam, rapportée à Paris, on célébrait dans l'église de Saint-Sulpice un service funèbre auquel assistaient, en grand nombre, des ecclésiastiques, des savants, des jeunes gens, des amis ; dans toutes les âmes était un regret profond, une sympathie affectueuse, un recueillement digne de celui qui l'inspirait. Puis on s'est acheminé vers une salle souterraine où le corps a été déposé. Quelques flambeaux éclairaient cette foule descendue par un petit escalier sous une voûte obscure qui faisait penser aux Catacombes. Le doyen de la Faculté des Lettres, M. Victor Le Clerc, en présence de ses confrères, au milieu des disciples et des amis qui se pressaient autour de ce cercueil, a prononcé avec une émotion vraie un discours qui a touché tous les cœurs.

Ce discours, qui a paru dans le *Journal de l'instruction publique*, se termine ainsi :

« .... Et maintenant il ne nous reste d'autre consolation que de croire l'entendre, du fond de cette tombe, nous dire avec le poëte . « Ne me pleurez pas ;

la mort, c'est l'immortalité qui commence, et quand j'ai paru fermer les yeux, je les ouvrais à la lumière éternelle ; » ou dans le texte qu'il est permis de citer en parlant d'un académicien de la Crusca :

> Di me non pianger tu, chè i miei dì fersi,
> Morendo, eterni ; e nell' eterno lume,
> Quando mostrai di chiuder gli occhi, apersi.

« Nous pouvons nous dire aussi, pour distraire notre douleur, qu'il a été heureux dans cette vie passagère ; qu'il y avait dans cette destinée sitôt brisée quelques-unes des joies les plus pures qu'il soit donné à l'homme d'espérer ; une éducation saine et généreuse, un cœur formé à tout ce qu'il y a de grand et de bon, des amitiés fidèles, les douces affections de la famille, les nobles triomphes de la pensée et de la parole, peut-être un jour la gloire. Mais ce n'est pas ici, c'est plus haut qu'il avait placé son espoir et qu'il trouvera sa récompense. »

Oui, Ozanam aura cette sorte de gloire, la plus enviable peut-être, parce qu'elle est la plus touchante, qui s'attache aux belles œuvres inachevées, qui est gracieuse comme une espérance et triste comme un regret.

LE *PURGATOIRE* DE DANTE

TRADUIT PAR OZANAM

Il est des réputations bruyantes que la mort fait taire, il en est d'autres, commencées avec moins de fracas, qui n'ont qu'après la mort tout leur retentissement. Telle a été la renommée d'Ozanam ; elle a grandi depuis qu'il a disparu. La réunion de ses œuvres, une partie de ses cours publiée, des ouvrages inédits, des lettres remarquables et charmantes qui en font désirer d'autres, sont venus ajouter au respect de sa mémoire et à la popularité de son nom. La main pieuse qui cultive cette mémoire et l'entretient par ces publications, comme on renouvelle les couronnes placées sur un tombeau, fait aujourd'hui présent aux souscripteurs qui ont élevé à Ozanam le monument de ses œuvres complètes, d'un nouveau volume offert au public. C'est une traduction du *Purgatoire* de Dante, accompagnée d'un commentaire écrit pour un cours sur la *Divine Comédie*, commentaire où, à côté de notes savantes, se trouvent des morceaux achevés, pleins de charme et d'élévation. Ozanam n'y montre rien de la sécheresse d'un commentateur vulgaire; il y a mis son âme et son imagination. Pour lui, commenter, ce n'est pas seulement interpréter à fond un auteur difficile, c'est sentir, admirer un grand poëte : le sentir avec profondeur, l'admirer avec éloquence.

La traduction a été faite avec trop d'amour pour n'être pas d'une religieuse fidélité ; elle est ce que doit être une traduction littérale et française. On ne peut plus supporter aujourd'hui que des traductions exactes. La liberté des traducteurs me semble la seule liberté qu'il faille interdire ; car, se mettre à la place de ceux qu'on fait parler, c'est un mensonge et un abus de confiance. On a comparé avec raison une traduction inexacte à un domestique qui répète tout de travers ce qu'on l'a chargé de transmettre. Il y a eu un temps où l'on trouvait quelque mérite à ces commissions mal faites et où on approuvait le copiste de dénaturer son modèle ; les traductions exécutées dans ce système de falsification volontaire s'appelaient de *belles infidèles;* mais, dans ce cas du moins, les infidèles ne peuvent être belles. Une traduction qui change la physionomie de l'original, ne devient pas pour cela une œuvre originale, et, cessant d'être une reproduction, elle n'est rien.

Dans un passage de la *Germanie*, Tacite, à propos de certains barbares qui se défiguraient pour se rendre terribles, dit : « Ils savent qu'à la guerre les yeux sont les premiers pris. » Croirait-on que Perrot d'Ablancourt, traduisant Tacite, lui a fait dire : « Ils savent qu'à la guerre, *comme en amour*, les yeux sont les premiers pris? » Il est vrai qu'il met en note : « *En amour* n'est pas dans le texte, mais je l'ai ajouté pour égayer un peu la pensée. »

Voilà où l'on en vient quand on veut faire parler son auteur comme il eût parlé dans le temps où on le traduit, ainsi que le disent les défenseurs de l'art du faussaire appliqué à l'interprétation des chefs-d'œuvre.

Je conviens que celui qui veut traduire un auteur et non le refaire à sa fantaisie, se propose une tâche très-difficile. Il s'expose, s'il le suit de trop près, à le dénaturer d'une autre manière; en transportant trop scrupuleusement dans une langue les tours et les idiotismes d'une autre langue, on peut faire parler à un grand écrivain, à un écrivain classique en son idiome, un langage barbare, espèce d'infidélité qui n'a pas la beauté pour excuse, et mettre de la bizarrerie là où il n'y en a point dans l'original, ce qui est une sorte de contre-sens perpétuel et général. On ne saurait échapper à ce défaut comme à tous les autres que par le goût; en serrant le texte d'aussi près que possible sans cesser d'écrire dans sa langue, et en se résignant à affaiblir l'expression qu'on veut rendre, lorsqu'on ne peut faire autrement.

L'italien du quatorzième siècle n'a pas toujours des équivalents dans le français du dix-neuvième.

Quand Dante dit :

Ed' ecco qual, sull' presso del mattino,
Per li grossi vapor Marte rosseggia
Giù nel ponente sopr 'l suol marino...

Ozanam est obligé de dire moins énergiquement :

« Et voici que, pareille à la planète de Mars, qui aux approches du matin, voilée d'épaisses vapeurs, se montre comme un point rouge à l'occident sur la plaine des mers... »

Comment rendre d'un mot ce verbe si expressif *rosseggia?* Un Français contemporain de Dante l'aurait pu et aurait dit *rosoie*. Ozanam ne le pouvait pas sans bigarrer son langage d'archaïsmes, ce qui eût donné une très-fausse idée du langage de Dante, lequel n'était pas archaïque, puisqu'il était très-nouveau.

Fallait-il faire constamment usage de notre vieille langue, sauf à ce que la traduction eût elle-même besoin d'être traduite? Un écrivain très-habile, Courrier, l'a tenté pour Hérodote ; l'homme qui sait le mieux l'histoire de notre langue, M. Littré, l'a essayé pour Homère ; mais ces artifices d'archaïsme, quelque heureux qu'ils soient, ne résolvent pas eux-mêmes le problème de l'équivalence des langues. Celle qu'on emploie se rapproche de celle qu'on veut traduire par un côté, et s'en éloigne par un autre ; elles se ressemblent par la naïveté, elles diffèrent par la perfection ; du même âge si l'on veut, mais du même âge comme un enfant grossier et un enfant sublime.

Autant qu'il était permis d'être *dantesque* sans être barbare, Ozanam l'a été. En lisant sa traduction, on contemple Dante à travers un voile sans doute, car toute traduction est un voile, mais un voile aussi léger et aussi transparent que possible. On y trouve, ce qui est plus important encore que la fidélité des détails, la fidélité de l'ensemble ; on y sent, d'un bout à l'autre, cette suavité mélancolique qui donne au *Purgatoire* un charme si pénétrant, une beauté si attendrissante, et que l'âme noble et douce, passionnée et souffrante d'Ozanam était si bien faite pour exprimer.

Là était pour lui l'attrait particulier du *Purgatoire*. L'*Enfer* est terrible ; le *Paradis* est sublime ; le *Purgatoire* est empreint d'une gracieuse tristesse. Ce n'est pas le désespoir, ce n'est pas la félicité ; c'est la douleur avec l'espérance, c'est le chant dans les larmes.

Tutta esta gente che piangendo canta.
« Tout ce peuple qui chante au milieu de ses pleurs, »

comme a traduit Ozanam, qui a fait, sans s'en apercevoir, un beau vers.

« Le purgatoire, dit-il, est sévère ; il n'est pas désolé ; il faut le comparer aux déserts des anachorètes, où tout est pénitence, mais qui ont leurs palmiers, leurs fontaines, et qui sont visités par les anges. »

En effet, les anges apparaissent fréquemment dans le *Purgatoire* et y répandent sur les tourments de l'expiation, comme les anges qui apparaissent parfois dans notre purgatoire d'ici-bas, un reflet céleste. Ozanam, comparant ces anges de Dante avec ceux des peintres florentins du moyen âge, dit avec bien de la grâce :

« Dante a donné la parole aux anges de Giotto, Giotto a saisi les anges de Dante, et les a fixés par le crayon et la couleur, pour qu'ils ne s'envolassent plus. »

Le gracieux et le sublime se confondent dans cette admirable apparition de Béatrice se montrant à Dante parmi les chants célestes, les flambeaux qui marchent, les vieillards couronnés de lis, les animaux ailés d'Ézéchiel, et après tout ce cortége :

« Couronnée d'olivier sur un voile blanc, une femme m'apparut couverte d'un manteau vert et sa robe avait la couleur d'une vive flamme. »

Cette femme est Béatrice, le jeune amour de Dante, sitôt ravie à ses regards sur la terre, qu'il retrouve maintenant transfigurée, et, tout en restant sa Béatrice, personnifiant pour lui la contemplation de l'invisible, ce que le moyen âge mettait au-dessus de tout, la théologie. Association qui nous étonne un peu, mais n'étonnait pas Raphaël. En effet, Ozanam a reconnu Béatrice avec sa couronne d'olivier, son voile blanc, son manteau vert et sa robe rouge dans la *théologie des Chambres* de Raphaël.

Dans le *Paradis*, Béatrice sera surtout la contemplation élevant Dante de sphère en sphère jusqu'à la vision foudroyante de Dieu. Dans le *Purgatoire*, elle est encore l'être aimé sur la terre rappelant à Dante ce pur amour de la première jeunesse et le gourmandant avec la majesté de son personnage céleste, lui reprochant sévèrement d'avoir quitté la voie droite qu'elle lui avait montrée, et, quand elle ne fut plus là, d'avoir succombé aux faiblesses dont elle l'avait préservé, tandis que Dante, la tête baissée, écoute avec confusion ces reproches trop mérités; puis, repentant et purifié, il devient digne aussi *de monter dans les étoiles.*

Tout n'est pas si attrayant dans le *Purgatoire*, la théologie n'y paraît pas seulement sous les traits de Béatrice, et le commentateur n'a pas toujours, pour remplir sa tâche, à faire, comme l'a faite si délicatement Ozanam, l'*histoire de l'amour chrétien;* il faut qu'il suive son auteur dans l'exposition des dogmes théologiques où celui-ci se complaît.

Theologus Dantes nullius dogmatis expers.

disait son épitaphe.

Mais dans cette partie encore de l'œuvre de Dante, pour nous la plus aride, Dante se montre grand poëte :

« Dante, dit Ozanam, travaille sur les idées de son temps, les idées, les questions de l'école, mais il leur prête l'essor poétique; il fait comme l'enfant Jésus dans les légendes de la Sainte-Enfance avec ses compagnons de jeu, il pétrit de petits oiseaux d'argile, il souffle dessus, et les oiseaux s'envolent. Ainsi, le poëte pétrit la même argile que ses contemporains, il remue les mêmes idées ; mais il souffle dessus, et voyez comme elles planent. »

Dante a exposé dans le *Purgatoire*, comme partout dans la *Divine Comédie*, sa théologie, sa philosophie, sa science et sa politique. Il y a moins de théologie dans le *Purgatoire* que dans le *Paradis*, qui est un traité magnifique de la connaissance de Dieu, dont chaque chapitre est une vision, et dont la conclusion, celle de tout le poëme, est une contemplation de la substance ineffable ; mais Dante n'a pas donné dans le *Purgatoire* moins de place à sa philosophie et à sa science, toute la philosophie et la science de son temps ; la *Divine Comédie* est, entre autres choses, une encyclopédie : l'encyclopédie du moyen âge. C'est dans le *Purgatoire* que se trouve cette histoire subtile et hardie de l'amour, principe universel de tout bien et aussi de tout mal ; car l'homme pèche parce qu'il aime son bien et parce qu'il aime le mal d'autrui ; c'est dans le *Purgatoire* qu'est l'histoire de la naissance et du développement de l'âme, tour de force merveilleux par lequel Dante a su traduire, dans un langage très-poétique, la doctrine peripatéticienne de saint Thomas, en défendant l'immortalité de l'âme contre Averrhoès. L'auteur de la *Philosophie catholique de Dante* jette dans son commentaire toute la clarté désirable sur ce côté si curieux de la *Divine Comédie*, dont l'alliance de la scolastique et de la poésie est un des principaux caractères. C'est parce qu'elle offre un résumé poétique de tout le mouvement intellectuel du moyen âge, autant qu'en raison des allusions historiques dont elle est remplie, que la *Divine Comédie* a besoin d'un commentaire; elle a été commentée sitôt qu'elle a paru, et dès lors une chaire fut fondée à Florence pour l'expliquer. En France, notre maître, Fauriel, homme d'un savoir si profond et d'un goût si délicat, inaugura l'interprétation historique dans la chaire où Ozanam devait lui succéder. Ces exemples ont été suivis, et, en ce moment, dans une ville de province, à Pau, un public nombreux vient écouter un professeur d'une singulière habileté, M. Challemel-Lacour, dont la parole serait remarquée dans le haut enseignement de Paris, et qui entretient ses auditeurs de Dante, après les avoir entretenus de Corneille[1].

Ozanam insiste avec raison sur la place que tiennent dans la création originale et chrétienne de Dante l'antiquité et même le paganisme. En effet, la tradition de l'antiquité n'est pas absente de l'œuvre du père des poëtes modernes. Le classique Virgile a été le maître de Dante, c'est Dante qui nous l'enseigne, et c'est dans l'*Énéide* qu'il a appris ce style si différent du style de l'*Énéide*. Dante était loin d'anathématiser, comme on l'a fait de nos jours, les littératures anti-

[1] Au moment où il écrivait ce second article sur Ozanam, publié par le *Journal des Débats* du 15 mars 1865, M. Ampère était établi à Pau. (*Note de l'éditeur*.)

ques, par horreur pour le paganisme; les souvenirs de la mythologie païenne le poursuivent jusque dans le purgatoire chrétien où il donne place au Léthé, comme il a recueilli dans l'enfer chrétien les Furies, les Centaures et Minos, transformé, il est vrai, en démon. De telles confusions étaient dans le goût du moyen âge. A la faveur de la quatrième églogue, dans laquelle on voulait voir une prédiction de l'avénement du Christ, Virgile s'était glissé, comme les sibylles, à côté des prophètes, et Ozanam cite un chant d'église dans lequel saint Paul, conduit au tombeau de Virgile, verse sur lui de pieuses larmes et s'écrie : Que n'aurais-je pas fait de toi, si je t'avais connu vivant, ô le plus grand des poëtes !

Cette tolérance va encore plus loin. Dante admire les vertus des anciens; il a placé Trajan au paradis, profitant, il est vrai, d'une miséricordieuse légende d'après laquelle Dieu aurait permis que Trajan fût ressuscité pour un moment, afin de recevoir le baptême. Plus indulgent que Virgile, qui mettait les suicidés aux enfers, Dante n'y a pas mis Caton, et il a fait de lui le gardien des âmes du purgatoire.

Ozanam, sans glorifier outre mesure le moyen âge, sent la grandeur poétique de ces temps, que naguère il était de mode d'exalter, et qu'il est de mode aujourd'hui de dénigrer à l'excès. Quelques-uns, oubliant ce qu'il y eut alors d'énergie dans les caractères, éprouvent une sorte de colère contre les superstitions et l'ascétisme de cette époque, comme si elle n'était point passée sans retour, comme si l'énergie des caractères était chose si commune dans la nôtre, comme si, au dix-neuvième siècle, la superstition était bien dangereuse et l'ascétisme bien menaçant. On aura beau dire, les siècles qui ont produit les croisades et l'affranchissement des communes, qui ont vu naître Dante, fleurir l'architecture gothique et commencer l'art de la Renaissance, ne sont pas des siècles à mépriser.

Dante est un poëte orthodoxe, et Ozanam fait bonne justice du système qui le transformerait en hérétique conspirant contre l'Église, au moyen d'une interprétation allégorique, selon laquelle Béatrice, aussi bien que la Laure de Pétrarque et même la Fiammetta de Boccace, seraient la *monarchie impériale*. Dante n'était pas si impérialiste que cela; mais il est certain que Dante appelle fréquemment un pouvoir civil à gouverner l'Italie. Frappé du spectacle de ses divisions, qu'il peint avec une incomparable énergie, il désire pour elle, (me pardonnera-t-on ce mot?) l'*unité* de gouvernement, et ce besoin d'union va même jusqu'à s'adresser à l'empereur d'Allemagne. La question du pouvoir temporel n'est pas tranchée, j'en conviens, mais est singulièrement compromise par cette intervention souhaitée du César allemand, surtout quand on voit comment Dante, sans sortir jamais, je le répète, de l'orthodoxie catholique, traite l'exercice du pouvoir temporel par différents Papes.

De tels passages se rencontrent dans le *Purgatoire*; on en trouverait même dans le *Paradis*; ils abondent dans l'*Enfer*. Dante y damne trois Papes. Une telle imagination, suggérée au poëte par les vices du gouvernement temporel de son temps, ne permet pas de penser que ce gouvernement pût alors avoir un partisan bien déclaré dans le grand banni gibelin, lui qui avait dit : « Ah! Constantin! que de maux a enfantés, non ta conversion, mais cette dot reçue de toi par le premier Pape qu'elle enrichit! » Ozanam n'était pas gibelin ; il était guelfe; ce qu'il voulait, c'était l'indépendance de l'Italie, conquise par elle, la papauté dirigeant et sanctionnant cette conquête, comme au temps où Alexandre III soutenait la ligue lombarde contre Frédéric Barberousse. Il put croire à l'accomplissement de cette espérance quand il vit Pie IX à la tête du mouvement libéral italien et de la croisade contre l'Autriche. Mais, hélas! avant que le libéralisme italien d'alors eût fait place au désordre révolutionnaire, Pie IX, arrêté par des scrupules qu'il est permis de déplorer, crut devoir déposer la bannière de l'indépendance italienne. Il faut se reporter en esprit au temps qui a précédé ce double malheur, pour pouvoir s'associer à l'émotion généreuse des belles paroles prononcées par Ozanam dans sa chaire, à son retour de Rome, au mois de décembre 1847.

Après avoir peint l'enthousiasme paisible et confiant encore de la foule, allant au Quirinal, remercier le pape de l'édit qui constituait la consulte d'État et la majestueuse apparition du pape, bénissant son peuple reconnaissant, Ozanam disait :

« Pour moi, je restai quelque temps encore au pied de l'obélisque qui domine la place, profondément ému par cette pensée, que je venais de voir, s'il plaisait à Dieu, la fin du déchirement profond dont souffre la société européenne[1]... Je venais d'assister à la réconciliation éternelle du christianisme et de la liberté. »

Il est difficile aujourd'hui d'espérer qu'une telle réconciliation, accomplie seulement dans quelques âmes, se prépare à Rome ; mais, ce qui n'a pas changé, c'est l'intérêt qu'inspire à tous cette noble Venise, exclue de l'émancipation italienne, et dont l'héroïque résistance se conserva pure de tout désordre et de tout excès. L'ami de Manin, associé à lui dans la direction de cette résistance, Tommaseo, était venu quêter pour la courageuse cité qui tenait encore. Ozanam, à la reprise de son cours sur Dante, au mois de janvier 1849, adressa à ses auditeurs un touchant appel en faveur de Venise. On a eu raison de conserver, dans une publication faite aujourd'hui, ces vives impressions d'un autre temps. Ozanam, sans doute, serait moins assuré à cette heure dans ses espérances, mais il ne désavouerait aucun des sentiments qui les ont inspirées.

[1] Quoique la citation faite ici se trouve déjà dans l'article précédent, p. 244, nous n'avons pas cru pouvoir supprimer cette répétition. (*Note de l'éditeur.*)

PHILIPPE DE GIRARD

Un deuil profond et sincère, une foule dans laquelle des ouvriers étaient mêlés à des savants et à des industriels, accompagnaient naguère le convoi d'un homme qui, enlevé à la France par le sort, après une vie d'agitations et de traverses, était revenu dans ses derniers jours demander à son pays cette gloire qui entourait sa tombe.

La voix des représentants de l'industrie et de la science s'éleva pour proclamer le nom de Philippe de Girard, inventeur de la filature mécanique du lin : nom destiné à vivre parmi ceux que l'avenir n'oubliera pas, parce qu'ils se rattachent à des révolutions bienfaisantes et à des progrès utiles.

En attendant que les autorités compétentes prononcent un jugement approfondi sur les découvertes variées qui viennent se placer à la suite de la principale découverte de M. de Girard, on se bornera ici à entretenir rapidement le lecteur de l'homme rare que la patrie a perdu au moment où elle venait de le reconquérir et allait le récompenser.

Dans la seconde moitié du dernier siècle, au village de Lourmarin, sur les bords de la Durance, vivait une famille à laquelle une bienfaisance héréditaire avait donné sur le pays qu'elle habitait une sorte de suzeraineté morale qui dure encore. La population de Lourmarin, vaudoise comme ses infortunés voisins de Cabrière et de Mérindol, placée hors des grandes routes, à l'entrée des montagnes, a conservé la candeur des temps antiques. C'est dans ce village, parmi ces hommes simples et enthousiastes, que naquit en 1775 celui dont la renommée est déjà grande parmi les savants, et sera toujours plus populaire, parce qu'il eut à un haut degré ce qui donne la popularité dans l'avenir : le don de l'invention, le génie de la découverte.

Le père de M. Philippe de Girard, homme de bien et homme de goût, eut quatre fils qui furent tous distingués ; l'un d'eux survit, aujourd'hui octogénaire, et porte dignement son respectable nom. Le second, Frédéric, eut un fils, Henri, seul appelé à faire revivre ce nom d'une famille dont il concentrait en lui tout l'espoir et dont il était le juste orgueil; Henri de Girard est mort, jeune encore, il y a douze ans.

Philippe de Girard déploya pour la mécanique une vocation précoce : dès sa plus tendre enfance, il s'amusait à construire de petites roues que faisait mouvoir le ruisseau du jardin paternel; l'enfant observait avec curiosité les formes que donnait au plomb en fusion l'eau dans laquelle il le faisait couler, et s'essayait même à y mouler des empreintes de médailles.

D'autres goûts encore, la botanique, la peinture et la poésie, se disputaient cette intelligence qui se cherchait. Raynal, ami de la famille, prédit que le jeune Philippe serait un grand poëte. Mieux encore que le don des vers qui lui est toujours resté, ses inventions mécaniques ont réalisé la prophétie du philosophe. Chez les Grecs, *créateur*, au moyen âge, *trouveur*, était le nom du poëte.

La Révolution vint arracher le jeune de Girard à cette vie studieuse et paisible; il se fit soldat pour combattre les jacobins du Midi. Forcé de fuir la France avec sa famille, il se fit peintre à Mahon pour la nourrir; enfin le malheur le fit industriel. Émigré à Livourne, il y établit une fabrique de savon. Ainsi la perte de sa fortune le poussa dans une voie qu'il n'eût pas suivie, et qui devait le conduire à la renommée.

Rentré en France après le 9 thermidor, M. de Girard ne s'arrêta pas longtemps dans la maison paternelle de Lourmarin, que la reconnaissance des habitants avait religieusement conservée. Sa vocation pour l'industrie une fois éveillée, il créa une fabrique de produits chimiques sur les débris de l'abbaye de Saint-Victor, à Marseille. Le 13 vendémiaire amena de nouvelles persécutions qui obligèrent encore une fois M. de Girard à s'éloigner; il obtint de s'arrêter à Nice. Bien qu'il n'y fût que toléré, il y remporta deux triomphes que sa situation rendait plus difficiles et plus glorieux. Il eut le courage, lui émigré, et partant suspect, de plaider pour trois autres émigrés pris les armes à la main, que personne n'osait défendre, et eut le bonheur de les sauver. Ce fut aussi à Nice qu'il conquit, à dix-neuf ans, par deux concours successifs et inattendus, la chaire de chimie et d'histoire naturelle, que sa qualité d'émigré fit d'abord refuser à son mérite, et qu'un double succès força ses juges à lui accorder en dépit de la loi.

Rentré à Marseille la première année du consulat, il y fit un cours de chimie très-suivi dans une des salles de l'Académie, dont il était membre, et ne tarda pas à se rendre à Paris. C'est à ce moment que commence, à proprement parler, l'histoire de sa vie avec celle de ses découvertes. Je ne rappellerai que les plus remarquables.

En 1806, M. de Girard montra pour la première fois cette puissance et cette diversité d'invention qui le caractérisèrent toujours, en envoyant à l'exposition des produits de l'industrie une lunette achromatique où le *flint-glass* était remplacé par un liquide, et les lampes hydrostatiques à niveau constant, qu'il avait imaginées avec son second frère, M. Frédéric de Girard. Ces lampes firent une révolution dans l'éclairage. Le savant Hachette y admirait une heureuse application du principe de l'hydrostatique, et M. Ingres, de cette main destinée à tant de gloire, traçait les élégants dessins qui les décoraient. Les globes de verre dépoli, qui contribuèrent à la fortune de ces lampes, sont aujourd'hui répandus dans le monde entier.

En même temps M. de Girard perfectionnait le grand instrument du siècle, la machine à vapeur, par diverses innovations d'une haute importance, telles que l'emploi de l'expansion de la vapeur dans un seul cylindre et la production du mouvement rotatoire sans l'intermédiaire d'un balancier. La gloire de ces deux perfectionnements a été usurpée en 1815 et en 1819 par un Américain et un Anglais; mais le brevet pris en 1806 par l'inventeur français, et la médaille d'or qui lui fut accordée la même année, sur le rapport de M. de Prony, sont là pour attester son incontestable droit de priorité [1].

Après avoir énuméré ces inventions, dont les dernières surtout ont une grande valeur, il faut s'arrêter à celle qui, plus que toutes les autres, attache à la mé-

[1] Voyez *Bulletin de la Société d'encouragement*, 9e année, juin 1810, page 155

moire de M. Philippe de Girard l'immortelle reconnaissance de son pays; à celle qui tiendra toujours une place si considérable dans l'histoire des grands événements de la science, à l'invention des machines à filer le lin.

Dans le *Moniteur* du 12 mai 1810, on lisait ce décret :

« NAPOLÉON, empereur des Français, etc.;

« Portant un intérêt spécial au progrès des manufactures de notre empire, dont le lin est la matière première;

« Considérant que le seul obstacle qui s'oppose à ce qu'elles réunissent la modicité des prix à la perfection de leurs produits résulte de ce qu'on n'est point encore parvenu à appliquer des machines à la filature du lin comme à celle du coton;

« Nous avons décrété et décrétons ce qui suit :

« ART. 1er. Il sera accordé un prix d'un million de francs à l'inventeur, de quelque nation qu'il puisse être, de la meilleure machine à filer le lin.

« ART. 2. A cet effet, la somme d'un million est mise à la disposition de notre ministre de l'intérieur.

« ART. 3. Notre présent décret sera traduit dans toutes les langues, et envoyé à nos ambassadeurs, ministres et consuls dans les pays étrangers, pour y être rendu public.

« ART. 4. Nos ministres de l'intérieur, du trésor et des relations extérieures sont chargés de l'exécution du présent décret.

« *Signé* NAPOLÉON. »

Quelques jours après la publication du décret impérial, M. Philippe de Girard, alors âgé de trente-cinq ans, était chez son père, à Lourmarin. Pendant le déjeuner de famille, on apporta le journal qui contenait ce défi magnifique jeté à l'esprit d'invention, sans exclure aucun peuple, et comme avec la confiance que l'universalité du concours n'empêcherait pas cette récompense d'être remportée par un Français. En effet, c'est un Français qui a eu, sinon le bonheur de l'obtenir, du moins la gloire de l'avoir méritée.

Le père de M. de Girard passa le journal à son fils, en lui disant : « Philippe, voilà qui te regarde. » Après le déjeuner, celui-ci se promenait seul, décidé à résoudre le problème. Jamais il ne s'était occupé de rien qui eût rapport à l'industrie dont il s'agissait. Il se demanda s'il ne devait pas étudier tout ce qui avait été tenté sur le sujet proposé ; mais bientôt il se dit que l'offre d'un million prouvait qu'on n'était arrivé à rien de satisfaisant. Il voulut tout ignorer pour mieux conserver l'indépendance de son esprit. Il rentra, fit porter dans sa chambre du lin, du fil, de l'eau, une loupe, et regardant tour à tour le lin et le fil, il se dit : « Avec ceci il faut que je fasse cela. » Après avoir examiné le lin à la loupe, il le détrempa dans l'eau, l'examina de nouveau, et le lendemain à déjeuner il disait à son père : « Le million est à moi ! » Puis il prit quelques brins de lin, les décomposa par l'action de l'eau, de manière à en séparer les fibres élémentaires, les fit glisser l'une sur l'autre, en forma un fil d'une finesse extrême et ajouta : « Il me reste à faire avec une machine ce que je fais avec mes doigts, et la machine est trouvée. »

Elle l'était pour lui : le germe de la découverte était éclos dans sa pensée ; mais que d'efforts patients, que d'essais ingénieux avant de parvenir à exécuter laborieusement ce qu'il avait conçu d'un trait !

Deux mois après cette tentative (le 18 juillet 1810), M. de Girard avait obtenu son premier brevet d'invention, qui contenait tous les principes essentiels de la filature mécanique du lin ; la France, ce n'est pas trop dire, comptait une gloire de plus.

Il n'importe pas moins à l'honneur de notre pays qu'à l'honneur de M. de Girard d'établir sur des preuves irrécusables qu'un Français a été le créateur de cette industrie qui depuis trente ans a pris dans toute l'Europe, et surtout en Angleterre, un si vaste développement. Ce fait est prouvé par le brevet d'invention que prit M. Philippe de Girard, en date du 18 juillet 1810, un peu plus de deux mois après que le prix d'un million avait été proposé dans le *Moniteur*. Les écrivains les plus compétents, M. Chaptal dans son *Histoire de l'Industrie française* (tome II, page 22) ; M. Michel Chevalier dans son *Cours d'économie politique*, ont reconnu les droits de M. de Girard à cette grande découverte. Enfin le corps auquel il appartenait le mieux de prononcer sur une telle question, la Société d'encouragement, « après avoir mûrement examiné les pièces de ce grand débat, » ce sont les termes de son rapporteur, M. Olivier, « revendique hautement pour la France l'honneur de cette belle et utile découverte, en décernant la grande médaille d'or à M. de Girard [1]. »

Une autre médaille d'or a été décernée à M. Philippe de Girard en 1844 par le jury de l'Exposition de l'industrie nationale, dont le rapport contient le passage suivant : « M. Philippe de Girard est incontestablement l'homme de notre siècle qui a pris la première et plus glorieuse part à l'industrie de la filature mécanique du lin... Le problème de la filature mécanique du lin est résolu ; M. Philippe de Girard a découvert, publié et appliqué les principes fondamentaux de cette solution. C'est un titre de gloire qui lui appartient et qui appartient à son pays. Le jury décerne à M. de Girard une médaille d'or. » On ne peut rien ajouter à de pareils témoignages.

Ce qu'on a lu plus haut rappelle l'histoire de tous les grands inventeurs ; ce qu'on va lire ne la rappelle pas moins, car on verra ce qu'on a vu presque toujours, la mauvaise fortune s'appesantir et s'acharner sur la tête qui a conçu une idée nouvelle.

M. de Girard employa deux ans à perfectionner ses procédés, et en 1813 il avait établi une filature dans la rue Meslay, à Paris. Les conditions du programme impérial étaient remplies, et la promesse impériale l'eût été, sans les événements extraordinaires qui,

[1] Rapport fait à la Société d'encouragement, par M. Olivier, approuvé en séance générale, le 24 août 1842.

dans cette année même, amenèrent l'invasion de la France et la chute de Napoléon.

Ce fut à ce moment, ce fut pour la défense de Paris que M. de Girard inventa les armes à vapeur, qui furent exécutées par M. Laurent, et dont l'essai réussit parfaitement sous les yeux d'une commission présidée par M. le général Gourgaud ; mais quelle que fût l'étonnante rapidité de l'invention et de l'exécution, la promptitude des événements fut plus grande encore.

La Restauration, surtout en 1815, était peu disposée à payer les dettes de l'Empire, et la création de la filature mécanique du lin, pour laquelle l'empereur avait jugé que ce n'était pas trop d'une récompense d'un million, ne put obtenir du gouvernement, qui suivit, un prêt de 8,000 fr.

M. de Girard, qui avait alors sacrifié toute sa fortune, n'eut d'autre moyen de satisfaire au premier besoin et d'obéir au premier devoir de tout inventeur, celui de réaliser sa découverte, que d'accepter les offres avantageuses de l'Autriche. Il partit le cœur déchiré, emportant la moitié de ses machines à Vienne ; l'autre moitié, formant un assortiment complet, resta à Paris, où les frères de M. de Girard devaient donner suite à l'entreprise commencée, et en auraient continué le bienfait à leur patrie, sans l'incroyable refus dont je viens de parler.

M. Philippe de Girard partit donc pour Vienne avec

son savant associé, M. Constant Prévost, aujourd'hui membre de l'Académie des sciences, il espérait pouvoir, au bout de deux ans, revenir en France, et consacrer, dans sa patrie, à la continuation de son œuvre, les sommes que lui promettait le gouvernement autrichien; mais M. de Girard, plus habile à faire des découvertes qu'à s'enrichir par elles, fut loin d'en retirer les avantages pécuniaires qu'il aurait dû recueillir.

S'il y avait eu des consolations possibles à cet éloignement de la patrie, qui fut toujours pour lui une amère souffrance, il les eût trouvées parmi quelques Français bannis par la fortune et qu'elle avait conduits auprès de lui.

Non loin du village d'Hirtemberg, où M. de Girard avait établi une filature, se trouvait la résidence d'un des frères de l'empereur, qui avait régné sur une partie de cette Allemagne devenue alors son refuge. Près d'Hirtemberg habitait aussi la comtesse de Lipona, dont la tête avait porté avec fermeté la gracieuse couronne de Naples.

M. de Girard trouva dans ces petites cours d'exilés les charmes de la vie de château et presque la vie de famille. Mais ce charme ne le détournait pas de poursuivre avec une activité infatigable le cours de ses inventions. Il complétait ses travaux sur la filature mécanique du lin par une machine à peigner qu'il devait perfectionner encore. Devançant la navigation à vapeur établie aujourd'hui sur le Danube, il faisait remonter ce fleuve depuis Pesth jusqu'à Vienne par un bateau que poussait une machine dans laquelle M. de Girard avait employé le premier les générateurs de vapeur composés de tubes étroits pour rendre les explosions inoffensives : ces générateurs sont maintenant partout en usage.

En 1826, M. de Girard fut appelé à Varsovie par l'empereur de Russie, qui a toujours montré qu'il savait dignement apprécier ses services. Une grande filature mécanique de lin fut établie alors par le concours des fonds du gouvernement et d'une société d'actionnaires. Autour de cet établissement se forma bientôt une petite ville qui prit le nom de *Girardow*, et qui figure sur les nouvelles cartes de Pologne.

En acceptant l'emploi d'ingénieur en chef des mines de Pologne, M. de Girard se réserva expressément, dans son serment, la qualité de Français. Les nobles expressions de ce serment honorent aussi le gouvernement qui les accepta. Dès ce moment commença entre M. de Girard et ce gouvernement un noble échange qui dura vingt ans : d'un côté, de services nombreux ; de l'autre, de marques multipliées d'une haute estime et une conduite toujours généreuse. L'emploi d'ingénieur en chef des mines fut pour M. de Girard l'occasion de plusieurs inventions : car il ne pouvait s'occuper d'un sujet quelconque sans être conduit à des idées nouvelles ; il ne pouvait regarder sans découvrir : aussi produisit-il en dehors de son service une foule d'inventions, telles qu'un appareil pour l'extraction et l'évaporation du jus de betteraves[1], une nouvelle roue hydraulique propre à utiliser les grandes chutes d'eau, et d'où résulta, sur la construction de divers étangs, une économie de plus de 400,000 florins, ainsi que le ministre des finances le déclara au conseil des mines, en disant que par ces seuls changements, M. de Girard procurait une économie équivalente à plus que la somme de ses appointements pendant la durée de son contrat ; un perfectionnement dans les fourneaux à zinc, d'où est résultée une économie de quatre onzièmes sur le combustible et qui a produit depuis quinze ans une épargne de plus de 200,000 quintaux de houille par an ; le chrono-thermomètre placé sur la façade du palais de la Banque à Varsovie, et qui marque la température de chacune des vingt-quatre heures précédentes ; le météorographe construit à l'Observatoire de la même ville, et qui indique pour tous les instants des vingt-quatre heures la température de l'atmosphère, la hauteur du baromètre, la quantité de pluie tombée, la vitesse et la direction du vent[2]; des machines à fabriquer les bois de fusil et à creuser l'encastrement de la platine et de la sous-garde dans huit

[1] Brevet pris en France en 1839.

[2] Ces deux derniers objets ont été envoyés à l'Académie des sciences

bois de fusil à la fois[1]; une machine à tourner les corps sphériques avec une précision mathématique; un appareil pour chauffer l'air dans les hauts fourneaux qui a été adopté en Angleterre; de grandes machines à vapeur de la force de cent chevaux sans balancier; de nouvelles turbines[2], etc. Et à mesure que M. de Girard réalisait une conception nouvelle, il en faisait parvenir le résultat dans cette France qu'il ne pouvait oublier et à laquelle il ne renonça jamais.

Cette liste, que j'abrége, de créations que j'effleure, ne peut manquer de frapper par le nombre et par la diversité; une telle fécondité a été donnée à l'auteur d'une invention qui, à elle seule, eût suffi pour faire vivre sa mémoire.

Et l'homme, tous ceux qui l'ont approché peuvent le dire, était aussi distingué par l'âme que par l'intelligence; il avait la simplicité des natures supérieures, oubliant toujours ses intérêts pour ses idées quand ce n'était pas pour les intérêts d'autrui, plein de sympathie et d'abandon, allant sans regarder où le poussaient le mouvement de sa pensée et l'entraînement de son cœur; un peu distrait, sincèrement modeste; imagination vive, cœur tendre, d'une infatigable confiance dans les hommes et dans le sort qui le trom-

[1] Présentées à la Société d'encouragement en 1832, offertes de nouveau au Ministère de la guerre en 1836 et en 1838.

[2] Brevet pris en France.

pèrent tant de fois. Ouvrier avec les ouvriers qu'il aimait, dans un salon il redevenait homme du monde. Aimable et bon pour tout ce qui l'entourait, il fut la providence de sa famille. Il employait les ressources de son esprit créateur à soulager la vieillesse de son frère aîné, à guider sur le papier, par un ingénieux et touchant mécanisme, la main fraternelle qu'une vue affaiblie ne pouvait plus conduire : il suppléait à la nature par un art que la tendresse inspirait.

Malgré sa reconnaissance pour les bienfaits du gouvernement russe, M. de Girard désirait ardemment revoir la France et sa famille. Le dévouement courageux d'une nièce et d'une petite-nièce était allé le chercher à Varsovie : une belle-sœur, qui fut une sœur pour lui, l'attendait ; pendant ce temps, les habitants de son village de Lourmarin avaient planté un laurier dans son jardin[1], et ceux des environs accouraient se joindre à eux pour signer une demande de récompense nationale. Il revint au moment de l'Exposition de 1844 ; il y fit une véritable sensation : on se montrait avec respect ce vétéran de l'industrie ; on se découvrait devant lui.

Dans les salles de l'Exposition on le retrouvait partout ; on y voyait sa machine à peigner le lin, depuis

[1] Depuis que ces lignes ont été écrites, ces hommes excellents se sont réunis spontanément ainsi que le conseil municipal pour voter les fonds nécessaires à l'érection d'un monument à M. de Girard. Ils désirent posséder au milieu d'eux, reproduite par une main habile, l'image de celui qu'ils ont tant aimé.

plusieurs années en usage dans les fabriques de France et d'Angleterre; de nouveaux greniers à blé, des bois de fusil d'un fini parfait, et où tous les encastrements étaient creusés à la mécanique, de nouveaux canons de fusil; et, par un singulier contraste, un piano à double octave et un instrument nouveau, le trémolophone, autour duquel le public se rassemblait, et sur lequel se posèrent les mains prodigieuses de Liszt. Enfin il eut la joie, après une absence de trente années, de retrouver là, devenue une des gloires et des richesses de l'industrie, cette machine à filer le lin, sa grande invention, pour laquelle un million avait été promis, et qui n'avait pas encore été récompensée. Elle l'eût été sans doute. Un mémoire adressé aux Chambres avait fait impression sur un grand nombre de leurs membres. M. de Girard ne demandait pas un million, mais une récompense nationale qui, selon la noble expression de son mémoire aux Chambres, fût une réhabilitation de l'industrie française et constatât d'une manière digne de la France, que le grand problème proposé par Napoléon avait été résolu par un Français; une récompense enfin qui assurât l'aisance à ses vieux ans et à sa famille, victime comme lui de ces essais dispendieux auxquels un génie inventif se laisse entraîner. M. Arago, toujours zélé pour le vrai mérite, prenait le plus vif, le plus généreux intérêt au succès de cet appel fait à la reconnaissance publique; M. Guizot, ministre des affaires étrangères, lui était favorable ; des députés de toutes les nuances avaient fait une demande collective ; l'industrie en corps avait adressé une demande. Ce prix, nous n'en doutons point, allait être accordé; mais on avait trop attendu, mais d'inexplicables oppositions s'étaient élevées contre les plus justes réclamations et en avaient retardé l'effet. Qu'elles triomphent ces oppositions malheureuses! Elles ont empoisonné les derniers jours d'un homme supérieur! Elles ont empêché la croix d'honneur d'être placée sur sa bière! Mais elles n'ont pas empêché l'industrie d'être juste. La *Société des inventeurs et filateurs mécaniciens*, sur la proposition de M. Chapelle, a offert à M. de Girard une sorte de liste civile qui s'est élevée jusqu'à 6,000 fr. mais dont, hélas! il n'a pas joui longtemps. Ah! sa destinée fut triste! Revenir à soixante-dix ans dans sa patrie pour y retrouver les restes de sa famille, pour y reprendre sa place, et au moment de recueillir les fruits de ses travaux, mourir!... C'est une grande sévérité de Dieu! Du moins cette sympathie qui avait accueilli M. de Girard à son retour en France n'a pas cessé de l'entourer. M. Henri Scheffer a noblement reproduit son image; son nom est gravé à jamais dans les annales de l'invention; et, ce qui vaut mieux, il a été jusqu'à la fin entouré des soins pieux d'une famille dévouée à laquelle il ne laisse d'autre héritage que son nom.

On s'étonnera peut-être de lire le mien au bas de

ces lignes; mais, bien qu'étranger aux sciences mécaniques, j'ai voulu concourir, malgré mon insuffisance, à ce qui m'a semblé un hommage et une réparation. Le spectacle de cette noble et triste vie m'a frappé. Enfin, le dirai-je? tandis que je la retraçais d'une main que la maladie affaiblit encore, j'ai pensé plus d'une fois à celui auquel je ne puis comparer personne; en parlant de simplicité, de génie et de souffrance, je me suis souvenu de mon père.

ALEXIS DE TOCQUEVILLE

1859

Des amis de la mémoire de M. de Tocqueville ont bien voulu me demander de consacrer dans le *Correspondant* quelques pages à une si noble mémoire. Comment les refuser, ces pages, et comment les écrire? Alexis de Tocqueville était mon meilleur ami; je viens de le perdre au moment où, trompé par les distances et par ses propres illusions, que ses lettres me faisaient partager, j'accourais de Rome sans crainte, pour le rejoindre! Mon âme est encore ébranlée de ce coup terrible, mes souvenirs sont agités et douloureux, et cependant ce sont surtout des souvenirs qu'on peut me demander. Je n'ai ni les moyens ni la force de recueillir et de disposer les détails d'une biographie complète, je laisse ce soin à son ancien et fidèle ami, M. Gustave de Beaumont, si capable de s'en acquitter dignement[1]. Ce n'est pas non plus une analyse appro-

[1] On sait avec quelle conscience et quel succès M. Gustave de Beaumont a rempli la mission dont parlait ici M. Ampère, en publiant,

fondie de ses ouvrages qu'on va trouver ici; je ne puis que rassembler à la hâte quelques impressions que j'ai reçues de ses écrits, dont plusieurs sont nés, pour ainsi dire, sous mes yeux; de ses conversations, des épanchements de son cœur et de son esprit, du spectacle de sa vie, dans l'intimité de la campagne et des voyages, et cela même m'est difficile, mes impressions m'échappent dans mon trouble. Je suis trop accablé du sentiment d'une perte irréparable pour pouvoir bien fixer mon esprit sur ce qui m'en fait sentir toute l'étendue. Qu'on me pardonne donc, si j'ai quelquefois été obligé de parler de moi à propos de lui, et qu'on n'attende point ce que je ne puis donner.

C'est à l'Abbaye-aux-Bois, dans ce salon de madame Récamier, qui était si loin d'être un *bureau d'esprit*, mais où une sympathie élevée et gracieuse pour ce qui était vraiment distingué en tout genre a attiré la plupart des illustrations de ce siècle; c'est à l'Abbaye-aux-Bois que je rencontrai pour la première fois M. de Tocqueville, quelque temps après l'apparition de la première partie de son livre *sur la Démocratie en Amérique*. Un ami commun, dont il a toujours estimé les rares qualités et chéri la personne, M. de Corcelle, nous rapprocha un peu plus tard. Je pris l'agréable habitude d'aller, chaque année, passer quel-

non-seulement la biographie, mais aussi les *Œuvres complètes* de M. A. de Tocqueville. Il est triste d'ajouter que déjà ces trois amis se sont rejoints dans l'éternité. (*Note de l'éditeur.*)

que temps à Tocqueville, toutes les fois que je n'étais pas au bout du monde, et cela même ne m'a pas toujours empêché d'y revenir.

C'est là que je l'ai bien connu, que j'ai pu apprécier toute la perspicacité de son esprit, toute la hauteur de sa raison ; c'est là que j'ai vu de près les trésors de générosité, de noblesse, de vraie bonté, de fierté délicate, d'affectueuse tendresse, que renfermait cette âme d'élite, cette âme d'une trempe aussi fine que forte. M. de Loménie, dans une notice[1] digne de celui dont il mérita d'être l'ami, a peint admirablement, le mot n'est pas trop fort, les rapports de M. de Tocqueville avec ses rustiques voisins ; je voudrais raconter mon tour l'emploi de ses journées partagées entre les méditations du matin, les longues promenades à travers les prés et les bruyères, les entretiens aimables et profonds, les visites chez le pauvre, à la porte duquel je l'ai si souvent conduit, les soins vigilants de la propriété, les embellissements faits peu à peu, d'année en année, et auxquels se mêlait toujours la pensée de rendre ce modeste et charmant séjour plus agréable aux amis qu'il y appelait, le choix des arbres que, d'après l'avis de madame de Tocqueville, toujours consultée sur ce sujet comme sur tous, il désignait pour être abattus ou conservés : je voudrais donner une idée de cette existence simple et digne, cordialement hospitalière, et que j'ai tant de fois partagée;

[1] *Revue des Deux-Mondes* du 15 mai 1859.

mais ces souvenirs qui m'étaient si doux me sont aujourd'hui trop amers pour que je puisse m'y arrêter.

A Paris, je vis d'abord M. de Tocqueville dans des dîners hebdomadaires où se réunissaient à lui M. de Beaumont, M. de Corcelle, M. de Montalembert et quelques autres personnes. Ces dîners avaient été institués pour oublier un moment la politique du jour; mais bientôt presque tous ceux qui en faisaient partie se trouvèrent engagés dans les luttes de cette politique. M. de Tocqueville fut député et prit très au sérieux son mandat. Il y voyait autre chose qu'une occasion de briller à la tribune et un moyen d'arriver au pouvoir; il y voyait des questions à étudier, des services publics à rendre et l'exemple à donner d'une complète indépendance vis-à-vis du gouvernement et en face des partis.

Il fut chargé par diverses commissions de rapports importants, entre autres sur l'*abolition de l'esclavage* dans nos colonies, sur l'introduction du système pénitentiaire dans les prisons, sujet qu'il avait étudié aux États-Unis, et sur lequel il avait publié avec M. de Beaumont un remarquable travail. Il s'occupa aussi très-consciencieusement de l'Algérie, et fit pour cela deux voyages dans nos possessions d'Afrique; le premier, entrepris sans consulter l'état de sa santé, fut interrompu par une maladie très-grave qui ne le découragea point et ne l'empêcha pas d'aller braver de nouveau un climat qui avait pensé lui être funeste. Madame de Tocqueville l'accompagnait, réclamant, comme toujours, sa part dans les moments difficiles; elle étonna par sa fermeté les officiers embarqués avec eux sur un bateau à vapeur qui les transportait d'un point de l'Algérie à un autre, et fut près de périr sur une côte où l'on voyait des Arabes qui attendaient ceux dont ils espéraient le naufrage.

M. de Tocqueville avait des obstacles à vaincre pour prendre sa place parmi nos grands orateurs : d'abord l'éclat même qu'il avait donné à son nom comme publiciste, et puis la nature particulière de son esprit méditatif, l'habitude de la réflexion solitaire, et ce travail opiniâtre et lent auquel il soumettait ses idées et son style. Rien n'est plus opposé à la facilité de l'improvisation oratoire que les qualités patientes de l'esprit qui font le penseur et l'écrivain. Cependant ces mérites divers ont été réunis dans l'antiquité comme de nos jours, et M. de Tocqueville lui-même a montré qu'ils n'étaient point inconciliables. Il avait, sauf la vigueur physique, tous les dons qui font l'orateur : une conviction profonde et passionnée, un enchaînement d'idées sévèrement logique, une parole, même dans les conversations les plus familières, toujours correcte, élégante et nuancée, un son de voix très-agréable, des traits fins et caractérisés. Son talent de tribune, qui allait toujours grandissant, eût atteint toute sa plénitude et toute sa maturité, si la seule tribune à laquelle il pût monter n'avait été brusquement fermée.

Cette tribune a entendu quelques belles paroles de l'auteur de la *Démocratie en Amérique*. M. de Loménie a cité un discours étonnamment prophétique, et signalant, avant la Révolution de février, des dangers auxquels presque personne ne croyait alors. Ministre des affaires étrangères sous la République, M. de Tocqueville en prononça un autre qui frappa beaucoup les hommes d'État de l'Angleterre, comme je l'appris de M. le baron Bunsen, ambassadeur de Prusse en ce pays, et que le hasard devait rapprocher à Cannes des derniers moments d'un homme qu'il honorait.

Le ministère dont il faisait partie, né au milieu des orages, qui eut une émeute à vaincre et l'expédition de Rome à continuer, a trop peu vécu pour mener à fin la politique qu'il croyait commandée par les intérêts de la France; mais personne ne lui contestera la gloire d'avoir été un ministère d'honnêtes gens, et cette gloire n'est pas devenue tellement banale, qu'on puisse la dédaigner. Plusieurs de ces honnêtes gens étaient des hommes éminents. M. de Tocqueville et ses collègues, entravés par des obstacles qui venaient de différents côtés, et (il serait puéril de ne pas oser le dire) ne voulant pas aller là où l'on devait arriver, se firent respecter de ceux même qui les combattaient. Pour sa part, il s'estima heureux de tomber avec un cabinet auquel on fit l'honneur de se séparer de lui quand on eut résolu d'agir contre ses principes.

Dieu me préserve de soulever une polémique irritante sur cette tombe qu'entourent des regrets et des hommages unanimes! Toutefois, puisque j'ai parlé de l'expédition de Rome, je dois dire, parce que je le sais, que le désir de M. de Tocqueville eût été que le pape délivré introduisit spontanément dans l'administration temporelle des réformes propres à affermir l'autorité du Saint-Père; mais il ne pensa jamais qu'on pût les imposer à un souverain indépendant et au chef de l'Église catholique.

Je ne doute pas que, si M. de Tocqueville eût conservé le pouvoir, il n'eût déployé toutes les qualités de l'homme d'État, qualités qu'il possédait et qu'il eut à peine le temps de montrer. Au premier rang je mets la conscience. Quelque étrange que puisse paraître cette assertion, la droiture est un grand art, à la condition d'y unir l'habileté. Or cet homme qui était la droiture même, était aussi un homme très-positif et très-pratique, comme je le remarquai avec quelque surprise dans les premiers temps où je le connus. Même dans la vie ordinaire, il avait besoin en toutes choses d'exactitude et de précision; il poussait la ponctualité presque jusqu'à la minutie. Jamais je n'ai connu d'esprit moins chimérique que cet esprit si abstrait, et de penseur qui eût plus le besoin du bon sens. Il suivait et conduisait une affaire, petite ou grande, avec une attention, une prévoyance merveilleuse. Ministre, le détail des affaires l'eût fatigué peut-être à la longue, parce que sa santé n'eût pu soutenir un travail sans relâche, d'autant plus pénible pour lui, qu'il ne savait rien faire à la hâte et négligemment; mais je me suis dit souvent, et je lui ai fait presque avouer quelquefois, qu'il eût été un diplomate achevé, car il avait tout ensemble beaucoup de fermeté et de finesse et, avec des formes charmantes, une ténacité inflexible. Une certaine réserve, qui n'était pas de la froideur et que tempérait la grâce de ses manières, l'eût rendu très-propre à prendre de l'ascendant sur un congrès, et je ne doute pas qu'il n'eût beaucoup réussi dans celui qui devait se réunir à Bruxelles, et où, sur la désignation du général Cavaignac, il devait représenter la France.

Il avait encore une autre qualité du politique : une connaissance parfaite des hommes. Les préventions ne l'aveuglaient pas plus sur les personnes que sur les idées, et, soit qu'il traitât avec les unes ou avec les autres, son jugement était très-impartial et très-arrêté. Personne n'analysait plus ingénieusement un caractère, ne faisait plus judicieusement la part des bonnes qualités et des mauvaises, ne voyait mieux le fort et le faible de chacun, même de ses amis, sans moins les aimer pour cela. Ceux qui l'ont connu ne me démentiront pas : il est impossible d'unir plus d'élévation de cœur et plus de sagesse d'esprit et des sentiments plus généreux à une clairvoyance plus pénétrante, de mieux faire comprendre comment en politique les principes absolus peuvent s'allier au sens de la réalité, et comment on peut tenir compte des faits et des idées dans la mesure qui leur appartient.

M. de Tocqueville, ce qui est rare chez les méditatifs et plus remarquable chez un homme d'une constitution si frêle, avait le tempérament de l'action. Il était décidé et résolu. « Je ne crains pas, me disait-il un jour, la responsabilité. » Aux journées de juin, il alla, avec quelques autres représentants, parcourir la ville, pour porter à la garde nationale les encouragements de l'Assemblée. Cette promenade à travers les rues hérissées de barricades n'était pas sans danger. Quand, le 24 février, une foule armée envahit la Chambre, le seul sentiment qu'il éprouva fut un profond dégoût pour ces honteuses violences. L'Assemblée fut en général très-digne, malgré les fusils dirigés des tribunes contre les membres immobiles sur leurs bancs. M. de Tocqueville regardait les envahisseurs avec tristesse, et me disait le lendemain, en homme qui a considéré froidement les chances du péril : « Je crois qu'ils n'ont pas eu un moment la pensée de tirer. » Je lui ai entendu dire également que jamais il ne s'était si bien porté que pendant la durée de son ministère; non que le bonheur d'être ministre lui semblât un remède à tous les maux : s'il avait eu l'ambition du pouvoir, il s'y serait pris autrement pour l'acquérir et le conserver; mais l'activité lui était bonne tant qu'il pouvait la supporter : il n'était pas de trempe à vivre seulement d'études et de réflexions.

Ce genre de vie trop prolongé était même aussi contraire à sa santé que l'existence agitée de député et de ministre.

Cependant il expia ce bien-être passager. Les fatigues endurées pendant son ministère ne tardèrent pas à produire leur effet, et un vomissement de sang considérable vint effrayer ceux qui l'aimaient. Heureusement ce grave accident n'eut point les suites qu'on redoutait. Les médecins déclarèrent qu'il semblait accidentel, qu'il pouvait ne pas se renouveler, et que, s'il ne reparaissait pas l'hiver suivant, on devrait le regarder comme non avenu.

Il fallait passer cet hiver dans un climat plus doux que celui de la France. M. de Tocqueville choisit Sorrente, où il s'établit avec madame de Tocqueville, et où j'allai le rejoindre.

Ah! voilà encore un de ces retours douloureux dont je ne puis me défendre et auxquels je me reproche de m'abandonner, quand je devrais ne songer qu'à la perte que vient de faire mon pays. Mais ce mot *Sorrente* a soudain évoqué un souvenir délicieux et poignant tout ensemble, auquel je ne puis, quoi que je fasse, m'arracher sans lui donner une larme : souvenir de ces temps heureux, supplice durable de l'existence qu'ils ont un moment embellie, et d'où on ne voudrait cependant pas les effacer, souvenir qui fait répéter vingt fois le jour ces vers de Dante si profondément vrais :

Nessun maggior dolore
Che ricordarsi del tempo felice
Nella miseria.

Il faut me reporter à ces moments pendant lesquels j'ai pénétré dans l'âme de cet illustre et cher ami; car mon devoir est d'y faire pénétrer le lecteur avec moi, et, si je parviens à retracer quelques traits de sa physionomie que je cherche à peindre, c'est à ces moments mêmes où il me fut donné de vivre auprès de lui que je le devrai.

L'accident dont j'ai parlé ne s'était pas renouvelé, et l'hiver se passa sans qu'il reparût. A mesure que la saison avançait, la sécurité de madame de Tocqueville et la mienne augmentaient, et nous pûmes nous dire : « Alexis est sauvé! » Je jouissais donc sans inquiétude de ses qualités solides et charmantes que je voudrais faire sentir à tous comme je les ai senties.

Nous habitions une maison située au-dessus de la route, un peu avant Sorrente, sur les premières pentes de la montagne; d'un toit en terrasse, l'on voyait à droite Naples et le Vésuve; à gauche, l'œil plongeait dans des vallons remplis d'orangers, dont les fruits étincelaient au soleil, et d'où sortaient des dômes, des clochers, de blanches villas : c'était une perspective enchantée. Que de choses bonnes, fines, élevées je lui ai entendu dire sur cette terrasse! Puis nous faisions de longues promenades à pied dans la montagne, car, tout frêle qu'il était, il était grand marcheur; et, pour suivre la ligne droite qui semblait sa direction naturelle, il franchissait au besoin une haie, un fossé, un mur parfois. Nous nous arrêtions dans quelque bel endroit, ayant en face de nous la mer et le ciel de Naples sur nos têtes. Alors, essoufflés, nous nous reposions quelques moments, et les entretiens recommençaient.

Son inépuisable esprit, qui n'était jamais plus actif et plus libre que dans ces moments-là, allait sans précipitation, sans secousse, mais avec un mouvement doux et varié, d'un sujet à un autre. Tous ces sujets se succédaient sans effort, depuis les considérations les plus hautes jusqu'aux remarques les plus ingénieuses, jusqu'aux anecdotes les plus piquantes, qu'il racontait avec un enjouement aimable et une malice sans fiel. Toujours d'un naturel parfait, il avait au sein de la plus grande familiarité un besoin d'élégance et de perfection dans le langage dont il ne pouvait se départir. Il parlait aussi bien pour un ami sans prétention, que dans les salons où je l'ai vu si gracieux avec les femmes, qu'à l'Académie, où tout ce qu'il disait avait un caractère de propriété, de convenance, de modération qui ne se démentit jamais. Assis sur un rocher, dans la montagne de Sorrente, on aurait pu écrire, et que n'ai-je écrit, tout ce qui lui échappait dans l'abandon de l'amitié. Il avait horreur de la phrase, mais je ne lui ai jamais entendu commencer une phrase sans l'achever.

Cet hiver-là, par une bénédiction du ciel, qui depuis s'est montré plus rigoureux, fut un hiver remarquablement beau et doux, même pour le climat de Naples. Presque chaque jour nous pûmes faire ces promenades, sans prix à nos yeux, auxquelles vint se joindre, pendant quelques semaines, un homme fort considéré en Angleterre, et d'un entrain d'esprit infatigable, M. Senior. Nos promenades se terminaient en faisant, des larges violettes qui croissaient au bord des chemins, un gros bouquet pour madame de Tocqueville, retenue sur sa terrasse, où une faiblesse de santé la confinait. Elle était heureuse de ces courses, dont le succès était un symptôme toujours plus rassurant. J'admirais en elle cette sérénité constante que la souffrance n'altérait pas, cette égalité d'une âme forte, et je les bénissais; car je sentais combien ces qualités étaient nécessaires à son mari, dont l'âme ardente, disposée à des irritations généreuses, sujette à des abattements mélancoliques, avait tant besoin d'être calmée et soutenue. En effet, lui d'un caractère si ferme, d'une volonté si persévérante, il était parfois, sous l'influence des douleurs d'estomac, qui furent le mal de toute sa vie, sujet à des accès de découragement sur sa santé et sur ses travaux, dont il se relevait bientôt, mais qui, tant qu'ils duraient, étaient fort tristes à voir. Possédé d'un vif désir de perfection, voulant que l'ouvrage sur la Révolution française, qu'il méditait alors, fût, comme il me le disait, non-seulement bien, mais très-bien, et n'ayant aucune vanité, il se laissait aller par moments à une défiance de ses forces que je faisais tout pour combattre. Il cherchait encore la forme la mieux appropriée à cette œuvre, qu'il sentait devoir être décisive pour sa renommée, car il aspirait au grand succès. Faire un livre estimable ne lui eût pas suffi, il visait plus haut, et avec raison, d'abord pour que la popularité de son livre le rendît plus utile, et aussi par le désir de la popularité du livre pour elle-même. Il voulait se maintenir au même rang, et monter encore, s'il était possible, dans la faveur publique. Il n'eût fait pour cela aucune concession d'idées, mais il était prêt à faire les plus grands efforts d'application et de talent. Philosophe par les procédés de l'esprit dans la composition de ses ouvrages, il était artiste par le besoin de leur donner la plus grande perfection et de leur mériter la plus grande célébrité possible. Noble ambition, quand elle ne coûte rien à la conscience de l'auteur. M. de Tocqueville mettait la vertu avant tout, mais il estimait la gloire; il ne repoussait pas ce mobile moins désintéressé, mais généreux et salutaire, et pour combattre de basses tendances, trop dominantes aujourd'hui, il allait jusqu'à souhaiter à ses contemporains un peu d'orgueil.

Le découragement d'où il était surtout difficile de le tirer était le découragement politique, et quoi de plus naturel? Il avait sondé mieux que personne la plaie des sociétés nouvelles; le penchant à trop se laisser distraire des aspirations vers la liberté par la satisfaction de l'égalité à tout prix. C'est cette crainte qui lui faisait écrire ces lignes : « J'aurais, je pense, aimé la liberté dans tous les temps, mais je me sens enclin à l'adorer dans le temps où nous sommes. » Il craignait, mais ne désespérait pas, comme l'a dit si à propos M. Vitet, dans un noble et charmant discours où il a salué au nom de l'Académie française le nom glorieux de celui qu'elle venait de perdre. En effet, quelques pages plus loin, il ajoutait : « Ayons donc de l'avenir cette crainte salutaire qui fait veiller et combattre, et non cette sorte de terreur molle et oisive qui abat les cœurs et les énerve. » Il imprimait cela en 1840. Les années et les événements n'avaient ni calmé ses inquiétudes ni éteint ses espérances. En 1857, il m'écrivait : « J'espère, en arrivant à Paris, me plonger dans les bibliothèques et les archives, ne fût-ce que pour me distraire de toutes les pensées tristes qui tapissent le fond de mon âme; car au fin fond de cette âme-là se trouve une grande et profonde tristesse, une de ces tristesses sans remède, parce que, bien qu'on en souffre, on ne voudrait pas en guérir; elle tient à ce qu'on a de meilleur. C'est la tristesse que me donne la vue claire de mon temps et de mon pays. » Mais cette tristesse, quelque amère qu'elle fût, n'était point du désespoir, car dans une autre de ses lettres il me disait : « Je n'ai point de crainte que nous finissions comme votre empire romain... des différences immenses sont au fond, entre autres celle-ci qui en vaut bien une autre : nous dormons, vos Romains étaient morts. »

Cependant ce sommeil des âmes l'oppressait, il n'aimait pas à parler légèrement de ce qui était si sérieux pour lui : souvent il écartait la politique d'une conversation légère, mais il ne pouvait la chasser de sa pensée, elle pesait sur lui et souvent l'accablait. Qui oserait s'irriter de ces douleurs sincères d'un bon citoyen? qui pourrait me reprocher de consigner ici un fait qui ne surprendra personne? Mais ce que nul ne sait comme le savent ceux qui ont vécu auprès de lui, c'est combien le sentiment de la chose publique ressemblait chez M. de Tocqueville aux sentiments qu'inspirent en général les intérêts particuliers et les affections privées. Il était malheureux d'un événement politique comme on l'est d'un malheur de famille; il était inquiet du tour que prendraient les affaires, comme d'autres s'inquiètent d'une santé qui leur est chère. Le sort du pays l'affectait comme son sort personnel. Je n'ai jamais vu personne s'identifier à ce point par le cœur avec la cause de tous. Je me rappelle qu'à Sorrente, quand les journaux contenaient quelque chose qui devait l'affliger, madame de Tocqueville avait soin qu'ils n'arrivassent pas le soir entre ses mains, de peur qu'il ne passât une trop mauvaise nuit.

A Sorrente, je vis aussi se manifester chez lui dans

tout son jour un sentiment d'un autre ordre et que j'avais déjà vu se produire à Tocqueville : c'était un vif et poétique sentiment de la nature, rare chez les hommes dont la vie se passe dans le monde des idées et dans l'occupation des affaires publiques. Il éprouvait une admiration passionnée pour les beaux aspects, pour la lumière, les montagnes, la mer. Quand, dans nos courses, un magnifique horizon se découvrait devant nous, je l'ai vu s'arrêter et tomber en extase. Il me rappelait alors M. de Chateaubriand apprenant à son arrivée à Dieppe les ordonnances de Juillet, et, tandis qu'on allait chercher les chevaux qui devaient le ramener sur-le-champ à Paris, seul avec moi, dans une chambre d'auberge, foudroyant du blâme le plus énergique et le plus éloquent la coupable et désastreuse mesure, puis s'arrêtant tout à coup pour contempler en silence le soleil qui se couchait dans les flots. A Sorrente, le publiciste, en présence de l'admirable spectacle offert à ses yeux, devenait par moment aussi poëte que le grand poëte.

Ceci me conduit à parler des goûts littéraires de M. de Tocqueville et de la nature de son esprit.

En littérature comme en politique, il avait besoin de la raison et il aimait la grandeur. Le commun le dégoûtait, et le bizarre le choquait vivement. L'imagination ne trouvait pas grâce devant ses yeux, si elle n'était sensée. Peut-être à cet égard portait-il la sévérité un peu loin. Sa jeunesse, fixée de bonne heure, avait été préservée des écarts de pensée et de rêverie par lesquels beaucoup d'hommes de notre génération ont passé : quoique admirant beaucoup *René* et parent de l'auteur, il n'avait jamais été de la famille de René. Son cœur, très-capable de passion, n'a pas connu, je crois, le *vague des passions*. Il ne comprenait bien en toutes choses que le droit et le simple. Les subtilités, en quelque genre que ce fût, lui déplaisaient, et tout l'esprit du monde ne leur faisait pas trouver grâce devant lui ; il poussait ce goût de la netteté, de l'évidence, jusqu'à une certaine antipathie pour les discussions philosophiques, lui esprit philosophique avant tout, et pour les controverses théologiques, lui si fortement attiré par les choses religieuses.

Un jour que je le trouvais un peu injuste pour l'*Allemagne* de madame de Staël, je l'étonnai en lui disant que ce livre avait exercé une grande influence sur moi et sur plusieurs de mes contemporains ; il n'avait point vécu dans ce milieu d'enthousiasmes incertains, d'innovations indécises, de mobiles élans où beaucoup d'entre nous ont trop vécu. Par là peut-être quelques horizons nuageux et resplendissants lui avaient été fermés, mais le sien y avait gagné en clarté, en sérénité, en juste proportion, sinon en immense et confuse étendue. De cette éducation austère et sobre de son esprit résultait pour cet esprit une forte originalité. Aujourd'hui tout le monde sait tout, a tout lu, tout comparé, tout compris. Combien ont admiré et cru successivement les choses les plus contraires! L'intelligence s'exerce assurément dans ces efforts en tous sens, mais elle s'y use souvent et presque toujours l'âme s'y affaiblit. Ces lumières qui se croisent et se confondent produisent l'éblouissement, et l'éblouissement aveugle. Comment marcher droit, en effet, dans un labyrinthe où tant de routes si diverses se déroulent devant nous? A force de considérer les choses sous tous leurs aspects, on perd la notion vraie des choses, et à force de vouloir tout concevoir on arrive à ne rien comprendre.

Dans sa prudente retenue, M. de Tocqueville avait évité les dangers de cette mobilité, de cette versatilité de l'esprit dans laquelle plusieurs ont cru voir un signe de sa puissance, et dont d'autres sont revenus comme d'un labeur né de son inquiétude et plus propre à l'épuiser qu'à le satisfaire. Il ne connaissait point cette curiosité universelle, plutôt allemande que française, qui s'intéresse un peu à tout, parce qu'elle ne s'intéresse très-sérieusement à rien, ce désir fébrile de tout embrasser qui, comme dit le vieux proverbe, ne sait pas étreindre fortement, cette promiscuité stérile de l'intelligence qui, pour s'unir à trop d'objets, devient incapable de produire, cette sympathie sans entrailles qui dirait volontiers à tous les faits et à toutes les idées ce que, dans la comédie du *Séducteur*, la mère philosophe dit à sa fille :

Je vous aime pourtant, car vous êtes un être.

M. de Tocqueville avait la faculté opposée, la faculté de concentration, faculté féconde qui se fortifie en se limitant, pénètre au cœur d'un sujet, en appuyant sur un point au lieu de s'émousser en se promenant sur un contour, et trouve la profondeur, parce qu'elle ne s'amuse pas à la superficie.

Les faits ne l'intéressaient guère en eux-mêmes, mais beaucoup par rapport à leurs principes et à leurs conséquences; il n'envisageait pas une idée, comme on dit, sous toutes ses faces, mais il en considérait attentivement la face principale; il ne faisait pas miroiter cette idée en tous sens, mais il l'observait sous son véritable jour. Et alors, de l'idée mère ainsi aperçue et saisie dans sa vérité, il tirait les idées secondaires avec une merveilleuse puissance de déduction. Son point de départ était d'une grande originalité, mais original à force d'être vrai, aussi éloigné du lieu commun que du paradoxe, et la route dans laquelle il marchait d'un pas intrépide, mais prudent, était une route entièrement nouvelle; il l'ouvrait vigoureusement, la poussait en ligne droite à travers la multitude des faits, et arrivait à des conclusions non moins neuves elles-mêmes que la voie qui l'y avait conduit.

Ce que j'ai eu souvent l'occasion d'observer dans son commerce intime, je le retrouve dans ses livres. Qu'est-ce que la *Démocratie en Amérique*, sinon une déduction patiente et profonde qui part d'une idée simple et grande : le progrès irrésistible de l'égalité dans les sociétés nouvelles, en découvre les conséquences, en signale les avantages et les dangers et arrive à cette conclusion : qu'il n'y a contre les périls que l'égalité fait courir à la liberté d'autre défense que le développement de la liberté elle-même? Comment douter que l'instinct d'égalité, noble en soi, et qui, M. de Tocqueville le reconnait, peut favoriser la liberté, n'ait besoin d'elle, que sans elle il ne puisse être une incitation à la bassesse, alors qu'on s'accommode du joug, pourvu qu'il soit de niveau et courbe également tous les fronts, alors que chacun consent à être opprimé pourvu que tous le soient!

Cet ouvrage a pour cadre, ou, si l'on veut, pour premier plan, une représentation fidèle de l'organisation politique des États-Unis. Mais le vrai sujet du livre est la démonstration, par les faits, d'une grande thèse de philosophie politique. En parlant de cet exposé du gouvernement américain, M. de Tocqueville me disait un jour : « Je n'ai pas voulu faire un tableau, mais présenter un miroir. » Miroir, en effet, où les Américains se sont reconnus, bien que l'auteur ne les ait point flattés et ne leur ait pas épargné les avertissements sévères. Cependant, quoi qu'il en ait dit, son livre est aussi un tableau dans lequel l'unité de composition, c'est-à-dire l'unité d'idées, groupe toutes les parties autour d'un centre; ou, si c'est un miroir, ce miroir est comme celui des télescopes, il a un foyer.

Ce foyer de lumière et de chaleur, c'est à la fois une idée et un sentiment : l'idée et le sentiment de la liberté; de la liberté vraie, qui n'est ni la révolution ni la démocratie, que révolutions et démocraties ont servie et trahie tour à tour, qui termine les révolutions et les empêche de renaître, qui élève les démocraties et les épure, les protége contre le despotisme et contre elles-mêmes; la liberté que le citoyen défend dans sa personne, ce qui fait l'indépendance individuelle, et respecte dans la personne d'autrui, ce qui crée l'ordre public; la liberté qui n'est pas une utopie vague, mais un fait positif, la liberté pratique, usuelle, qui s'applique à tout comme un principe, comme un secours ou comme un remède; la liberté, garantie de la dignité humaine, condition de la fierté de l'âme qui n'existent pas sans elle; la liberté, fille des vertus, sans lesquelles elle ne saurait vivre; la liberté, compagne de la religion, de laquelle M. de Tocqueville ne croyait point qu'on pût la séparer; car il n'admettait pas, je le lui ai souvent entendu dire, qu'un peuple irréligieux fût capable d'être libre.

Dans la première partie de son ouvrage, l'auteur a soumis à une investigation profonde le mécanisme du seul gouvernement qui ait concilié l'égalité véritable et la vraie liberté. Dans la seconde, il a recherché quelle était l'influence du principe démocratique sur le mouvement intellectuel, les sentiments et les mœurs des démocraties.

Il faut le reconnaître, cette seconde partie a eu moins de succès que la première. Dans mon opinion bien arrêtée, et que j'ai vue partagée par plusieurs bons juges, cette suite, qui a paru plus tard, est au moins égale au commencement. J'incline même fortement à croire qu'elle lui est supérieure. Mais on a une prévention contre les *suites;* celle-ci pourtant était plutôt un complément de l'ouvrage, un complément nécessaire dans lequel la pensée de l'auteur se déploie tout entière et où se trouvent les plus belles pages du livre ; et puis rien n'est si rare qu'un second succès égal au premier, quand le premier succès a été éclatant. Le public salue volontiers un nom nouveau qu'il met une sorte d'amour-propre à découvrir ; on consent à proclamer un mérite inconnu qui n'a encore offusqué personne, mais on aime à prendre sa revanche contre un mérite que le succès a consacré. Cette fois on est sur ses gardes, on ne veut pas donner deux fois dans le piége de l'admiration, on n'est pas fâché de se dédommager, à la prochaine occasion, d'une première surprise de l'enthousiasme. De plus, quand les deux derniers volumes parurent, M. de Tocqueville était entré dans la vie politique; il avait des adversaires, il faisait partie d'une minorité, d'une opposition. Aujourd'hui que le temps a emporté ces circonstances passagères, que minorités et majorités ont disparu devant le fait triomphant, l'impartialité d'un jugement qui est déjà pour l'auteur celui de la postérité reconnaitra, ce me semble, que les grandes qualités de son esprit sont plus évidentes encore dans la seconde partie de la *Démocratie* que dans la première.

Dans la première, qui renfermait un exposé méthodique de la constitution des États-Unis, on sentait déjà la puissance méditative de ce vigoureux esprit, on pouvait lire entre les lignes de cet exposé la pensée originale et y découvrir l'âme de l'écrivain; dans la seconde, sa pensée et son cœur se montrent sans voile; tout y est lui-même, le penseur et l'homme sont à nu.

Cette seconde partie était beaucoup plus difficile à écrire que la première, et, je m'en souviens, l'auteur le sentait bien. Mais elle était aussi encore plus dans son génie; le propre de ce génie était surtout de creuser les idées. M. de Tocqueville avait admirablement expliqué le système politique des États-Unis, il en avait discerné les principes et suivi ces principes dans leur application à tous les états démocratiques; c'est, comme je l'ai dit, la déduction philosophique des idées, qui donne à ce tableau animé son relief et sa profondeur. Mais ce tableau, quelque achevé qu'il fût, ne montrait les facultés dominantes de l'esprit de M. de Tocqueville qu'à travers les détails compliqués de la forme du gouvernement américain qu'il voulait faire connaître. Dans l'autre partie de son ouvrage, il n'est plus qu'en présence des idées générales et des faits généraux de la démocratie; plus à l'aise parce qu'il n'a qu'à découvrir, il va plus loin encore, ce me semble, dans la nouveauté et l'originalité; il s'élève à une plus haute éloquence.

Sans doute, sur ce terrain plus vaste, ses pas plus hardis ne pouvaient être aussi assurés, et parce qu'il affirme plus, on peut lui contester davantage. Démêler l'influence de l'égalité sur le mouvement intellectuel, les sentiments et les mœurs d'un peuple, est une recherche nécessairement plus hasardée qu'apprécier la part de l'égalité dans les lois, mais aussi une recherche qui conduit à des résultats encore plus inattendus. C'est dans le volume où il est traité de l'influence de la démocratie sur les mœurs, et où l'auteur a placé en finissant une vue générale du sujet de tout l'ouvrage, que, selon moi, M. de Tocqueville fait voir le plus de finesse et le plus de profondeur, et ce volume restera peut-être, parmi les quatre dont se compose la *Démocratie en Amérique*, comme son titre le plus singulier à l'admiration des hommes.

Cependant il y a encore un progrès de la seconde partie de la *Démocratie* au dernier livre de M. de Tocqueville, l'*Ancien Régime et la Révolution française*. Ici je demande aux lecteurs du *Correspondant* la permission de m'emprunter à moi-même une courte analyse de ce livre qui, lors de son apparition, fut publiée dans un recueil étranger[1], où probablement ils n'ont point été la chercher. Il me serait impossible de refaire autrement cette analyse, et je la ferais d'ailleurs avec un esprit moins libre. Celle-ci a du moins un avantage : elle a été jugée fidèle par l'auteur.

Après avoir rappelé le succès de la *Démocratie en Amérique*, je disais :

« Aujourd'hui, M. de Tocqueville, ayant vécu dans les Chambres et passé par le pouvoir, confirmé ses théories par l'expérience et donné à ses principes l'autorité de son caractère, a employé le loisir que lui font les circonstances actuelles à méditer sur un fait plus vaste que la démocratie américaine, sur la Révolution française. Il a voulu expliquer ce grand fait, car le besoin de son esprit est de chercher dans les choses la raison des choses. Son but a été de découvrir par l'histoire comment la Révolution française était sortie de l'ancien régime. Pour y parvenir, il a tenté, ce dont on ne s'était guère avisé avant lui, de retrouver et de reconstruire l'état vrai de la vieille société française. Ceci a été une œuvre de véritable érudition prise aux sources, appuyée sur les archives manuscrites de plusieurs provinces : des notes fort curieuses, placées à la fin du volume, en font foi. Ce travail à lui seul eût été très-important et très-instructif; mais,

[1] La *Rivista contemporanea* de Turin, livraison du 25 juillet 1856.

dans la pensée de celui qui a eu le courage de l'entreprendre et de le poursuivre, ce n'était là qu'un moyen d'arriver à l'interprétation historique de la Révolution française, de comprendre cette Révolution et de la faire comprendre.

« La Révolution, selon M. de Tocqueville, n'a pas été un accident fortuit, une maladie passagère, comme l'ont cru de grands esprits contemporains de son apparition. Elle n'a pas été non plus quelque chose de monstrueux et d'inexplicable, comme d'autres le pensèrent; elle n'était point la négation de toute autorité religieuse ou civile, car l'autorité religieuse y est rentrée et le pouvoir civil s'est accru par elle; elle a été à la fois préparée et provoquée par l'état social qui l'a précédée : préparée, car la société européenne, telle qu'elle fut organisée au moyen âge, avait été remplacée en France par un état de choses beaucoup plus semblable qu'on ne croit à celui que la Révolution a fondé ; provoquée, parce que l'ancien régime avait fait tout ce qu'il fallait pour rendre intolérable à la masse de la nation cet état de choses, dont, en se débarrassant de ce qui l'y gênait, elle devait trop bien s'accommoder plus tard.

« On est saisi d'étonnement en voyant dans le livre de M. de Tocqueville à quel point presque tout ce que l'on regarde comme des résultats ou, ainsi qu'on dit, des conquêtes de la Révolution, existait dans l'ancien régime : centralisation administrative, tutelle administrative, mœurs administratives, garantie du fonctionnaire contre le citoyen, multiplicité et amour des places, conscription même, prépondérance de Paris, extrême division de la propriété, tout cela est antérieur à 1789. Dès lors, point de vie locale véritable; la noblesse n'a que des titres et des priviléges, elle n'exerce plus aucune influence autour de soi, tout se fait par le conseil du roi, l'intendant où le subdélégué : nous dirions le conseil d'État, le préfet et le sous-préfet. Il ne se passe pas moins d'un an avant qu'une commune obtienne du pouvoir central la permission de rebâtir son presbytère ou de relever son clocher. Cela n'a guère été surpassé depuis. Si le seigneur ne peut plus rien, la municipalité, sauf dans les *pays d'états*, peu nombreux, comme on sait, et auxquels est consacré, dans l'ouvrage de M. de Tocqueville, un excellent appendice, la municipalité ne peut pas davantage. Partout la vraie représentation municipale a disparu, depuis que Louis XIV a mis les municipalités *en office*, c'est-à-dire les a vendues : grande révolution accomplie sans vue politique, mais seulement pour faire de l'argent, ce qui est, dit justement M. de Tocqueville, bien digne du mépris de l'histoire. L'héroïque commune du moyen âge, qui, transportée en Amérique, est devenue le *township* des États-Unis, s'administrant et se gouvernant lui-même, en France n'administrait et ne gouvernait rien. Les fonctionnaires pouvaient tout, et, pour leur rendre le despotisme plus commode, l'État les protégeait soigneusement contre le pouvoir de ceux qu'ils avaient lésés. En lisant ces choses, on se demande ce que la Révolution a changé et pourquoi elle s'est faite. Mais d'autres chapitres expliquent très-bien pourquoi elle s'est faite et comment elle a tourné ainsi.

« Elle s'est faite contre le noble qui n'avait plus assez de pouvoir pour être respecté et qui avait encore assez de priviléges pour être haï par le paysan, chez lequel la passion de la propriété territoriale était aussi ardente que de nos jours, et qui, M. de Tocqueville le démontre, était déjà propriétaire foncier; déjà la terre était *subdivisée à l'infini*, c'est l'expression d'un intendant. Quelle merveille que le paysan ait voulu s'arrondir plus tard aux dépens de la noblesse et du clergé! Dans les villes, l'ouvrier souffrait des restrictions absurdes qui lui interdisaient le libre exercice de son métier; le bourgeois s'indignait que le noble ne fût pas imposé, et, quand il l'était, le fût autrement que lui. Il lui était dur de racheter les offices qu'il avait déjà payés, toutes les fois que le roi avait besoin d'argent. Nul concert entre les citoyens pour une résistance raisonnable au pouvoir ou une amélioration graduelle dans leur condition n'était possible, car les classes que les souverains s'étaient appliqués à séparer étaient sans lien commun, s'isolant toujours davantage jusqu'au jour où les unes en viendraient à dévorer les autres; et, ce qui achev de préparer leur guerre, ces classes, qui ne se rapprochaient point, cessaient chaque jour de différer. Sauf le vernis des manières, la bourgeoisie et la noblesse étaient fort semblables par les goûts, par les idées, par la fortune.

« Bien que le sentiment de la liberté ne soit pas, à tout prendre, celui qui a tenu le plus de place dans la Révolution, l'on ne saurait nier qu'il n'y ait joué aussi son rôle ; il en est sinon le trait essentiel, au moins le trait le plus brillant. Eh bien, ce noble sentiment n'était pas aussi absent qu'on pourrait le croire des âmes françaises sous l'ancien régime : le gentilhomme avait sa fierté et le magistrat son indépendance ; le prêtre invoquait ses immunités et le bourgeois réclamait ses priviléges. Le paysan seul était étranger à tout sentiment de ce genre ; et, comme il forme la majorité, il n'est pas surprenant que ce sentiment ait toujours été si tiède chez cette majorité, et le soit encore. Mais comment accuser le paysan de n'avoir pas acquis la notion des droits politiques dans une société où il n'en avait aucun ? Aussi ce ne sera pas la liberté qui allumera la torche avec laquelle il incendiera les châteaux, ce sera la misère et la haine.

« La société que le passé avait faite penchait donc d'elle-même vers la Révolution ; il faut voir maintenant dans le livre de M. de Tocqueville comment on l'y précipita.

« Dans cette France d'où la possibilité d'une résistance légale était absente, le gouvernement, qui l'en avait graduellement bannie, se trouva face à face avec les écrivains. La vie politique, chassée de partout, se réfugia dans la littérature ; la théorie, que nulle épreuve de la pratique ne pouvait éclairer ou modérer, fut aveugle et absolue. Comme on n'avait aucune prise sur les abus, on ne trouva d'autres ressources contre eux qu'une rénovation radicale de la société. Cette rénovation radicale fut prêchée par des hommes qui ne savaient rien des affaires, à une multitude qu'on en avait toujours tenue éloignée et qui était la proie du mécontentement et de l'ignorance. L'aristocratie ou plutôt la noblesse, — car M. de Tocqueville montre fort bien, le premier, je crois, qu'en France il y avait une noblesse, mais point d'aristocratie, tandis qu'en Angleterre il y a une aristocratie et pas de noblesse véritable, — la noblesse française n'exerçait pas plus d'influence sur l'opinion qu'elle n'avait de part au gouvernement. N'ayant aucun pouvoir à perdre, et dans sa légèreté ne voyant pas le danger que couraient ses prérogatives séculaires, elle se mit elle-même à conspirer par l'esprit contre la vieille société qui maintenait ces prérogatives. L'autorité gouvernementale dont les théoriciens les plus ardents, les *économistes*, par exemple, acceptaient l'agrandissement, pourvu qu'elle se mît au service de leurs idées ; l'autorité ne s'inquiétait pas beaucoup de théories qu'elle ne croyait pas dangereuses. Peut-être par une sympathie secrète, mais surtout par mollesse, par incurie de tout ce qui n'était pas obstacle ou embarras matériel, on tracassait les opinions nouvelles et on ne les réprimait point, leur résistant assez pour les exciter, trop peu pour les contenir.

« La prospérité même de la France, que M. de Tocqueville montre avoir été plus grande sous Louis XVI qu'à aucune époque antérieure, aidait la Révolution. Les améliorations qui s'introduisaient incomplétement dans l'ancienne monarchie en hâtèrent la ruine ; car c'est toujours quand un état de choses qui doit périr devient moins mauvais qu'il est plus menacé ; c'est quand un joug est moins lourd qu'on arrive à se sentir la force de le briser.

« Tandis que la nation commençait à s'apercevoir de tout ce qui lui manquait, avec un mélange de bon vouloir et d'imprudence dans lequel entrait un peu de confiance étourdie et dédaigneuse, le pouvoir se mit à seconder par des déclarations, on pourrait dire des déclamations téméraires, ce mécontentement auquel il ne remédiait point. Les intendants tonnaient contre la barbarie des riches. « Sa Majesté, disaient-« ils, veut défendre le peuple contre les manœuvres « qui l'exposent à manquer de l'aliment de première « nécessité et le forcent de livrer son travail à tel sa-« laire qu'il plaît aux riches de lui donner ; le roi ne « souffrira pas qu'une partie des hommes soit livrée

« à l'avarice de l'autre. » On croyait apparemment le peuple sourd, mais il entendait.

« Le gouvernement se prêtait avec une singulière bonne grâce à faire, comme dit M. de Tocqueville, l'éducation révolutionnaire du peuple; il l'accoutumait à ne rien respecter du passé que ce peuple allait détruire. On portait la main sur le Parlement, la plus antique institution de la monarchie. Quand on voulait faire une route, on s'emparait des terres des particuliers et souvent on oubliait de les payer; on abolissait des fondations pieuses ou d'utilité publique, ou bien on en changeait l'emploi. Les réquisitions, la vente obligatoire des denrées, le *maximum*, sont des inventions de l'ancien régime. M. de Tocqueville le dit et le prouve. Dans ses rapports avec les particuliers, le gouvernement substituait des formes violentes aux formes de la justice. Nulle part, comme le remarque l'auteur, les tribunaux ordinaires n'étaient plus indépendants qu'en France, mais on avait soin de remédier à cet inconvénient par des tribunaux exceptionnels ou par le bon plaisir des intendants. . . . . . .

. . . .

. . . .

Alors parut la Révolution ; elle sortit de ce qui la précédait, on peut dire qu'elle y était déjà.

« Au fond, deux choses ont fait la Révolution : le besoin d'égalité et le désir de liberté; mais on était bien plus préparé par l'ancien régime au triomphe de l'une qu'à l'avénement de l'autre. L'ancien régime avait fait l'égalité politique au-dessous de lui par l'anéantissement de tous les pouvoirs; il n'avait laissé debout que l'inégalité irritante et sans base des priviléges. Pour la liberté politique, on n'avait pu l'apprendre dans une société où elle n'existait régulièrement nulle part; on n'en possédait nulle notion précise, mais seulement un instinct vague que rien n'avait pu éclairer; aussi fut-elle un nom qu'on invoquait plutôt qu'une chose qu'on voulait acquérir ou conserver. Elle a figuré à peine dans la Révolution : essayée sous la monarchie constitutionnelle, elle avait paru prendre racine dans nos mœurs et elle a été emportée avec cette monarchie en quelques heures, parce que les masses ne s'étaient pas encore élevées à elle. La liberté! qui y croit maintenant en France? qui y songe? Quelques hommes seulement, peut-être, mais ce sont ceux dont le monde sait les noms et qui comptent en Europe comme les vrais représentants de la pensée française : l'un des plus illustres et des plus respectés a écrit ces lignes, noble profession de foi dans la liberté, qui la définit et la fait sentir : « Je me suis souvent demandé où est la source de « cette passion de la liberté politique, qui, dans tous « les temps, a fait faire aux hommes les plus grandes « choses que l'humanité ait accomplies, dans quels « sentiments elle s'enracine et se nourrit. Je vois bien « que, quand les peuples sont mal gouvernés, ils con-

« çoivent volontiers le désir de se gouverner eux-« mêmes; mais cette sorte d'amour de l'indépendance « qui ne prend naissance que dans certains maux « particuliers et passagers que le despotisme amène « n'est jamais durable. Elle passe avec l'accident qui « l'avait fait naître; on semblait aimer la liberté, il « se trouve qu'on ne faisait que haïr le maître. Ce que « haïssent les peuples faits pour être libres, c'est le « mal même de la dépendance. Je ne crois pas non « plus que le véritable amour de la liberté soit ja-« mais né de la seule vue des biens matériels qu'elle « procure, car cette vue vient souvent à s'obscurcir. « Il est bien vrai qu'à la longue la liberté amène tou-« jours, à ceux qui savent la retenir, l'aisance, le « bien-être et souvent la richesse; mais il y a des « temps où elle trouble momentanément l'usage de « pareils biens; il y en a d'autres où le despotisme « seul peut en donner la jouissance passagère. Les « hommes qui ne prisent que ces biens-là en elle ne « l'ont jamais conservée longtemps. .

« Ce qui, dans tous les temps, lui a attaché si for-« tement le cœur de certains hommes, ce sont ses at-« traits mêmes, son charme propre, indépendant de « ses bienfaits, c'est le plaisir de pouvoir parler, agir, « respirer sans contrainte sous le seul gouvernement « de Dieu et des lois. Qui cherche dans la liberté « autre chose qu'elle-même est fait pour servir.

« Certains peuples la poursuivent obstinément à

« travers toutes sortes de périls et de misères ; ce ne « sont pas les biens matériels qu'elle donne que ceux-« ci aiment alors en elle : ils la considèrent elle-« même comme un bien si précieux et si nécessaire, « qu'aucun autre ne pourrait les consoler de sa perte « et qu'ils se consolent de tout en la goûtant. D'au-« tres se fatiguent d'elle au milieu de leurs prospé-« rités ; ils se la laissent arracher des mains sans ré-« sistance, de peur de compromettre par un effort ce « même bien-être qu'ils lui doivent. Que manque-t-il « à ceux-là pour rester libres ? Quoi ? Le goût même « de l'être. Ne me demandez pas d'analyser ce goût « sublime, il faut l'éprouver ; il entre de lui-même « dans les grands cœurs que Dieu a préparés pour le « recevoir ; il les remplit, il les enflamme ; on doit « renoncer à le faire comprendre aux âmes médiocres « qui ne l'ont jamais ressenti. »

« Cette seule citation suffira pour faire connaître l'âme et le langage de l'auteur. J'ose à peine apprécier dans une œuvre si sérieuse les qualités purement littéraires ; cependant je ne puis taire que le style de l'écrivain a encore grandi. Ce style est à la fois plus large et plus souple. Chez lui, la gravité n'exclut pas la finesse, et, à côté des considérations les plus hautes, le lecteur rencontre une anecdote qui peint ou un trait piquant qui soulage l'indignation par l'ironie. Un feu intérieur court à travers ces pages d'une raison si neuve et si sage, la passion d'une âme généreuse les anime toujours ; on y entend comme un accent d'honnêteté sans illusion et de sincérité sans violence qui fait honorer l'homme dans l'auteur et inspire tout à la fois la sympathie et la vénération. »

Le livre parut en 1856 ; il eut un succès immense et incontesté. Je passai avec M. de Tocqueville l'automne de cette année. Quand je le quittai, au commencement de 1857, il achevait les modestes embellissements de sa demeure ; il commençait à s'occuper de l'ouvrage destiné à faire suite au premier. Cet ouvrage, il ne devait pas l'achever ; ce lieu, qu'il embellissait pour l'avenir, je ne devais plus l'y revoir ; mais il était aussi loin que moi-même de concevoir alors sur sa santé la plus légère inquiétude. On peut en juger par la lettre suivante ; la dernière que j'ai reçue de lui ce printemps encore n'en témoignait pas davantage. Voici ce qu'il m'écrivait le 17 janvier 1857. La gaieté du commencement de cette lettre me déchire, tandis que je la transcris. Mais je ne puis me résoudre à ne pas prendre au hasard dans celles que j'ai reçues de lui depuis deux ans quelques lignes où respire, comme partout dans cette précieuse correspondance, une tendresse d'âme aussi aimable que vraie. C'est au sein de l'intimité seulement qu'ont pu se produire les qualités affectueuses du cœur, associées chez M. de Tocqueville aux plus hautes facultés de l'esprit. Là est pour l'amitié l'excuse et je dirais presque le devoir d'en révéler quelque chose aujourd'hui.

« J'espère, cher ami, que le Dieu qui vous suit toujours en voyage vous aura accompagné cette fois jusqu'à Rome. Je dis quelquefois que c'est le même Dieu qui veille sur les ivrognes. Vos distractions vous donnent les mêmes droits à sa protection. J'espère donc qu'à l'heure où je vous écris vous êtes paisiblement établi dans un bon logement, jouissant et de Rome et de la santé! Vous avez dû vous embarquer jeudi dernier. Nous avons bien pensé à vous ce jour-là. Le temps était doux et calme sur nos rivages, j'espère qu'il en aura été de même sur ceux de la Méditerranée. Les jours qui avaient précédé avaient été tempêtueux et les jours qui ont suivi violemment agités par le vent. Vous avez dû passer entre deux tempêtes. Dieu des ivrognes et des distraits, que vous êtes grand!

« Tant il y a que vous voilà tiré d'une grande difficulté. Depuis votre départ de Tocqueville, nous éprouvions une certaine anxiété. Le passage par Paris surtout nous paraissait une épreuve. Quel désagréable incident c'eût été d'être saisi dans cette ville par un catarrhe! Nous nous en serions sentis un peu responsables, et cette idée n'ajoutait pas peu à notre inquiétude. Mais vous avez eu un temps de printemps qu'on n'avait pas vu avant et qu'on n'a pas revu depuis.

« Vous êtes, en vérité, bien bon d'avoir passé tant de temps à me chercher des livres. Croyez que, s'il m'avait été possible d'obtenir par un autre les ouvrages que vous avez bien voulu extraire pour moi des bibliothèques, je ne me serais pas adressé à vous, car je n'ignorais pas le nombre de vos occupations à Paris. Je vous suis bien reconnaissant de ce que vous avez fait. Ce qui vous consolera peut-être un peu de la peine que vous avez été obligé de prendre, c'est l'usage *sérieux* que je commence à faire de tous les livres et documents qui me parviennent. Je crois vraiment que je commence à me remettre tout de bon au travail, et je pense que cette impulsion que je commence à ressentir, ce me semble, s'accroîtra encore beaucoup à Paris. Après tout, mes ouvriers me sont une plus sérieuse distraction que les salons, surtout dans la disposition d'esprit que j'y apporterai cette fois... Parlez-nous bien de vos travaux à Rome, vous savez si nous nous y intéressons! Un si grand nombre d'entre eux a été commencé à Tocqueville, qu'il nous semble que nous sommes pour quelque chose dans leur produit, auquel nous portons un intérêt personnel. Nous dirions volontiers *notre succès*, en parlant du vôtre. Combien je voudrais que l'essai que vous avez fait cette année d'un quartier d'hiver à Tocqueville vous engageât à y revenir de la même manière! Mais nous vous avons fait faire un rude début, et cela m'inquiète un peu pour la suite. Jamais Tocqueville, croyez-le bien, n'a été et ne sera aussi inhabitable que cet hiver, et je crois pouvoir affirmer, sans trop me compromettre, que la première fois que vous nous donnerez le plaisir de votre compagnie dans cette saison, nous ne vous ferons point, comme cette fois, camper en plein marais; vous aurez des allées sèches dans tous les temps et, j'espère, aussi des promenades abritées. Vous entrez dans tous nos plans pour une part, et, lorsque notre imagination a trouvé un bon lieu de promenade à créer, il est rare qu'en manière de conclusion nous n'ajoutions pas : « Voilà un lieu qu'Ampère aimera certainement. » Ne nous jugez donc pas, je vous prie, sur nos infirmités actuelles, mais sur nos agréments futurs. »

Je n'ai pas besoin de dire combien la délicatesse de son amitié s'exagérait la peine que j'avais pu prendre et à quel point je m'étais trouvé bien de toute manière dans ce très-agréable lieu dont le possesseur faisait les honneurs avec un enjouement plein de grâce et qu'on n'eût pas espéré peut-être rencontrer chez lui à côté de tant de sérieux et de gravité. Je n'ai pas besoin non plus de m'étendre sur le désir que j'avais de me retrouver sous le toit d'un tel ami. Il a fallu des circonstances bien impérieuses pour me priver de ce bonheur pendant deux ans.

Dix-huit mois s'écoulèrent sans alarmes et sans que rien annonçât celles qui devaient nous troubler. Après l'accident déjà ancien dont j'ai parlé et qui n'avait été suivi d'aucun accident semblable, M. de Tocqueville avait eu une pleurésie qui avait inquiété passagèrement ses amis. Mais ni eux ni les médecins, entre autres l'habile docteur Bretonneau, qui le vit, près de Tours, tous les jours pendant plusieurs mois, et qui le premier était parvenu à diminuer notablement les maux d'estomac dont il fut toujours tourmenté, n'avaient paru craindre une maladie de poitrine. Il n'en avait jamais été question avant l'été dernier. Quand M. Andral lui conseilla de passer l'hiver sous une latitude plus douce, M. de Tocqueville songeait à Rome où je me trouvais, et déjà il m'avait écrit de lui chercher un appartement, mais l'on préféra pour lui le séjour de Cannes, bien moins éloigné, ce qui lui permettait d'ailleurs de ne pas quitter la France. Le voyage, entrepris dans une saison avancée, fut très-pénible et ses effets furent désastreux. Cependant, des nouvelles sinistres ayant été répandues par les journaux, M. de Tocqueville prit soin de rassurer ses amis. Sa sollicitude délicate à cet égard n'a toujours été que trop vive !

Au mois de janvier, le mal augmenta ; il y eut des symptômes effrayants, mais ils disparurent, et M. de Tocqueville put croire, selon ses propres expressions, que, la grande crise étant passée, il entrait en convalescence. Il reprit avec moi sa correspondance interrompue pendant quelques semaines, et les craintes que j'avais ressenties se calmèrent avec les siennes. Cependant, à Paris, quelques personnes, mieux informées qu'on ne l'était à Rome, ne conservaient plus d'espoir. Un des médecins de Cannes avait déclaré qu'il n'en restait point. Un autre, il est vrai, pensait autrement, et encore au commencement de mars le disait à M. de Beaumont qui était auprès de son ami. Pour le malade, sa sécurité était complète ; ses lettres, écrites sans nulle trace d'effort, avec une parfaite liberté d'esprit, et d'autres lettres venues de Cannes avaient fini par me communiquer ses illusions sur le présent, car l'avenir m'inquiétait beaucoup. J'allais jouir de la convalescence, au moins provisoire, de mon ami ; j'allais passer un mois à Cannes, comme j'aurais été le passer à Tocqueville, quand à Marseille la nouvelle d'un malheur entièrement imprévu me foudroya.

Je suis entré dans ces détails, parce que tout ce qui concerne la fin prématurée d'un homme célèbre mérite d'être bien connu. Par la même raison, je dirai la vérité sur un autre point que quelques récits n'ont pas présenté avec une complète exactitude. La pensée de la mort n'a été pour rien dans les actes religieux que M. de Tocqueville a accomplis à Cannes, car cette pensée, Dieu lui en a toujours épargné l'amertume. Lorsqu'il se croyait le plus sûr de guérir, il a spontanément appelé le médecin de l'âme, comme il aurait appelé le médecin du corps, et avec une parfaite simplicité il a rempli les devoirs que l'Église catholique impose à ses enfants. Il n'y a qu'une chose à dire de sa fin : elle fut chrétienne comme sa vie.

Ajouterai-je encore une page à ce triste récit? c'est celle qu'il me coûte le plus de tracer ; j'en aurai cependant le courage : les funérailles d'un homme de bien doivent être racontées ; ce souvenir douloureux complète les glorieux souvenirs d'une vie qui appartient à la postérité. Oui, mon hommage funèbre suivra ici jusqu'au bout ce parfait ami, comme il l'a suivi depuis Cannes jusqu'au fond de la Normandie, jusqu'à ce cher Tocqueville, où il a voulu que son tombeau fût placé parmi les tombes modestes de ceux au milieu desquels il aimait à vivre et près desquels il a désiré reposer.

Deux fois sa dépouille mortelle a été apportée dans une église, deux fois une cérémonie religieuse a rassemblé autour de ses restes ses frères et quelques amis, la première à Cannes, la seconde à Tocqueville. A Paris, une messe basse a été dite dans une chapelle souterraine de la Madeleine, église où son cercueil se trouvait momentanément déposé. Nulle solennité n'a réuni près de l'illustre défunt ses anciens collègues des Chambres, les académies qui s'honoraient de le posséder ; nul discours n'a été prononcé ; le public pourrait s'en étonner : il faut lui apprendre qu'en cela on s'est conformé à la volonté expresse et plusieurs fois manifestée de M. de Tocqueville. Selon lui, au bord d'une fosse ou devant une bière, les bénédictions de la religion étaient seules à leur place. Il a toujours désiré que sa tombe eût la simplicité de sa vie.

Quelques détails sur ces deux cérémonies funèbres ne seront pas indifférents aux amis qui n'ont pu y assister, à l'Académie française, qui demanda à l'un de ses membres le récit des funérailles de Chateaubriand. Celles-ci furent accompagnées d'un deuil magnifique; elles ne furent pas plus touchantes que celles dont l'amitié vient de me faire le témoin.

Arrivé à grand'peine à Cannes, une heure avant la triste cérémonie, je rencontrai pour ainsi dire par hasard, dans une rue, tout ce qui restait ici-bas de l'ami que j'étais venu rejoindre. Ses deux frères, une belle-sœur, un neveu, un parent et ami d'enfance, M. Louis de Kergorlay, moi et quelques habitants de Cannes, parmi lesquels étaient lord Brougham, le baron Bunsen et M. Garnier, lui-même bien cruellement frappé, nous nous trouvâmes bientôt réunis dans une petite église où l'on célébrait la messe des morts, puis nous sortîmes et suivîmes les rues étroites et tortueuses de Cannes jusqu'à la chapelle où la bière devait être placée provisoirement. Pour moi, arrivé depuis quelques instants dans cette ville inconnue, ne comprenant pas bien encore le malheur qui venait de me frapper inopinément, il me semblait être en proie à un rêve douloureux. Hélas! c'était une affreuse réalité.

Le 10 mai, une autre scène de deuil m'attendait à Tocqueville; alors je comprenais trop bien toute l'horreur de cette réalité. J'avais vu de Cannes à Paris l'accablement de sa malheureuse femme, dont le nom s'est rencontré plusieurs fois dans ces pages en parlant de lui, car leurs âmes et leurs vies ne furent jamais un seul instant séparées, et dont l'existence entrelacée à la sienne semblait maintenant brisée du même coup. J'avais vu à Paris la douleur de ses amis, les vifs regrets de tous ceux qui l'ont connu, et, je puis le dire, de tous ceux qui s'intéressent à la gloire et à l'avenir de la France. J'avais entendu un personnage illustre dire avec un découragement auquel il faut s'efforcer de ne pas croire : « c'était un homme comme la génération actuelle n'en produit plus! » Et le même jour j'avais recueilli de la bouche d'un Anglais considérable ces paroles : « La mort de M. de Tocqueville sera un deuil en Angleterre. »

Dans le hameau de Tocqueville, ce fut bien autre chose que dans la ville de Cannes. Non, il ne saurait y avoir de spectacle plus émouvant que celui qui s'offrit aux yeux de M. de Corcelle et aux miens, quand nous vîmes le char funèbre descendre la grande route qui passe devant le cimetière, cette route par laquelle il était tant de fois revenu avec bonheur retrouver le hameau dont il portait le nom, cette route que nous avions suivie nous-même quand nous étions venu le visiter dans le lieu de ses prédilections. C'est près de l'église dont la vue nous annonçait alors les joies de l'arrivée que nous allions recevoir son cercueil. Un deuil vrai était sur beaucoup de visages; bien des yeux étaient remplis de larmes. Derrière le char funéraire du publiciste célèbre, on ne pouvait voir sans attendrissement marcher les petits garçons et les petites filles de l'école qu'il avait fondée. Puis on entra dans cette église, où il venait tous les dimanches assister à la messe, et la religion qui, quelques jours auparavant, avait fait entendre des chants et des prières pour le repos et la félicité de son âme, à une autre extrémité de la France, dans la cité où il avait fermé les yeux, entouré des siens, mais qui néanmoins était pour lui une cité étrangère, la religion a fait entendre les mêmes chants et les mêmes prières dans l'église de son village, de ce village bien-aimé, qui était pour lui comme une patrie.

Que dire en de tels moments? Rien, mais lever les yeux du même côté que lui, et, oubliant un instant l'immortalité assurée à son nom, songer seulement à l'immortalité de cette belle âme, que je voudrais, par ces lignes rapides et incomplètes, avoir fait assez connaître pour la faire aimer.

HILDA

OU

LE CHRISTIANISME AU CINQUIÈME SIÈCLE

I

Dans l'une des premières années du cinquième siècle, à quelques lieues au-dessus de la ville de Trèves, une barque magnifiquement ornée remontait, par une belle journée d'automne, le cours tranquille de la Moselle. Douze esclaves penchés sur les rames faisaient voler rapidement cette barque entre les rives montueuses et verdoyantes du fleuve. Une tente de pourpre la recouvrait de ses replis flottants, qui frémissaient au souffle d'un vent léger. Les teintes roses que la lumière répandait dans l'intérieur y créaient un jour suave semblable aux clartés de l'aurore.

Une barque plus grande suivait la première à peu de distance ; elle portait une cinquantaine d'hommes et quelques femmes. Ici l'œil plongeait sans obstacle. Le soleil frappait les têtes nues des passagers immobiles, car ils devaient toujours êtres prêts à recevoir un signal parti de l'embarcation élégante qui les précédait, et sur laquelle tous avaient les yeux attachés. D'ailleurs personne n'avait songé à les protéger contre les ardeurs du soleil ou les intempéries de l'air : c'étaient des esclaves.

Il y avait là des chanteurs, des joueurs de lyre et des joueuses de flûte ; il y avait là des danseurs et des danseuses, des mimes et des bouffons munis de masques grotesques et de déguisements variés pour pouvoir représenter sur-le-champ une scène mythologique ou une aventure plaisante. Quelques-uns portaient des filets, des lignes préparées, des dards, des épieux, des flèches. Des chiens dressés à poursuivre le lièvre ou le sanglier gisaient pêle-mêle au milieu de cette foule muette. Au service de chacun d'eux était attaché un esclave qui répondait sur sa tête de l'animal confié à ses soins.

Dans la première barque, deux hommes étaient couchés sur des coussins somptueux. Leur attention n'était distraite ni par la magnificence des châteaux fuyant des deux côtés du fleuve, ni par le tableau animé qu'offraient les vendangeurs comme suspendus aux pointes des rochers, ni par les chants et les rires des mariniers dont les bateaux sillonnaient en tous sens le lit transparent de la Moselle. Tous deux semblaient rêver profondément; mais les objets de leur rêverie étaient aussi différents que leur physionomie et l'ensemble de leur personne : bien que nés de la même mère, rien ne se ressemblait moins que Marcus Secundinus Macer et Publius Secundinus Capito.

Macer paraissait avoir environ soixante ans ; il était petit et maigre, il avait les joues creuses et ce teint bilieux qui annonce les ardeurs internes de l'ambition. Sa figure offrait un mélange de dignité et de finesse : on sentait que son regard sévère et par moment sombre pouvait devenir insinuant et flatteur, que ses lèvres comprimées par l'orgueil et légèrement relevées par le dédain pouvaient prendre une expression caressante et feindre un complaisant sourire. Son front chauve plissé de rides était empreint d'une certaine grandeur native, obscurcie par cette expression d'humeur chagrine que donne l'habitude des petits intérêts et des soucis mesquins.

Chef et représentant de l'illustre et opulente famille des Secundinus, qui remplit de nombreux emplois dans la province de Trèves, et à laquelle est consacré le curieux monument d'Igelstein, Macer, comme la plupart des riches propriétaires gaulois de ce temps, avait été tourmenté toute sa vie de la soif des dignités de l'empire, dignités qui n'étaient plus que de vains titres et de futiles décorations. Cette passion des honneurs, qui, dans l'âge de la république, eût produit peut-être un de ces grands patriciens qui ont laissé leur nom à l'admiration des hommes, dans les temps déplorables où Macer était tombé, n'avait fait de lui qu'un courtisan souple, intrigant et opiniâtre. Il avait passé plusieurs années à Rome, où se trouvaient quelques anciennes familles alliées à la sienne. Il y avait vécu au milieu de ces races sénatoriales chez lesquelles se maintenait une ombre de la vieille vie romaine, et que dominait un invincible éloignement pour le christianisme. L'ambitieux patricien s'était insinué un moment dans la faveur de Théodose; disgracié bientôt par l'empereur chrétien, à qui les rivaux de Macer avaient inspiré de légitimes soupçons sur la sincérité de sa foi, il avait conservé un ressentiment profond contre la religion nouvelle, et s'était attaché avec une sorte de fanatisme sans croyance aux traditions mortes du paganisme. Macer avait partagé l'espoir que les zélateurs obstinés du vieux culte avaient mis dans l'empereur Eugène, dont ils espéraient faire un autre Julien; mais ce faible instrument du Franc Arbogaste ayant été brisé par le barbare habile qui l'avait employé un instant, le chef des Secundinus avait déserté à temps la cause d'Eugène, et il était revenu dans ses grandes possessions de la Gaule Belgique, y rapportant plus vive et plus aigrie sa double aversion pour tout ce qui était chrétien et tout ce qui était barbare. Là, parmi les jouissances du luxe et les raffinements de la mollesse, le souvenir de ses plans renversés, de ses prétentions déçues, rongeait son âme comme une plaie cachée. Ses chagrins étaient d'autant plus cruels, que son orgueil le forçait à en déguiser la cause. Les honneurs qu'il avait obtenus dans sa ville natale lui semblaient une dérision, comparés à ceux qu'il s'était cru près d'atteindre, et cependant il en recherchait toujours de nouveaux avec une âpre avidité à travers mille petites intrigues et quelquefois par de véritables faiblesses. Il s'agitait, plein de fiel et d'ennui, dans le cercle étroit pour ses vœux où sa destinée l'emprisonnait.

Au sein d'une félicité apparente, dont nul ne soupçonnait l'amertume, Macer s'était souvenu qu'il avait un fils, un peu oublié tant qu'avaient duré ses illusions ambitieuses; l'orgueil de la race avait réveillé le sentiment paternel. Il s'était pris à reporter sur ce fils les espérances auxquelles lui-même avait dû renoncer. Rêvant déjà pour son héritier alliance brillante, fortune rapide, dignités et grandeurs, il avait rappelé le jeune Lucius de l'Orient, où celui-ci vivait depuis dix ans, et c'est au-devant de ce fils impatiemment attendu qu'il s'avançait aujourd'hui sur la Moselle avec son frère Capito.

Celui-ci, plus jeune de quelques années, était un homme de grande taille et d'un embonpoint presque excessif. Il avait le teint fleuri, la bouche vermeille, de gros yeux à fleur de tête, animés sans être expressifs, la voix sonore, le geste pompeux et théâtral : on reconnaissait bien vite en lui un de ces hommes qui, sous le nom encore honoré de rhéteur, représentaient seuls la littérature romaine déchue. L'unique ambition de Capito était de faire applaudir ses périodes travaillées et vides. Nulle passion n'avait troublé sa vie, hormis la passion des petits succès et des petits vers. Pour lui, le plus haut terme de la gloire humaine était la renommée d'une foule d'illustres rivaux dont l'admiration des connaisseurs contemporains n'a pu faire arriver les noms à la postérité, et, comme il sentait en lui tout ce qu'il fallait pour obtenir cette renommée, il en jouissait d'avance paisiblement.

Capito avait eu aussi ses désappointements. Il s'était avisé de composer un panégyrique pour l'empereur Eugène, ce rhéteur imbécile qui porta quelque temps la pourpre sous le bon plaisir d'Arbogaste, comme un esclave porte le manteau de son maître en attendant que son maître le reprenne. Un si beau sujet l'avait magnifiquement inspiré : Capito était ravi de son œuvre oratoire, car il était parvenu à y faire entrer des expressions de Cicéron, de Pline et de Fronton, tandis que ses confrères se contentaient en général de copier un de ces trois modèles. Malheureusement la péroraison, qui devait être le morceau à effet, et dans laquelle Capito était parvenu à ne pas mettre une ligne qui fût de lui, l'avait retenu si longtemps en Gaule, qu'Eugène avait été détrôné avant que le panégyriste eût achevé sa dernière période. Arbogaste était arrivé à la fin de son empereur plus tôt que Capito à la fin de son discours. Sans se laisser décourager par cet accident, celui-ci avait bravement continué et terminé son panégyrique, pensant qu'il pourrait s'en servir un jour. En effet, quelques années plus tard, il était allé à Constantinople pour le prononcer, après quelques légers changements, devant le berceau d'Arcadius; mais l'eunuque qui protégeait Capito ayant été renversé avec la faction arienne, dont il était un des chefs, le malencontreux orateur était revenu en Gaule, suffoqué de son panégyrique, qu'il n'avait pu placer. Il passait sa vie à le limer, le polir, l'orner, et se soulageait de son mieux, soit en le récitant à voix basse avec un charme toujours nouveau, soit en le communiquant bénévolement à ceux qu'il rencontrait, ce qui était loin de leur être aussi agréable qu'à lui. En ce moment, il répétait, suivant son habitude, un passage favori de sa harangue. Il avait commencé par la déclamer intérieurement, sans paroles; puis il l'avait murmurée à voix basse, et peu à peu il avait élevé le ton à mesure qu'il entrait dans la situation et qu'il se transportait en esprit dans le palais impérial, au milieu d'une assemblée ravie de l'entendre. Enfin, entraîné par cette illusion croissante et par l'excitation de sa propre éloquence, il s'écria tout à coup à pleine voix :

« A qui te comparerai-je, ô divin Auguste, très-clément et tout-puissant empereur? Te comparerai-je au ciel, à la lune, aux étoiles, à la mer, à la terre? Mais le ciel... »

Macer, qui redoutait une tirade bien connue, et à qui il déplaisait d'être arraché par ces futilités à des réflexions qui lui semblaient plus sérieuses, interrompit l'orateur en lui disant :

— Ton discours est beau, mon cher Publius ; tu sais combien j'admire ton éloquence; ne sois point irrité, je t'en conjure, si je ne puis prêter l'oreille à tes paroles : de moment en moment, je m'attends à voir paraître sur la rive, s'empressant vers nous de toute la vitesse de son cheval, mon cher Lucius, mon unique fils, absent depuis deux lustres, et cette attente occupe mon âme tout entière.

Puis, d'une voix basse et creuse, comme s'entretenant avec lui-même :

— Oui, je l'attends, ce fils, avec une impatience mêlée de perplexité. Quel est-il? Qu'ont fait de lui ses voyages? Comment Alexandrie et Athènes vont-elles me le rendre? Oh! pourquoi lui ai-je laissé perdre tant d'années dans les frivoles amusements des lettres, parmi les rhéteurs et les sophistes? Il serait peut-être à cette heure arrivé assez haut pour consoler son père d'être tombé si bas.

Capito, accoutumé à être interrompu dans son débit oratoire, n'avait ressenti nul dépit de l'allocution de son frère; d'ailleurs il ressentait pour Macer un respect mêlé de crainte. Il se contenta donc de se mordre les lèvres comme pour en arrêter le mouvement, et il reprit intérieurement ce discours, pour lequel, même en gardant le silence, il était sûr de trouver en lui un auditeur qu'il ne lassait jamais.

Cependant, quelque absorbé qu'il fût par cette occupation chérie, un mouvement de surprise qui eût été facilement de l'humeur s'éleva en lui, en entendant Macer regretter le temps que son fils avait donné aux lettres et à la rhétorique. Capito s'écria avec surprise:

— Très-honoré frère, comment peux-tu parler ainsi? Es-tu donc ennemi de Minerve, comme le fils d'Oïlée? Oserais-tu manquer de respect aux Muses comme les filles de Piérius? Cicéron n'a-t-il pas écrit divinement: « Les lettres nous accompagnent dans la prospérité, nous consolent dans l'infortune; elles vont avec nous aux champs, à la guerre, elles charment nos journées et nos veilles? » En outre, les lettres en ce siècle ne conduisent-elles pas leur nourrisson à tous les honneurs? N'ont-elles pas dans leurs mains les trésors de Plutus, les palmes de la gloire, la corne d'abondance ravie par elles à la chèvre Amalthée? Les bancs de l'école ne sont-ils pas devenus les bancs du sénat? La chaire du professeur n'est-elle pas devenue la chaise curule du consul? que dis-je? dieux immortels! bien plus encore, le trône de la puissance impériale? N'était-ce pas un rhéteur que cet illustre empereur Eugène auquel, si son règne eût duré seulement six mois, je comptais adresser ces paroles qui terminaient noblement mon discours : Éternelle majesté?...

Macer, menacé de nouveau de ce panégyrique, qui méritait beaucoup mieux que la majesté éphémère d'Eugène le nom d'*éternel*, et s'efforçant d'échapper à son frère par un éloge, lui dit :

— Combien il est à déplorer que tu n'aies pas eu le temps d'achever ton ouvrage avant que ce véritable Romain, avant que cet ennemi des superstitions nouvelles, ajouta-t-il en baissant la voix et en regardant par habitude autour de lui avec défiance, quoique nul étranger ne pût l'entendre, — avant que ce prince bien intentionné pour l'antique religion et l'ancienne patrie romaine eût été renversé par un Franc perfide? Mais qu'attendre du sang barbare? Oh! quand la dernière goutte de ce sang aura-t-elle coulé sur l'arène de nos cirques? Quand aura-t-elle été bue par les tigres et les lions de nos amphithéâtres?

A ce moment parut sur un cheval blanc, portant une housse magnifique et couvrant d'écume son frein d'or, un jeune homme paré avec une élégante recherche et suivi d'un assez grand nombre d'esclaves à cheval et à pied qui entouraient une litière vide. Il avançait au petit pas, et son port respirait la mollesse.

Deux esclaves, marchant des deux côtés et presque sous les pieds du coursier, soutenaient un voile au-dessus de la tête de leur maître ; deux autres le précédaient pour abattre la poussière au-devant de ses pas, et répandaient sur le sol une eau parfumée.

Dès que Lucius eut aperçu la barque de son père, il mit son cheval au galop, et, se penchant sur les rênes, parut un cavalier plus exercé et plus ardent que n'aurait pu le faire croire la négligence de sa première attitude. Cependant une petite barque s'était détachée et avait apporté sur la rive les deux frères. Lucius se précipita vivement à bas de son cheval, et, après avoir touché les vêtements et la barbe de Macer et baisé avec respect la poitrine paternelle, il fut pressé dans les bras de son père et dans ceux de son oncle, qui s'écriait en pleurant :

— Non, Ulysse ne serra pas plus tendrement sur son sein le beau Télémaque après une longue absence !

Les deux frères et le jeune Lucius s'avancèrent vers une tente sous laquelle les attendait un festin somptueux que peu de temps avait suffi pour apprêter. Cette tente était placée à peu de distance du fleuve, au bas de la déclivité d'une colline, parmi de grands arbres qui balançaient dans les airs le chant de mille oiseaux. Des coussins de pourpre étaient amoncelés sur la terre verdoyante, et douze esclaves épiaient pour le prévenir le moindre souhait des trois convives. Les esclaves puisaient sans cesse dans un grand cratère plein de vin de Bordeaux, sur lequel flottaient des feuilles de roses, ou allaient, sur un signe de Macer, chercher une amphore précieuse contenant un nectar de Chios qu'avaient mûri trente consuls.

Pendant le repas, de belles esclaves, fières de paraître devant leur jeune maître, formèrent à l'entrée de la tente des danses gracieuses ; des baladins s'efforcèrent d'attirer son attention par des sauts prodigieux ou des contorsions comiques. Un affranchi, qui était le poëte de la famille des Secundinus, vint humblement réciter une pièce de vers dans laquelle il fêtait la bienvenue de Lucius aux lares paternels. Ensuite on joua un mime que Capito avait composé pour la circonstance, en plaçant alternativement un vers grec et un vers latin; tous les vers latins étaient tirés de Lucilius et tous les vers grecs de Lycophron.

Puis les convives, parés de couronnes de fleurs pour célébrer le joyeux retour de Lucius, remontèrent dans leur barque au moment où les premières ombres de la nuit s'étendaient sur les eaux. Bientôt la lune se leva, et ils glissèrent dans la blanche lueur accompagnés par l'autre barque, dans laquelle, parmi les sons des flûtes et des lyres, s'élevaient des voix mélodieuses qui entonnaient en chœur le chant de Vesper.

Quand le chant eut cessé, un moment de silence le suivit. Au milieu des fêtes et des marques de joie du retour, Macer et son fils étaient un peu inquiets de la disposition dans laquelle chacun d'eux allait trouver l'autre, après tant d'années d'absence et d'un commerce épistolaire si longtemps interrompu. Pour Capito, dont nulle réflexion n'avait le pouvoir de troubler la sérénité, il ne songeait en ce moment qu'à la beauté de son mime, qu'il avait eu le plaisir de voir exécuter fort convenablement, grâce aux soins infatigables qu'il mettait depuis un mois à préparer cette représentation. Étant celui des trois dont l'esprit était le moins occupé, il prit le premier la parole.

— Par Jupiter! dit-il, car il nous est permis, à nous autres lettrés, d'invoquer le père des Muses, puisque tu reviens d'Athènes, beau Lucius, tu m'apparais comme un personnage vraiment divin ; tu ne me sembles pas un mortel, mais le fils d'un des dieux qui habitent l'Olympe, comme dit le poëte.

— Que ne me compares-tu, dit en souriant Lucius, à Hermès venu du radieux Olympe dans les froides et ténébreuses demeures des Cimmériens, moi, transporté des brillants rivages de l'Ilissus, du pied de l'Hymette et du Pentélique, sur les rives brumeuses de ce fleuve des Gaules, aux extrémités du monde romain! Mais, cher oncle, ce n'est plus un grand avantage d'être comparé aux dieux immortels, car, en dépit de leur nom, ils semblent bien près de mourir : la fumée des sacrifices monte rarement vers eux, et ils doivent dépérir d'inanition et de langueur. Les épicuriens ont commencé par leur refuser l'existence, et les remplacent, ô honte! par des atomes et le hasard, soutenant que les uns si petits et l'autre aveugle ont fait tout ce que le vulgaire attribue à la sagesse des dieux. Puis sont venus d'autres athées plus dangereux encore, les chrétiens, qui, après avoir été longtemps le rebut de l'empire, la dérision du peuple, la matière des supplices et la pâture des lions, sont maintenant les favoris de César, du Jupiter terrestre, plus puissant aujourd'hui que le Jupiter du ciel. Que pouvaient faire les pauvres immortels contre des ennemis si divers et si puissants? Je commence à croire, ce dont j'ai douté longtemps, que les Crétois, tout menteurs qu'ils sont, pourraient bien dire vrai en montrant dans leur île le tombeau de Jupiter. Mais, laissant les immortels aux mains de la destinée qui les gouverne ainsi que nous, dis-moi, mon cher oncle, pourquoi je t'ai paru si semblable à un habitant de l'Olympe?

— Trois et quatre fois heureux, répondit Capito, celui qui, comme toi, beau Lucius, a vu le Pnyx, et le Pœcile, et le Portique, s'est promené dans le Céramique et a dormi sous les platanes du jardin d'Académus!

— Grand bonheur vraiment! dit Lucius, dont le sourire, d'abord gracieux et insouciant, devenait insensiblement plus railleur et plus amer; oui, j'ai vu le Pnyx, où tonnèrent autrefois Eschine et Démosthènes, livré à des avocats bavards et à des déclamateurs puérils; j'ai vu le Pœcile, plein des souvenirs et des images de Miltiade et de Cimon, fréquenté par des disputeurs oisifs. J'ai vu, sous le Portique, des stoïciens prétendre que la douleur n'était pas un mal, et, surpris par un accès de goutte, s'enfuir d'un pas boiteux en criant et en gémissant comme des femmes. Je me suis promené un jour entier dans le Céramique avec un péripatéticien dont les discours m'ont fatigué l'esprit autant que la marche m'avait fatigué les jambes. J'ai cherché dans l'Académie un disciple du divin Platon, mais je n'ai trouvé qu'un pyrrhonien à qui j'ai demandé s'il existait, et qui a employé tant de temps à me donner d'excellentes raisons pour croire, pour ne pas croire et pour douter, que j'ai fini, ainsi que tu l'as dit, cher oncle, inspiré de quelque dieu sans doute, par m'endormir sous un des platanes du jardin d'Académus.

Capito était ébahi de voir un jeune homme traiter si légèrement ce qui lui paraissait sacré, les livres et les écoles les plus célèbres. Cependant, ne pouvant croire ce jugement sérieux, il reprit avec son imperturbable bonne humeur :

— Aimable neveu, tu nous railles agréablement! Sans respect pour notre âge vénérable, ajouta-t-il en riant et avec la satisfaction intérieure d'un homme qui a encore toutes les prétentions et qui se croit tous les avantages de la jeunesse, il n'est pas étonnant que toi, qui arrives d'Athènes, tu viennes mêler le sel attique à l'eau insipide de nos fleuves; mais si tu as été aussi froid qu'Hippolyte aux attraits de la philosophie, cette institutrice grave et un peu renfrognée, du moins il est impossible que tu n'aies pas brûlé d'amour pour la rhétorique, cette nymphe séduisante à laquelle rien ne résiste, dont la parole est de miel et la langue d'or, qui se pare pour ceux qu'elle aime des ornements du langage et les enchaîne par les caresses de l'éloquence, plus douces que les baisers des jeunes filles.

Lucius, souriant de cette chaleur passionnée de Capito, lui dit :

— Cher oncle, je ne puis être de ton avis sur ce point, et, si tu avais vu les yeux noirs des vierges de l'Asie et de la Grèce, tu me pardonnerais d'avoir préféré leur sourire aux caresses de la nymphe dont tu parles. Je donnerais, je le confesse, les tropes, les figures et l'harmonie des plus belles périodes pour un vers d'Anacréon chanté par ma Lesbienne Thisbé.

— Ah! jeunesse, jeunesse légère, voilà bien tes paroles! L'âge tendre est soumis au joug doré de Vénus, dit Callimaque; mais replions, je te prie, les ailes pégaséennes de la métaphore, et parlons un langage pédestre. Dis, ne veux-tu pas t'illustrer dans l'art de bien dire, le premier des arts? Et, dans ce champ fertile, quelle portion veux-tu choisir? Qui te séduit davantage, les luttes du barreau, les déclamations de l'école, les invectives contre les tyrans, ou les éloges des empereurs? Ce dernier genre est le plus noble et le plus magnifique. Si tu suis cette route, mon expérience pourra t'y servir de guide. Mon faible talent s'est essayé dans le panégyrique, et si tu étais curieux de connaître...

— Illustre Capito, dit en l'interrompant Lucius, qu'un instinct secret avertissait d'éviter cette confidence, je ne me sens nullement tenté d'ajouter un nom de plus aux innombrables noms des rhéteurs célèbres de l'empire. — Que faire dans la carrière du barreau? — M'enrouer pour faire replacer une borne ou casser un testament? appeler à moi les mouvements oratoires de Démosthènes et de Cicéron pour prouver que Mycillus a commis un adultère, ou que Damon a volé un chevreau? — Me consacrerai-je aux déclamations de l'école? Mais quelle occupation plus misérable que de s'échauffer à froid sur une thèse imaginaire et souvent ridicule! — Me ferai-je l'accusateur des tyrans qui ne sont plus? Irai-je chercher querelle à Phalaris et à son taureau? Mais n'est-ce pas frapper l'eau d'un glaive, ou porter un coup de ceste dans le vide? — D'autre part, louer les vivants, n'est-ce pas une fonction ingrate et difficile? Comment chatouiller ces palais rassasiés d'éloges? Comment rajeunir la flatterie usée? ou comment découvrir une flatterie nouvelle? Il faut pour cela un génie que les dieux ne m'ont point départi; il faut, — pardonnez, illustre Capito, je ne connais point votre panégyrique, qui, je n'en doute pas, ne ressemble à aucun autre, — il faut se mettre l'esprit à la torture pour découvrir une louange tellement bizarre, que la bassesse ne s'en soit pas avisée, une flatterie qui étonne celui à qui elle s'adresse, et fasse dire aux auditeurs transportés d'admiration : — En vérité, nous ne savions pas que l'adulation pût aller si loin et descendre si bas !

Ici Lucius s'arrêta en voyant la surprise et la consternation qui se peignaient sur les traits de Capito. Il semblait saisi d'horreur et d'effroi ; toutes ses idées étaient bouleversées; sa faconde ordinaire était muette; il ne put trouver une parole, et se contenta de lever les mains et les yeux vers le ciel avec un gros soupir de désespoir qui semblait dire : Faut-il que j'aie vécu jusqu'à ce jour pour entendre de pareils blasphèmes !

Macer ne put s'empêcher de sourire en le voyant pétrifié de la sorte par les paroles de Lucius, et, s'adressant à celui-ci :

— Tu es sévère, mon fils, pour la philosophie et les lettres.

— Pour la sophistique et la rhétorique, mon père.

— N'importe, mon fils, je ne me chargerai pas de les défendre contre toi. Quand ton oncle aura retrouvé son éloquence, il foudroiera tes mépris, que je trouve exagérés. Me reposant sur lui d'un soin dont il s'acquittera mieux que moi, je proposerai à ton ambition un autre but que les palmes de l'école, un but plus sérieux. Tu appartiens à une famille antique, alliée aux Anicius et aux Flaviens, à une famille qui a fourni à l'empire des sénateurs, des consuls, un préfet du prétoire de la Gaule, un préfet du prétoire d'Italie, et un grand nombre de dignitaires du palais impérial. N'éprouves-tu pas une noble envie de marcher sur leurs traces? Tu peux aller plus loin qu'eux. Nous avons des amis à Milan et à Constantinople; il te sera facile de t'attacher à l'un des deux empereurs; la carrière des légations t'est ouverte. Si tu as du goût pour les armes, les bons généraux sont si rares aujourd'hui, qu'on est obligé d'aller en chercher, ô honte! dans les rangs des Barbares. Qui sait si tu n'inscriras pas ton nom dans les fastes consulaires? Tu ne serais pas le premier consul qu'eût vu naître la Gaule. Elle a fait plus, ajouta-t-il avec un accent qui exprimait une profonde et secrète ardeur; elle a produit plus d'un citoyen d'une extraction moins noble que la tienne qui a saisi la pourpre impériale. Rien n'est impossible, mon fils, dans nos temps de désordre et de bouleversement. Une prophétie qui court dans le pays annonce qu'un Secundinus possèdera l'empire. Moi-même j'avais cru un jour que peut-être... Mais, c'en est fait, je me suis compromis pour une cause perdue; toi, mon fils chéri, mon seul fils, tu es jeune, rien ne t'arrête; marche donc avec courage dans la route où je suis tombé; marche aux honneurs, à la renommée, à la puissance; courage, Lucius! sois plus heureux que ton père.

Lucius fut touché de l'exhortation paternelle, mais

ces paroles n'excitèrent pas en lui les sentiments ambitieux que Macer espérait avoir fait naître. Il reprit avec un accent affectueux et mélancolique :

— Je ne veux pas abuser votre tendresse, ô mon père chéri! La carrière des honneurs ne tente point mon indolence, ou, si vous voulez, ma faiblesse. Que sont-ils aujourd'hui ces honneurs qu'on se dispute si ardemment? Une frivole parure aussi vaine, aussi fragile, et moins légère à porter, ajouta-t-il en souriant, que cette couronne de fleurs que je viens de poser sur mes cheveux, et que le vent qui nous entraîne effeuille dans l'onde. Les honneurs de la curie sont un embarras pesant et un impôt onéreux; les fonctions du préteur, une servitude ornée. Méritent-elles un effort ou même un désir, ces dignités de préfet du prétoire ou même de consul, titres dérisoires qu'on prodigue sans discernement, qu'on a vu Gratien donner à son pédagogue, comme il plut à Caligula de déclarer son cheval consul?

— Comparer le disert, l'ingénieux Ausone, la fleur des rhéteurs d'Aquitaine, au cheval de Caligula! interrompit douloureusement Capito.

— Quant à la guerre, je vous l'avoue, je suis un peu trop accoutumé aux loisirs élégants, aux plaisirs du cirque et de l'amphithéâtre, aux banquets et aux chants prolongés dans la nuit, pour me soucier beaucoup d'aller camper dans les marais des Bataves ou parmi les hordes de la forêt Hercinienne, passer les nuits couché sur le roc nu ou dans la fange, afin d'avoir l'insigne joie d'égorger quelques milliers de ces bêtes sauvages qu'on appelle des Francs, des Vandales ou des Goths. Je laisse cette tâche à nos gladiateurs, qui s'en acquitteront mieux que moi. Le suprême pouvoir lui-même, le sceptre impérial que vous m'avez montré de loin, mon père, que vaut-il? Je ne donnerais pas pour le diadème d'Honorius une boucle parfumée de mes cheveux! Quel plaisir trouve-t-on à voir de plus haut se creuser le gouffre où s'enfonce l'empire, à le sentir échapper de sa main pour s'y abîmer? A d'autres le soin de mener ces funérailles! Votre sagesse, mon père, doit s'être aperçue de la décadence qui s'accroît chaque jour; il faudrait le bras d'un Atlas pour soutenir le poids d'un monde qui s'écroule, et le mien peut soulever à peine et porter à mes lèvres une grande coupe gauloise, bien que remplie d'un vin délicieux. O mon père, croyez-moi, ce temps n'est ni le temps de parler ni celui d'agir: c'est le temps de prendre en pitié la gloire des lettres et la vanité de l'ambition. Ce qu'on a de mieux à faire, c'est de se retirer dans un *latifundium*, sur les bords verdoyants de la Moselle, auprès d'un père vénéré et d'un oncle chéri, et de contempler du temple serein de la sagesse les flots agités de la vie, les passions orageuses et les occupations insensées des hommes. Et si un jour, ce qui pourrait arriver, on se lasse de cette sagesse sublime, il reste à faire une dernière libation à la mort et à l'oubli avec une goutte d'un poison subtil tel que celui qui est sous le diamant de cet anneau; il reste à fermer mollement les yeux à la lumière et à glisser en souriant dans l'éternelle nuit d'où tout est sorti et où tout doit s'engloutir !

Macer écoutait son fils avec tristesse; chacune de ces paroles insouciantes ou amères emportait un débris de son rêve. La légèreté de la jeunesse est souvent cruelle pour l'âge avancé : d'un coup de son aile capricieuse, elle renverse les espérances que durant de longues années il a silencieusement nourries. La volage peut chercher de nouvelles illusions; mais celles qu'elle détruit en jouant sont les dernières, et ne sauraient être remplacées. Lucius ne sentait pas à quel point il déchirait le cœur de son père. Celui-ci, accoutumé à renfermer et à cacher les mouvements de son âme toutes les fois qu'il ne lui était pas utile de les montrer, ne trahit ni par un mot ni par l'accent de sa voix la douleur profonde qu'il ressentait. Il continua à converser avec Lucius d'un ton tranquille, cachant la blessure qu'il venait de recevoir, et rêvant tout bas aux moyens de s'emparer de l'esprit de son fils et de le ramener à l'accomplissement de ses desseins.

Pour Capito, la première partie de la conversation lui avait été pénible et l'avait réduit au silence. Depuis que l'entretien roulait sur des sujets plus graves, il n'écoutait plus; toute son application était concentrée sur un distique dont il avait conçu la pensée depuis un mois, et dans lequel il voulait célébrer le retour de Lucius. La contrariété que son neveu venait de lui causer ne l'avait point fait renoncer à une entreprise qui lui avait coûté tant de labeur, et qu'il se croyait près de mener à fin. D'ailleurs il était sans fiel et sans rancune. Puis son distique devait être si beau! et surtout, c'était la condition importante, on devait pouvoir le lire également en commençant par le premier mot et en commençant par le dernier.

Pendant qu'il était absorbé dans ses élucubrations poétiques, Macer et Lucius, sans prendre garde à lui, discouraient des événements du jour et de la situation politique de l'empire. Peu à peu la gaieté ironique de Lucius avait fait place à une sorte de flegme désespéré qui s'harmonisait avec les réflexions inquiètes du vieux politique. Depuis longtemps Macer avait fait taire la musique, qui l'importunait. Le silence n'était entrecoupé que par le mouvement monotone et précipité des rames. La lune s'était cachée derrière un nuage noir, au travers duquel on la voyait par moments rouler et bondir. On était arrivé à un endroit où le fleuve, plus profond et plus rapide, rapprochait et resserrait ses rives escarpées; des rochers et de grandes tours s'élançaient dans les airs. L'aspect des lieux et de la nuit communiquait aux deux interlocuteurs une disposition lugubre, et redoublait la tristesse différente, mais égale, qui pesait habituellement sur leurs âmes. La conversation prenait, comme le fleuve, un caractère de plus en plus sombre; ils parlaient des prédictions qui s'élevaient de partout, annonçant vaguement la fin de l'empire romain. C'étaient les *mathématiciens*, qui, malgré des persécutions acharnées, s'opiniâtraient à prophétiser une catastrophe inévitable; c'était l'ancien cycle étrusque, le cycle de la vie du peuple romain, qui allait finir; les douze siècles prédits par les douze vautours à l'aigle romaine étaient presque achevés. En même temps, les traditions chrétiennes, méprisées des vieilles familles romaines, étaient accueillies comme superstitions populaires dans un temps qui prêtait une oreille curieuse et inquiète à toutes les rêveries, à toutes les croyances, et les traditions chrétiennes annonçaient aussi, d'après l'Apocalypse et les chants attribués aux sibylles, la fin du monde confondue avec la fin de l'empire. Puis le père et le fils parlaient des Barbares, qui, du Palus-Méotides au Rhin, s'avançaient de toutes parts. Macer vantait Julien, qui avait ceint de places fortes la frontière rhénane; il s'affligeait que Trèves, naguère siège de la cour impériale d'Occident, fût maintenant remplacée par Milan. Il regrettait les légions rappelées des bords du Rhin pour aller défendre l'Italie; il blâmait toutes ces mesures avec l'amertume naturelle à une ambition déçue; il éprouvait comme une secrète joie en songeant aux maux qui pouvaient fondre sur son pays pour le punir d'avoir négligé ses services ; il annonçait avec complaisance des revers, des défaites, un avenir sinistre.

Lucius semblait envisager cette perspective lugubre avec une morne et distraite indifférence. Tout à coup, rappelant par un effort sur lui-même sa gaieté railleuse, il s'écria :

— Dans les grands périls, pour sauver de la fortune, aveugle reine de ce monde, ce qu'elle menace, on sacrifie un objet d'un prix égal. Eh bien! ajouta-t-il en jetant sa couronne dans le fleuve, ma couronne de fleurs pour le salut de l'empire romain.

II

La principale propriété des Secundinus était située sur les bords de la Moselle, à quelques milles de Trèves. Elle se composait d'une habitation d'été et d'une habitation d'hiver, tournées la première au nord et la seconde au midi, ayant chacune leurs thermes et leurs portiques. Toutes deux étaient dominées par une tour élevée, du sommet de laquelle on pouvait jouir d'une vue admirable et surveiller de loin l'arrivée d'une bande de Barbares, de *Bagaudes*, ou de ces pillards qui s'étaient détachés des légions, et qui étaient parfois aussi redoutables que les Bagaudes et les Barbares ; les précautions contre le danger s'alliaient dès lors aux dispositions prises pour goûter les douceurs de la vie.

A quelque distance des deux habitations, une vaste étendue de terrain était couverte par un amas de bâtiments, de clôtures, de cours, de hangars, de granges, de greniers et d'étables, composant le *prædium*, et consacrés à l'exploitation du vaste territoire possédé par les Secundinus. Des murs récemment construits et un fossé profond entouraient les habitations, véritable fortification née du besoin de se mettre en défense contre les coups de main dont on était menacé fréquemment. Ces fortifications donnaient à l'asile de l'opulence romaine l'air d'un petit camp (*castellum*); elles annonçaient ce qui plus tard devait rappeler cette origine et porter le nom de *castel* au moyen âge.

Entre les bâtiments et la rivière étaient des jardins, des serres, des viviers, des sources qui montaient en jets d'eau, tombaient en petites cascades sur des degrés semés de coquillages et de cailloux colorés, ou animaient des orgues qui répandaient incessamment dans les airs une plainte mélodieuse. Des rochers peints de diverses nuances brillaient parmi les arbres; des statues se détachaient sur le bleu du ciel ou sur la verdure tachée de rouge des collines de grès qui s'avançaient jusqu'au bord de la Moselle; derrière les collines s'élevaient presque à pic des montagnes dont les cimes étaient noircies de grandes forêts que la hache n'avait pas encore entamées et qui se prolongeaient jusqu'au Rhin, et par delà le Rhin allaient rejoindre les profondeurs inexplorées de ces bois de la Germanie où erraient les Barbares.

Tout était en mouvement et en rumeur dans l'habitation. Le peuple d'esclaves qui la remplissait avait été rassemblé pour présenter au jeune maître le spectacle de cette portion de son patrimoine, comme il allait faire la revue des troupeaux de bœufs, de brebis, de chevaux, de porcs, qu'il devait posséder un jour. Il y avait là trois mille êtres humains auxquels on refusait le nom d'hommes, attendant, quelques-uns avec des espérances corrompues, le plus grand nombre avec la stupide indifférence de la servitude, l'arrivée d'un nouveau propriétaire. Si sa venue les réjouissait, c'était seulement parce qu'elle interrompait pour quelques heures le labeur forcé, les paroles menaçantes et les coups répétés du fouet sanglant.

A l'écart de la foule se tenaient les esclaves voués à des emplois relevés ou attachés immédiatement à la personne du maître. On voyait à leur air bassement hautain qu'ils dédaignaient leurs compagnons destinés à des fonctions inférieures, quand ils eussent dû rougir encore plus de leur condition, qui dépravait et humiliait, pour ainsi dire, en leur personne, les plus nobles facultés de l'âme humaine. Parmi ceux-ci se trouvaient des lecteurs, des écrivains, des bibliothécaires et même un grammairien et un pédagogue.

Les tailleurs, les forgerons, les charpentiers se réunissaient par groupes, chacun avec ceux de sa profession. L'importance que leur donnait l'industrie relevait un peu ceux-là de l'abaissement de la servitude. Un bon ouvrier était de fait affranchi à demi. La plupart des musiciens, des chasseurs, des pêcheurs, des cuisiniers, avaient été emmenés à la rencontre de Lucius. Ceux de leurs pareils qui étaient restés laissaient voir sur leurs fronts envieux le dépit que cette préférence leur avait causé, car les vanités jalouses tourmentent les âmes les plus avilies et les conditions les plus abjectes.

Les colons se faisaient remarquer par une expression de visage un peu plus sereine; eux appartenaient à la glèbe, tyrannie moins dure et moins capricieuse que celle de l'homme. Le reste n'était qu'un amas de misérables offrant sous mille formes bizarrement variées l'aspect d'un même opprobre et d'un même malheur. Là se trouvaient pêle-mêle toutes les associations et tous les contrastes. Un pâtre sarmate gisait à terre auprès d'un coureur numide; des bouviers gaulois étaient assis avec des danseurs phrygiens; des nains contrefaits se glissaient parmi des Germains aux corps gigantesques. Ici, des visages hébétés, des regards ternes, l'air de la brutalité qui plie sans comprendre sous la force; là des yeux se dirigeant de côté, avec l'expression d'une malveillance qui se cache, d'une haine que contient la peur; plus loin, des physionomies rusées et impudentes, des physionomies de *daves* et de satyres, qui semblaient connaître et promettaient de servir tous les vices; ailleurs, à côté d'un groupe de vieux cultivateurs aux cheveux rares et blanchis, aux mains ridées et tremblantes, et dont l'âge avait voûté le dos, se montraient quelques beaux adolescents aux chevelures longues et parfumées, destinés à remplir les coupes durant les festins. Parmi cette multitude, il y avait encore des Syriens brunis par le soleil, des Ibères prompts à la course, des Goths aux yeux bleus, des Alains aux cheveux roux, des Taifales et des Huns à la tête hideuse.

Cette cohue de tout âge, de toute forme, de toute race, se pressait dans les cours, se couchait sous les portiques, ou s'entassait confusément dans les salles destinées aux occupations champêtres, tandis que les intendants promenaient sur elle un regard rapide et sévère, et que les porte-fouets faisaient retentir le bruit des courroies toujours prêtes à frapper. Pour que l'étalage de toute cette portion de l'immeuble fût complet, on amena deux troupes tirées des retraites ténébreuses où elles étaient reléguées; c'étaient les esclaves condamnés à tourner la meule et les habitants enchaînés de l'*ergastulum*. Ces malheureux, à peine vêtus de quelques lambeaux dégoûtants, la tête rasée, le corps sillonné de coups, le visage couvert de marques imprimées par le feu, s'avancèrent deux à deux, se traînant avec peine à cause des entraves, et les yeux clignotant à la lumière inaccoutumée. On les coucha le long d'un mur, comme lorsqu'ils étaient à vendre sur le marché, étendus chacun dans sa cage de fer, pour être visités par l'acheteur et maniés jusqu'au dégoût.

Parmi ce grand nombre d'esclaves rassemblés, il y avait, comme c'était l'ordinaire, peu de femmes en proportion de la quantité des hommes. Quelques-unes se montraient çà et là auprès de ceux qui étaient leurs époux pour tout le temps qu'il plairait au maître de ne pas les séparer d'elles, tenant dans leurs bras les enfants auxquels elles avaient donné la vie, et qui ne leur appartenaient pas.

Dans l'*atrium*, au milieu d'un groupe de fileuses assises à terre sous un portique, se dessinaient entre deux colonnes de marbre blanc la haute stature, la taille élancée, le col de neige, le visage doux et sérieux d'une jeune Barbare : c'était une captive franque enlevée à ses forêts après l'égorgement de toute sa famille. Vendue par un marchand d'esclaves à Secundinus, Hilda avait d'abord refusé toute nourriture, comme un animal sauvage pris au piége. Les mauvais traitements n'ayant rien pu sur elle, l'intendant, de crainte que la jeune fille ne mourût entre ses mains et que son maître ne lui reprochât le dommage de cette perte, avait souffert qu'une femme chrétienne pénétrât en secret jusqu'à elle pour la déterminer à supporter la vie. Cette femme était la pieuse Priscilla, qui, — après avoir été la fidèle épouse de Maxime, maintenant évêque de Trèves, alors qu'il vivait dans le siècle, — depuis qu'il avait embrassé la prêtrise, était devenue sa chaste compagne, sa sainte sœur en Dieu. Priscilla, dont la vie était consacrée aux œuvres charitables, était surtout remplie de la plus tendre compassion pour les pauvres femmes esclaves. L'évêque, bien qu'il fût à cette époque le personnage le plus important de la cité et qu'il pût évoquer beaucoup de causes à son tribunal en les rattachant sous divers prétextes aux droits ecclésiastiques, l'évêque ne pouvait cependant entrer dans l'intérieur des familles sans la permission du chef. Il ne pouvait défendre les esclaves contre la loi, car les édits des empereurs chrétiens, en adoucissant l'esclavage à quelques égards, l'avaient laissé subsister presque intact. Tout ce que pouvait faire l'évêque Maxime, et il le faisait avec une grande chaleur et une grande habileté de zèle, c'était de protéger indirectement les malheureuses victimes de la servitude en agissant sur leurs maîtres par les exhortations pathétiques, les remontrances à la fois fermes et mesurées, en employant tour à tour et l'autorité de son saint ministère et l'ascendant de sa position sociale. Son influence immédiate n'allait pas plus loin; mais la charité est patiente et ne se rebute point, comme dit l'Apôtre. Là où l'évêque ne pouvait pénétrer, il s'efforçait de faire pénétrer, par une pieuse adresse, sa sainte compagne. Priscilla gagnait la faveur des esclaves préposés à la garde des autres par de petits présents, par d'insinuantes paroles, par de vrais services. Quand elle savait un esclave malade, elle demandait à lui porter des secours qui pourraient le rendre à la santé, conserver au maître sa propriété, et par là être utiles au préposé lui-même. C'est ainsi qu'elle avait fait pour Hilda. Elle profitait de ces occasions pour répandre la foi chrétienne dans une âme déchirée ou abrutie. Elle était souvent repoussée par cet endurcissement qui naît du désespoir; mais le brisement de cœur est une préparation salutaire à l'Évangile : l'homme accablé sous le poids du malheur se tourne vers Dieu comme le moribond se tourne vers le soleil, et Priscilla eut plus d'une fois la consolation de faire entrer dans cet enfer humain un rayon de la paix céleste.

La jeune Hilda, après avoir résisté d'abord avec une fermeté farouche aux discours et aux conseils de Priscilla, avait fini par s'en laisser toucher. Une circonstance particulière avait amolli cette âme difficile à fléchir. Priscilla et Maxime, au temps de leur union, avaient eu une fille chérie morte à dix-huit ans dans leurs bras : c'était ce malheur irréparable qui les avait détournés des voies du monde et ramenés par la douleur aux voies de Dieu. Priscilla crut trouver dans le visage de la jeune Germaine quelques traits et dans sa voix quelques accents de sa propre fille. Cette ressemblance redoubla l'intérêt qu'elle ressentait pour Hilda, et donna à ses paroles, à ses supplications et à ses larmes quelque chose d'irrésistible comme le cri des entrailles maternelles. L'œil fixe et farouche de l'orpheline se mouilla de pleurs, quand la mère désolée pressa l'orpheline dans ses bras. Il y eut entre ces deux âmes veuves une rapide intelligence de douleur, une communication intime et profonde qui fondit la dureté barbare, et le christianisme descendit sur Hilda dans un baptême de larmes.

La foi, dès qu'elle fut entrée dans cette âme forte, fut inébranlable et ardente. Hilda crut comme elle avait résisté, avec toute l'énergie d'une puissante nature, pareille à ces bois qui s'embrasent difficilement, et, une fois embrasés, brûlent d'un feu qu'on ne peut éteindre. A peine convaincue, elle éprouva le besoin de répandre sa conviction autour d'elle, et bientôt il y eut dans l'habitation de Secundinus une *missionnaire* clandestine qui transmit, surtout à ses compagnes de captivité, les enseignements qu'elle recevait de Priscilla, prêchant en secret au milieu d'elles avec toute l'ardeur que la nouveauté de la conviction ajoute à la certitude de la foi. Priscilla bénissait le ciel de l'heureux résultat de ses soins, et Maxime voyait avec joie le christianisme se glisser ainsi cette fois comme toujours, par le secours des femmes, dans une si nombreuse famille d'esclaves. Sans intervenir publiquement, il veillait en secret sur ce troupeau caché par l'intermédiaire de Priscilla, qui employait mille ruses nées d'un zèle ingénieux pour continuer de mystérieuses relations avec sa néophyte chérie.

Toutes ces précautions étaient nécessaires. Dans son aversion pour la religion chrétienne, Macer s'opposait avec opiniâtreté à ce qu'on l'introduisît au milieu de ses esclaves : il leur défendait d'aller à l'église entendre la sainte parole. Lui-même avait une chapelle devant la porte de sa maison, car il convenait à un personnage revêtu de plusieurs emplois municipaux, et peu porté à se mettre en opposition avec le pouvoir, de rendre un hommage extérieur à la religion officielle de l'État; mais il n'y entrait qu'à Pâques et dans quelques autres solennités, y faisant alors célébrer le service divin avec une extrême magnificence. Le reste de l'année, la chapelle était fermée; jamais les esclaves n'y mettaient le pied. Macer, fidèle par orgueil à l'esprit des religions antiques, n'aurait pas voulu les admettre à la communauté des choses sacrées; il ne pouvait consentir qu'ils eussent le même Dieu que lui. En outre, il craignait que certaines idées que les chrétiens répandaient, entrant dans la tête des esclaves, n'y produisissent une fermentation dangereuse pour l'autorité de leur maître. Cette égalité devant Dieu proclamée par l'Évangile effrayait et irritait le vieux patricien mécontent. Le Dieu mort du supplice des esclaves ne pouvait sans péril être annoncé aux esclaves. Les prédicateurs chrétiens ne leur disaient point, il est vrai, de se soulever; mais l'esprit de l'Évangile se trahissait sans cesse dans le langage des hommes les plus vénérés par l'Église. Macer frémissait de colère en voyant la manumission transportée de la main du préteur aux mains de l'évêque, et le fréquent usage que faisait celui-ci de cette prérogative d'affranchissement. Il citait parfois ce qu'Isidore de Péluse, auprès duquel un esclave s'était réfugié, écrivait au maître qui le réclamait : « Je ne croyais pas qu'un chrétien pût appeler son esclave celui pour qui le Christ est mort ainsi que pour lui-même. » Il voyait dans tous ces faits des symptômes subversifs du bon ordre, de la famille et de l'État, qu'il ne comprenait pas sans l'esclavage. Il s'efforçait donc de tenir ses esclaves hors de la portée du christianisme. Pour cela, il avait fait défendre sévèrement toute sorte de lecture à ceux qui connaissaient les lettres ; aux autres, il avait interdit de les apprendre, n'exceptant que les lecteurs et les scribes. Pour le reste, posséder un livre était un crime qu'on punissait en marquant avec un fer chaud le front du coupable.

Le pauvre Capito, qui, sans être cruel, ne pouvait résister à la tentation d'un jeu de mots, si méchant qu'il fût d'ailleurs, avait prononcé qu'il était fort sage que ceux qui aimaient à ce point les lettres fussent *lettrés*[1]. Cependant lui-même n'avait pas tardé à se mettre en contravention avec cette loi rigoureuse qu'il approuvait. Le grave rhéteur, de nature un peu épicurienne,

[1] Ce jeu de mots doublement détestable est d'Ausone.

avait arrêté ses yeux avec complaisance sur les charmes d'Hilda; il trouvait exquis les vers qu'Ausone avait adressés à la captive bien-aimée qu'il a célébrée sous le nom de Bissula. Puisque Ausone, ce modèle des rhéteurs gaulois, avait brûlé pour une esclave suève et l'avait chantée, pourquoi lui, fidèle imitateur d'Ausone en toutes choses, n'en ferait-il pas autant pour une fille de la race des Francs? C'était un plagiat de plus, et celui-ci ne lui semblait ni plus difficile ni moins agréable que tous les autres; mais, intimidé par la froide réserve et la fierté native de la Barbare, il avait cru faire merveille en prenant une voie détournée pour la séduire. Se rappelant qu'Ausone avait enseigné les lettres à Bissula, il avait proposé à Hilda de lui apprendre à lire. Il pensait que s'il pouvait la faire jouir des chefs-d'œuvre littéraires dont il était l'auteur, elle ne saurait lui résister. Il comptait sur l'effet des vers qu'il composerait pour elle, et peut-être même sur l'admiration que ne pouvait manquer de lui inspirer son panégyrique d'Eugène, dès qu'elle serait en état d'en comprendre les beautés.

Hilda s'affligeait de ne pouvoir lire les saintes Écritures, les homélies qui circulaient parmi les fidèles, les actes des martyrs qui avaient consolé les saints évêques d'Afrique condamnés aux travaux des mines. Les sévères défenses de Macer empêchaient qu'elle pût recevoir le don précieux des lettres par aucune autre voie. Elle vit une grâce du ciel, une faveur de la Providence dans cette chance d'instruction qui lui était offerte par la seule personne qui pût mettre à sa disposition les trésors dont elle était privée. Après avoir prié Dieu de pardonner et de bénir le moyen étrange qu'elle employait pour arriver à une pieuse fin, elle s'ouvrit à Priscilla, et, dans une des rares et courtes entrevues qu'elle avait avec cette sainte femme, elle lui confia la proposition de Capito. Celle-ci consulta Maxime. Maxime hésita d'abord, car il se défiait des rapports que les maîtres corrompus tentaient d'établir avec leurs belles esclaves ; mais il fut bientôt rassuré par la pureté candide de l'écolière, il crut peu chrétien de supposer un motif criminel à ce qui pouvait être une offre charitable. Enfin, pour se décider, il fit ce qu'on faisait souvent dans la primitive Église, il consulta la volonté divine en ouvrant une Bible au hasard, et, la réponse du livre sacré s'étant trouvée miraculeusement favorable, il permit à Hilda de faire servir à son édification ce qu'il jugeait une rencontre préparée par Dieu lui-même, se réservant dans sa prudence d'avertir la jeune fille du danger, si le danger se présentait. L'Église en ces temps était accoutumée à employer de pieux et irréprochables artifices pour la propagation de la foi. D'ailleurs les desseins de Dieu pouvaient-ils être sondés ? Peut-être la jeune esclave gagnerait à la foi le vieux rhéteur, et lui donnerait en échange de la science mondaine la science céleste que possèdent les enfants.

Maxime avait fait remettre à Hilda une Bible qu'elle avait cachée soigneusement. Quand elle était seule, elle s'efforçait avec une incroyable ardeur d'en épeler les divines paroles, à l'aide des leçons que Capito lui donnait dans une intention profane. Le vieux rhéteur n'était cependant pas le seul qui eût été sensible à la beauté d'Hilda. Parmi ses compagnons d'esclavage, il en était un, le plus dégradé et le plus hideux, à qui cette beauté si pure avait inspiré une passion violente: le sanglier difforme cherche les courants les plus limpides. Un homme de la race des Huns, dont le père avait été l'un des plus vaillants chefs d'Attila, brûlait d'un feu aussi sombre que son âme pour la charmante fille des Francs. Averti de sa laideur par les railleries des autres captives, il ressentait pour Hilda un amour plein de rage et de honte. L'expression du malheur empreinte sur ce front abject avait inspiré à la chrétienne une compassion à laquelle sa charité se reprochait de mêler une horreur involontaire. Elle avait fait effort pour s'approcher de Bléda et lui adresser quelques paroles consolantes. Cette bienveillance, dont il ne pouvait comprendre le motif, l'avait enflammé d'un fol espoir. Frappée d'une clarté soudaine en contemplant les éclairs de ses yeux, Hilda avait reculé, comme on recule au moment de marcher sur un animal immonde, et elle n'avait pu cacher le dégoût que le monstre lui inspirait. Il avait compris ce mouvement de l'âme d'Hilda, et depuis ce moment à la passion brutale qui le dévorait s'était joint un sentiment de haine et un désir de vengeance. Au moment où tous les esclaves étaient rassemblés, attendant le retour de Lucius, Bléda se glissa entre les colonnes du portique sous lequel Hilda était assise, et, s'approchant avec un mélange de résolution effrontée et d'inquiétude ardente, comme un homme qui fait une tentative désespérée, il lui dit quelques mots à voix basse en lui adressant un affreux sourire. On vit tout à coup se colorer d'indignation et de pudeur le front, les joues et le col blanc de la belle Germaine. Elle se leva sans répondre, et, jetant à Bléda un coup d'œil plein d'un mépris inexprimable, elle alla se placer à l'autre extrémité de l'atrium, auprès de l'intendant des esclaves, réduite à chercher la protection de cet homme cruel. Là, elle s'arrêta, leva la tête vers le ciel, comme pour chercher une protection plus puissante ; puis, calmée par un sentiment de confiance qui se peignit dans ses yeux rassurés, et comme se reprochant la colère qui venait de faire bouillonner son sang de Barbare, elle abaissa sur Bléda un regard de pitié ; mais elle fut obligée de se détourner encore, car elle ne put supporter l'atroce expression de méchanceté avec laquelle cet être horrible la regardait.

En ce moment retentit la voix sonore du *silentiaire*. Le léger murmure qui sortait de cette multitude parlant à voix basse se tut soudain. Tous les fronts se baissèrent, et les trois Secundinus entrèrent dans l'atrium au milieu d'un profond silence. A peine avaient-ils fait quelques pas à travers les rangs muets des esclaves, que le Hun se mit à genoux à la place où il se trouvait, et de là se traîna, comme en rampant, sur le passage du maître. Lucius, en voyant cette figure grotesquement terrible, sourit avec mépris et détourna la tête avec dégoût ; puis, comme pour effacer une image déplaisante, il laissa quelques instants errer négligemment sa vue sur les groupes de femmes esclaves.

— Que veut ce chien de Scythe ? demanda Macer à l'intendant.

— Avant qu'il lui eût pu répondre, Bléda, soulevant sa tête carrée sur ses larges épaules et arrêtant avec une certaine fermeté son regard louche sur Macer, dit avec un accent étrange et bizarre qui semblait à peine sortir d'une poitrine humaine :

— Maître, on a désobéi à tes ordres, et je te dénonce une de tes esclaves.

Le Hun s'arrêta. Macer attendait qu'il poursuivît, et toutes les esclaves tremblèrent.

— Une d'elles a appris les lettres, et elle a lu les livres des Juifs, dit Bléda.

L'intendant trembla à son tour sous un regard foudroyant de Macer.

— Quelle est-elle ? demanda-t-il au délateur.

— La voilà, reprit le Hun triomphant en montrant Hilda.

Tous les yeux se tournèrent vers la jeune fille. Elle était debout devant une colonne du portique, les yeux baissés et les mains croisées sur sa poitrine. Son attitude exprimait une soumission infinie à Dieu et une invincible fermeté vis-à-vis des hommes.

— Que la peine soit appliquée à l'esclave! dit Macer.

Hilda ne changea pas d'attitude; seulement elle leva la tête, et Lucius vit deux yeux bleus promener avec calme sur l'assemblée un regard doux et fier, puis tourner vers le ciel un regard plein d'enthousiasme.

— Qui t'a enseigné les lettres interdites à ta vile condition! dit Macer.

Capito paraissait embarrassé et regardait Hilda d'un air suppliant. Elle garda le silence.

— Où sont les livres qu'on t'a procurés clandestinement, et qui a osé le faire malgré mes ordres?

— Je ne livrerai point la parole de Dieu, et je ne trahirai point ceux par qui le Seigneur l'a fait descendre jusqu'à une misérable captive.

Et, en disant ces simples paroles, le front de la vierge était rayonnant de la joie des martyrs. Chrétienne et Barbare, l'énergie de sa race prêtait encore plus de force à l'exaltation de sa foi.

— Que la peine soit appliquée à l'esclave! répéta

Macer de ce ton bref et impératif avec lequel les juges prononçaient les formules imposantes de la loi romaine.

Capito était dans un grand trouble. Se penchant vers l'oreille de son frère, il lui dit en balbutiant :

— Mon cher Macer, ne pourrais-tu pardonner à cette blanche dryade des forêts de la Germanie, dont les yeux ont la couleur des yeux de Pallas, selon le poëte, *Glaucopis Athênè?*

— Qu'importent la blancheur de sa peau et la couleur de ses yeux ? reprit Macer en promenant sur son frère un regard scrutateur qui acheva de le confondre. N'as-tu pas toi-même, sage Publius, approuvé par un mot ingénieux le choix de la peine que j'ai portée ?

Capito n'avait rien à répondre ; d'ailleurs, bien qu'un bon mouvement l'eût porté à faire un effort pour obtenir la grâce d'Hilda, il était un peu piqué qu'elle eût recherché d'autres livres que ceux qu'il lui prêtait, et surtout des livres juifs ou chrétiens, car c'était tout un aux yeux du rhéteur. Il regrettait presque d'avoir consacré quelques soins à une créature qui s'en montrait si indigne, et se disait tout bas : C'est vouloir remplir le tonneau des Danaïdes que de prétendre donner du goût à une Barbare.

Cependant les yeux de Lucius n'avaient cessé de s'attacher sur Hilda, d'abord avec un sentiment de curiosité et de surprise, ensuite avec un intérêt de plus en plus vif et de plus en plus ardent. Son âme, alanguie par les voluptés de l'Ionie et de l'Égypte et un peu blasée sur les charmes des danseuses de Milet et des chanteuses d'Alexandrie, avait été comme réveillée tout à coup par l'apparition de cette blonde jeune fille qui offrait en elle un mélange nouveau pour lui de grâce et de force, de candeur ingénue et de gravité sérieuse, et qui, par sa blancheur et son immobilité, rappelait à Lucius une belle statue de Minerve. Quand les dures paroles de son père retentirent à son oreille, et qu'il vit un transport incompréhensible éclairer le front d'Hilda d'une joie sublime, le jeune voluptueux éprouva une émotion inconnue; il oublia qu'Hilda était une esclave, il ne vit plus qu'une belle jeune femme livrée devant lui au bourreau. Il frémit en songeant qu'un fer brûlant allait se poser sur ce front candide et radieux, et, s'adressant à Macer avec vivacité :

— Vous accorderez, mon père, à la bienvenue de votre fils la grâce de cette jeune fille.

Macer le regarda d'un air de surprise et de mécontentement. La légèreté de Lucius avait froissé l'âme de son père. Il avait trouvé ce fils, en qui toutes ses affections étaient concentrées, insensible aux plus brillantes perspectives de l'ambition; il avait profondément souffert de le trouver ainsi, et maintenant cet indolent Lucius, qui n'eût pas daigné ramasser la couronne impériale, si elle fût tombée à ses pieds, semblait tout ému parce qu'on allait châtier une esclave indocile! Ce caprice impétueux de jeune homme, avec cette indifférence pour les affaires sérieuses, déplut fortement à Macer, et il répondit par un refus un peu brusque à la demande de Lucius. Lucius en éprouva un dépit violent. Il sentit l'autorité du père de famille peser tout à coup rudement sur sa tête longtemps libre. Son affection filiale avait été refroidie par la négligence prolongée de Macer. Ce n'était pas une tendresse impatiente qui les avait ramenés dans les bras l'un de l'autre, c'étaient des calculs mesquins qui les avaient rapprochés; aussi la joie du retour s'était déjà presque entièrement dissipée; déjà il y avait entre le père et le fils, bien que s'aimant au fond, un déplaisir secret et un mécontentement réciproque.

Tandis que Lucius bouleversé cherchait un moyen de fléchir son père, le voile qui fermait l'entrée de l'atrium se leva, et l'on vit s'avancer l'évêque Maxime, qui venait faire une visite solennelle au *duumvir* à l'occasion du retour de son fils. A peine Maxime avait-il prononcé quelques paroles de félicitation, que le hideux Bléda apparut dans l'atrium portant le fer rouge pour marquer le front virginal d'Hilda. L'évêque, à ce spectacle, fit un geste d'horreur. Lucius espéra, Capito reprit courage, et cette fois ce fut Macer qui parut déconcerté.

L'évêque et le duumvir étaient les deux puissances de la ville. Entre ces deux puissances rivales avaient lieu fréquemment des conflits de juridiction, des luttes d'autorité. Chaque jour l'ascendant des évêques gagnait dans la curie ; seul pouvoir qui eût une racine dans les consciences, ils attiraient insensiblement à eux tous les pouvoirs. Cet empiétement graduel qui était dans la nature des choses, soulevait la bile de Macer, et lui semblait une odieuse usurpation sur ses droits ; il haïssait cordialement Maxime, mais il cachait avec soin cette haine, qu'il n'eût pas été prudent de laisser paraître sous le pieux Honorius. Il affectait même de montrer les plus grands égards et la plus humble déférence pour l'évêque ; mais sous main il travaillait à combattre son influence, à contrecarrer ses desseins, à faire rejeter ses plans par les décurions ou à en annuler l'effet.

Maxime, qui unissait une grande prudence et même une grande finesse à ses hautes vertus, connaissait fort bien les menées de Macer, et, tout en feignant de les ignorer, il savait les prévenir. Son œil vigilant déjouait les intrigues qui eussent pu nuire aux intérêts de l'Église et aux progrès de la foi. Macer sentait toujours au-dessus de lui avec colère ce surveillant incommode ; mais jamais il ne l'avait plus maudit qu'en ce moment, où il était surpris, pour ainsi dire, en flagrant délit de cruauté et de persécution.

Il fallut bien apprendre à Maxime ce dont il s'agissait.

— Eh quoi ! mon frère, s'écria l'évêque, vous êtes

chrétien et vous voulez livrer à des traitements pareils une chrétienne, parce qu'elle a eu soif de la parole de Dieu ! Vivons-nous donc sous les fils du saint empereur Théodose, ou sommes-nous retournés au temps des Néron et des Décius?

— Ma foi n'est pas suspecte, reprit Macer : je célèbre la pâque chaque année, j'ai fourni dix mille sesterces pour réparer l'église de Trèves, bâtie par l'illustre Hélène, mère du divin Constantin ; mais la police des esclaves appartient au père de famille.

Maxime sentit que sur ce terrain Macer, protégé par la loi, était inattaquable, et, commandant à son indignation, il s'efforça de changer la résolution du duumvir en s'adressant à ses intérêts. Avec ce tact politique qui distinguait à un degré si éminent les hauts fonctionnaires de l'Église dans ce grand siècle de l'épiscopat chrétien, Maxime, tout en paraissant ne s'adresser qu'à la charité de Macer, lui fit habilement sentir quel mauvais effet produirait parmi les fidèles un pareil bruit, que malheureusement il ne pourrait démentir et serait même obligé de confirmer, si on l'interrogeait. Les envieux de Macer pourraient signaler un crime de lèse-majesté dans cette persécution contre la religion impériale. Maxime fit quelques allusions adroites à des torts que Macer avait eus envers lui, pour lui montrer que, s'il ne s'en plaignait point, ce n'était pas qu'il les ignorât. Après l'avoir inquiété de la sorte et disposé par la peur à la clémence, le saint évêque retrouva toute son onction d'apôtre pour le supplier au nom de Jésus-Christ de ne pas refuser au plus humble de ses serviteurs la grâce d'une pauvre fille esclave rachetée aussi bien qu'eux par le sang divin. Cette fin du discours de Maxime permettait au duumvir de fléchir sans paraître céder, et de faire, comme vaincu par la miséricorde, ce que lui suggérait la prudence.

Macer comprit sa situation à merveille : il vit qu'il serait impolitique et dangereux de blesser mortellement l'évêque par un refus dont celui-ci pouvait le faire repentir. Il prit rapidement son parti, et, pour éviter l'humiliation de paraître subjugué par l'ascendant de son rival, il lui dit en souriant :

— Père vénérable, nous ne nous repentons point d'avoir protesté pour notre droit de juridiction sur notre famille, selon la coutume des aïeux, puisque nous y avons gagné d'entendre la parole toujours éloquente de votre sainteté...

— Qui ne s'est pas montrée inférieure à Cicéron plaidant pour le roi Déjotarus, interrompit avec son à-propos ordinaire l'empressé Capito.

— Mais nous avions déjà résolu, poursuivit Macer, à la requête de notre frère illustre et de notre fils bien-aimé, de faire grâce à cette esclave, et, quant à celui qui a déplu à votre paternité comme à nous-même en paraissant en sa présence et en la nôtre, quand il n'était point demandé pour un office qui ne lui avait point été imposé, qu'il soit attaché à la meule et marqué au front avec le fer qu'il a fait rougir, pour que ses préparatifs ne soient pas perdus!

Ainsi parla Macer, qui avait besoin de se soulager, en faisant souffrir quelqu'un de la souffrance intérieure qu'il ressentait à plier sous la volonté de l'évêque, et qu'il était contraint de cacher sous un air de bienveillance et de politesse. Maxime n'avait point été dupe de la condescendance forcée de Macer, mais il parut le croire aveuglément. Il avait obtenu ce qu'il désirait, il se retira après avoir béni Hilda et quelques autres esclaves chrétiens par des regards jetés sur eux, tout en conversant de l'air le plus libre avec Macer. Il était bien aise aussi que l'héritier futur de ces immenses possessions s'annonçât dès son arrivée par un mouvement d'humanité. La beauté d'Hilda, la connaissance profonde qu'avait Maxime des faiblesses cachées du cœur, un regard de bonheur et de tendresse qu'il avait vu Lucius jeter sur la captive au moment où sa grâce était proclamée, avaient bien donné au pasteur expérimenté des âmes quelques soupçons sur les motifs qui avaient pu aider chez le jeune Secundinus l'impulsion de la charité; mais Maxime était loin de réprouver un sentiment bon en lui-même et inspiré du ciel, parce que la terre y mêlait quelques ombres. Bien loin de là, il songeait, en se retirant, au bien que Dieu pourrait produire par la main de l'humble esclave, choisie peut-être pour ranimer la foi de Lucius par le spectacle des plus admirables vertus chrétiennes.

III

Maxime, en regagnant la ville, s'entretenait tout bas avec lui-même de la scène dont il venait d'être témoin et dans laquelle nous l'avons vu jouer un rôle habilement charitable. Il méditait avec tristesse sur la sévérité cruelle de ces hommes qui n'avaient conservé des anciennes mœurs romaines que leur dureté impitoyable ; il bénissait Dieu de ce qu'il avait mis ses serviteurs dans une situation où ils pouvaient protéger les misérables esclaves en se faisant craindre de leurs maîtres, et peut-être le sentiment de son triomphe sur le duumvir mêlait-il à son insu quelque peu de satisfaction terrestre aux actions de grâces sincères et désintéressées qu'il rendait au Tout-Puissant.

De temps en temps, la litière qui le portait se détournait par son ordre de la grande voie qui conduisait à Trèves, et s'arrêtait à l'entrée d'un village, près d'une chaumière isolée, parfois devant un poste militaire situé dans un lieu sauvage : c'est qu'il y avait là quelque indigent ou quelque malade à visiter, quelque catéchumène à fortifier dans la foi. Après de courtes paroles pleines d'onction et de charité, le bon évêque reprenait sa route, et, rafraîchi par le bien qu'il venait de faire, lisait avec de pures délices un discours de saint Jean Chrysostome, un traité de saint Ambroise, des vers pieux de Sedulius, ou bien il cherchait le texte sur lequel il improviserait familièrement une homélie dans la prochaine assemblée des fidèles. Tout en se livrant à ces réflexions, Maxime était arrivé à la porte de sa demeure, située derrière l'église cathédrale de la ville de Trèves. Cette demeure, d'une étendue considérable, était divisée en deux parties : dans l'une, l'évêque habitait au milieu de son clergé et de jeunes enfants voués à la prêtrise, qui, avec les chantres, formaient l'école ; dans l'autre, Priscilla vivait retirée avec quelques saintes veuves et quelques chastes vierges. Les deux portions de cette petite confrérie quasi-monastique se réunissaient dans l'église pour prier, mais à des places différentes, selon l'usage de ces temps.

Quand Maxime arriva près du portail de la basilique, les chants du soir achevaient de mourir sous les voûtes. Il traversa le temple magnifique que soutenaient des colonnes gigantesques de marbre africain données par l'impératrice Hélène, et dont on admire encore aujourd'hui les débris. Maxime se prosterna devant l'autel, éclairé faiblement par une lampe comme suspendue aux ténèbres qui montaient jusqu'au faîte de la basilique. Après avoir rendu grâces à Dieu dans une courte prière d'avoir protégé, par l'entremise de son serviteur, une pauvre chrétienne fidèle à sa foi dans les fers, il s'achemina vers la cellule de Priscilla.

Priscilla était en oraison quand Maxime entra ; elle ne leva point les yeux, ne détourna point la tête ; seulement on eût connu au mouvement plus précipité de ses lèvres qu'elle priait avec plus de ferveur en le sentant près d'elle. Maxime se mit à genoux à côté de sa pieuse compagne, et tous deux restèrent longtemps ainsi, unissant leurs âmes dans leur prière fraternelle et dans le sentiment commun de la présence de Dieu. Puis ils se levèrent et se saluèrent mutuellement d'un regard plein de chaste amour et d'unanime espérance. Ensuite, s'étant assis à quelque distance, Maxime raconta ce qui s'était passé dans la villa de Secundinus. La bonne Priscilla fut vivement émue au récit de Maxime.

— Dieu soit loué, dit-elle, et remercié du plus profond de nos cœurs, pour avoir donné à notre Hilda cette constance et cette fermeté dignes des premiers jours de l'Église, et qui commencent à s'affaiblir dans le monde ! Qu'il soit loué aussi pour avoir épargné à cette jeune fille le traitement cruel dont elle était menacée ! Je donnerai une double aumône au premier pauvre qui se présentera à la porte de notre demeure. Il m'est si doux de penser que Dieu a fait descendre cette grâce sur l'esclave fidèle par l'intervention de mon cher et vénérable frère Maxime !

— Sœur bien-aimée, dit l'évêque, la récompense de mes faibles œuvres est d'abord dans Notre-Seigneur Jésus-Christ, qui les consomme en moi malgré mon indignité; elle est ensuite dans la joie par lui permise d'accomplir ces œuvres avec la pensée que tu en seras heureuse. Il nous a placés l'un près de l'autre pour nous soutenir et nous appuyer mutuellement dans sa voie, pour nous édifier par la communion des vertus et arriver ainsi à être réunis dans son amour durant l'éternité plus intimement que nous ne l'avons été sur la terre.

— Que tes paroles sont douces à ton humble sœur ! comme elles remplissent son âme du désir de faire le bien et de mériter le bonheur éternel ! Ah ! ce bonheur, nous le commençons ici-bas, Maxime. Aimer purement, n'est-ce pas le ciel ?

— Craignons, reprit Maxime avec une tendre gravité, craignons d'amollir nos âmes par ces retours trop humains même sur les plus saintes affections de notre cœur. Les anges seuls sont purs devant Dieu; nous sommes des créatures fragiles et vaines; humilions-nous dans notre faiblesse et défions-nous toujours de notre infirmité. Il vaut mieux, chère sœur, me dire à ton tour ce que tu as fait aujourd'hui, réjouir mon âme par le récit de tes actions charitables, ou bien, si quelque faute légère pèse sur ta conscience craintive, hâte-toi de la confesser à ton frère pour qu'il te donne, suivant ses lumières, d'affectueux conseils, ou lave ton âme, objet de ses plus pures tendresses, dans la piscine salutaire de la pénitence.

— La journée s'était passée comme à l'ordinaire, dit Priscilla, avec mes chères filles et mes sages compagnes, dans les chants, les oraisons et les entretiens recueillis. Des indigents ont frappé à la porte de notre maison, ils ont été nourris; des pèlerins ont reçu le léger viatique dont nos ressources nous permettent de disposer en leur faveur; mais j'éprouve un vif scrupule à t'avouer ce qui s'est passé dans l'hospice que tu as fondé pour les malades indigents.

— Ne me cache rien, sœur chérie; apprends-moi ce qui te fait rougir de la sorte et semble t'agiter comme un remords; déclare ton péché à un pécheur pour que tous deux nous implorions ensemble la miséricorde céleste.

— Devant l'église s'est présenté... Je n'ose poursuivre.

— Poursuis sans crainte. Est-ce un voleur ou un meurtrier? Tout homme créé à l'image de Dieu doit être accueilli à l'ombre du sanctuaire, même les plus criminels, afin qu'échappant à la mort terrestre, ils aient le temps de se repentir et d'échapper à la mort éternelle.

— Mais ce n'est pas seulement un voleur ou un

meurtrier ; c'est bien plus, c'est le prêtre arien Mélèce, celui qui ose t'appeler hérétique, ainsi que tous les évêques de la confession du bienheureux Athanase. On l'a apporté devant l'église sur une civière, dévoré par la fièvre et demandant à être reçu dans l'hospice... J'ai hésité; mais il est vieux, il souffrait beaucoup... Bien qu'il soit un réprouvé, sa pâleur faisait peine à voir... Ton front s'est couvert d'un nuage ; tu vas me condamner... Oh ! pardonne. J'ai péché sans doute. J'aurais dû le repousser ; je n'en ai pas eu le courage.

— Oui, je m'indigne en effet, reprit l'évêque d'un ton sévère, que ma sœur ait hésité à recevoir notre frère Mélèce dans l'asile ouvert à tous ceux qui souffrent, ariens ou catholiques, chrétiens ou païens, Romains ou Barbares ; Mélèce est assez malheureux de fermer les yeux à la lumière. A Dieu il appartient de le juger et à nous de le secourir. Mais j'ai tort de t'adresser cette réprimande, reprit doucement Maxime, puisque, malgré ton erreur, tu as agi selon la charité.

Priscilla regarda Maxime avec une tendre admiration. Maxime continua ainsi :

— Quand crois-tu pouvoir porter quelques paroles de consolation et d'encouragement à notre pauvre Hilda ?

— Une fois chaque semaine, elle va de grand matin dans une partie éloignée du *prædium*, là où sont les étables des brebis, chercher la laine qu'elle doit filer. Ce jour, j'ai coutume de me trouver dans le petit bois qui est derrière la chapelle des Secundinus; j'échange avec Hilda quelques mots rapides, je lui porte tes bénédictions et tes avis; elle m'apprend ce qu'elle a fait pour gagner à Dieu les âmes de ses compagnons d'esclavage. Il ne se passe presque point de semaine sans que l'un d'entre eux ait été touché par sa parole.

— Que le Seigneur veille sur toi dès le matin, sœur chérie ! dit affectueusement Maxime. Maintenant il y a un nouvel hôte dans la demeure des Secundinus ; Hilda a besoin de nouveaux avertissements contre celui qui peut être un ennemi plus dangereux que Capito. D'après quelques mots que m'a dits ce jeune homme, il me paraît, comme beaucoup d'autres, admirer la religion chrétienne sans y croire et sans la pratiquer ; du moins n'a-t-il pas d'antipathie contre elle comme Macer, ni cette passion frivole pour les lettres profanes qui rend le pauvre Capito incapable d'une réflexion sérieuse. Je ne désespère pas de Lucius. Hier, il s'est montré compatissant pour Hilda. Qu'elle recueille adroitement parmi les autres esclaves ce qu'ils diront du jeune maître, et s'il s'approchait d'elle entraîné par un penchant coupable, qu'il rougisse en entendant sortir de la bouche d'une esclave barbare des paroles dignes de celle qui est notre fille bien-aimée ! Qui sait si Dieu ne se servira pas d'elle pour le convertir, comme sainte Théodore convertit le jeune débauché auquel elle était livrée? Quel bonheur ce serait pour l'Eglise, si le fils de l'opulent duumvir embrassait la foi.

Tandis que l'évêque, dans la confiance de son zèle, se livrait à ces lointaines espérances, une pensée pénible avait passé sur le front de sa compagne. Malgré les efforts qu'elle fit pour la cacher, Maxime s'en aperçut, et il lui demanda la cause de cette tristesse subite.

— Hélas! dit Priscilla, un mot que ta bouche a prononcé vient de réveiller en moi des souvenirs amers que je tente vainement d'écarter. Tu as appelé Hilda notre fille bien-aimée, et je n'ai pu m'empêcher, ajouta-t-elle en rougissant, de me rappeler que nous avons eu une fille jeune, belle, pieuse comme elle, que le Seigneur nous avait donnée, que le Seigneur nous a retirée. Que son nom soit béni! ajouta Priscilla en étouffant un sanglot.

Maxime pâlit à ces paroles; le cœur du père tendre battit violemment sous la robe de l'évêque : des sentiments habituellement contenus et comprimés se ranimèrent avec une sourde violence. Il s'y mêlait des souvenirs d'affection terrestre pour la femme qui était là devant lui, et qui avait été son épouse avant d'être sa sœur. D'anciens déchirements qu'il croyait endormis se réveillèrent malgré lui dans ses entrailles : la plaie depuis longtemps fermée se rouvrit et saigna quelques instants. Il se passa au fond de son âme une lutte douloureuse qui le remplissait de confusion. Priscilla, plus confuse encore et plus troublée que lui, cachait dans ses mains son visage rouge de pudeur et baigné de larmes. Enfin l'évêque s'élevant au-dessus de ce désordre secret par une puissante aspiration vers Dieu, dit d'une voix que sa volonté maîtrisait :

— Sœur vénérée, il ne nous est pas permis de nous rappeler ce que nous fûmes dans le siècle avant d'appartenir complétement à Dieu. Celle dont tu viens de parler ne doit être nommée que dans le secret de nos prières ; son nom ne doit pas être prononcé à haute voix entre nous. Nous ne devons la considérer que dans l'état glorieux où j'espère qu'elle est maintenant élevée, afin que cette sainte ne soit point pour nous une occasion de chute intérieure, en nous replongeant dans les réminiscences du siècle, mais que nous soyons réunis avec elle en ce lieu où, selon les chastes paroles de l'Apôtre, il n'y a plus d'hommes et de femmes, où toutes les âmes sont les épouses bienheureuses de l'époux céleste.

Après avoir dit ces paroles d'un accent ferme et convenable à la majesté épiscopale, Maxime bénit Priscilla inclinée devant lui, et, sans presser la main l'un de l'autre, sans oser se donner le baiser de paix, tous deux se séparèrent dans un grand recueillement et un profond silence.

Avant l'aube du jour suivant, Priscilla était dans le lieu où chaque semaine elle attendait le passage d'Hilda : c'était un ancien bois sacré, et la chapelle avait été un *sacellum* dédié aux nymphes. Sans cesse on consacrait au culte chrétien des édifices bâtis pour honorer les divinités païennes, et souvent, comme ici, on laissait subsister le bois sacré à côté de la chapelle : contraste qui peignait la société de ces temps, dans lesquels des restes de l'ancienne croyance subsistaient encore à côté de la religion nouvelle.

Bientôt Priscilla vit la jeune esclave s'avancer plus pensive qu'à l'ordinaire vers le lieu désigné. Après avoir regardé autour d'elle, avec crainte, si nul œil caché n'épiait leurs pas, les deux femmes s'embrassèrent et entrèrent dans l'intérieur du bois. Priscilla se hâta de faire à la captive les questions qu'elle avait à lui adresser. Quand elle vint à parler du jeune Romain, Hilda rougit légèrement, et dit avec quelque vivacité :

— Oh ! celui-ci, c'est un noble maître, c'est un seigneur bon et humain. Si vous aviez vu avec quelle chaleur il a demandé ma grâce à son père, et comme il semblait souffrir quand elle lui a été refusée ! Je n'aurais jamais cru qu'un Romain pût sentir une si tendre pitié pour une Barbare. Il n'a pas l'air sombre comme le seigneur Macer, lui ; il est doux et gracieux ; hier, il m'a paru ressembler au bienheureux saint George qui est peint au-dessus de la porte de la chapelle, au moment où il délivre la jeune fille promise à un dragon. Ses esclaves ont dit qu'il n'était point cruel pour eux ; ils prétendent que dans le pays d'où ils viennent, et qui s'appelle Athènes, les maîtres sont meilleurs qu'ici ; mais lui n'est pas de ce pays : comme la grâce de son sourire et de sa voix, sa bonté lui vient de Dieu.

Priscilla fut un peu alarmée en entendant ces paroles, dans l'accent desquelles on sentait l'impétuosité d'une nature forte à travers l'ardeur d'une âme ingénue ; mais elle reprit confiance en contemplant l'expression de céleste innocence empreinte sur le front et dans le regard d'Hilda. Elle se rappela les espérances que son frère avait laissé entrevoir au sujet de Lucius, avec cette ardeur de prosélytisme qui servit si merveilleusement la propagation de l'Évangile. Entraînée par l'exaltation naturelle de son âme aussi tendre que pieuse, elle s'écria :

— Que les saints anges te protégent, ma fille chérie ! Oh ! jamais une pensée de mon Hilda ne fera rougir le front de son père Maxime. Le Seigneur, selon ses merveilleux desseins, t'a placée dans une maison profane pour la sanctifier. Continue, vierge choisie de Dieu, continue à répandre en secret autour de toi la manne de sa doctrine, et le Dieu protecteur des faibles et des petits bénira les efforts de l'esclave, car tout est possible à celui qui a converti le monde par la voix des publicains, des pêcheurs et des mariniers !

En achevant ces paroles, Priscilla crut entendre quelque bruit parmi les arbres ; elle serra tendrement

Hilda sur son cœur, et se retira, craignant d'être aperçue, comme on fait après un larcin. Hilda sortit du bois et s'avança vers la bergerie.

IV

Au moment où Priscilla s'éloignait, Lucius s'avançait d'un autre côté. La journée de la veille avait été employée par lui à parcourir en détail avec son père toutes les parties de la villa. Capito lui avait fait les honneurs de la bibliothèque, plus fournie de livres profanes que d'ouvrages chrétiens ; il avait ensuite fait admirer à Lucius les statues et les tableaux de la galerie, se gardant, comme on peut le croire, de lui épargner aucune des pièces de vers qu'il avait composées sur tous les objets d'art qu'elle renfermait. Lucius avait suivi nonchalamment Capito de chef-d'œuvre en chef-d'œuvre, prêtant une oreille distraite aux explications et aux vers. Le commencement de la matinée occupait désagréablement la pensée du jeune Romain; il croyait voir encore l'air dur de son père lui refusant la grâce d'Hilda, la terreur et la soumission abjecte des esclaves, la figure hideuse de Bléda, qui, lorsqu'il avait été entraîné à la meule au milieu des rires stupides de ses compagnons d'infortune, avait jeté à Lucius un regard de haine et de vengeance, et ces images l'importunaient. Accoutumé à ne songer qu'à ses plaisirs, il se trouvait avec ennui jeté dans un monde moins riant ; il lui semblait que les heures folâtres et insouciantes de la jeunesse étaient passées, que les soucis de l'âge mûr et les occupations sévères de la famille l'attendaient. Pour écarter ces impressions pénibles, Lucius appelait à lui l'image de la jeune Barbare telle qu'il l'avait vue sous le portique, blanche, immobile, ses grands yeux bleus levés vers le ciel dans un ravissement paisible.

Ainsi que beaucoup d'hommes de son temps, Lucius alliait à son scepticisme épicurien un penchant bizarre à la superstition et à l'extase. Il avait été comme fasciné par l'expression inspirée d'Hilda ; de vagues idées de philtre et d'enchantement traversaient son esprit ardent et malade ; elles avaient obsédé sa rêverie du soir et ses songes de la nuit ; c'était sous leur empire qu'il avait quitté de bonne heure sa couche de pourpre, et que, marchant au hasard, il s'était avancé vers le bois sacré.

En apercevant la chapelle qui s'élevait à son entrée, en reconnaissant ce qui, dans son enfance, était encore un temple des nymphes, il dit à demi-voix :

— Pauvres nymphes qu'on a chassées de votre demeure pour mettre à votre place je ne sais quel Dieu invisible et quel sage crucifié, pauvres nymphes, je vous regrette ! Vous étiez plus gaies et plus gracieuses que ces jeunes femmes que les chrétiens peignent sur les murs de leurs temples, plongées dans la poix bouillante ou décollées par le glaive... Aimables exilées, adieu. Je prie Echo, votre sœur, qu'en fuyant vous avez laissée dans votre antre sonore, de vous murmurer tous bas mes adieux.

Les voilà donc l'une à côté de l'autre ces deux religions qui se sont disputé le monde ! ajoutait-il en regardant tour à tour la chapelle et le bois sacré. Eh bien ! l'une a triomphé; elle est sur le trône, elle est partout, et l'autre, après avoir reçu les hommages des plus beaux siècles et des premières nations de l'univers, est maintenant foulée aux pieds comme une statue mutilée qui gît dans la poudre... Pourquoi cela ? Parce que le temps de cette foi est fini, parce que l'homme se lasse un jour de croire et d'adorer. La foi nouvelle a produit de grandes choses et de grands hommes; mais combien durera-t-elle? Déjà elle se divise et s'altère ; déjà l'on peut prédire sa chute prochaine. C'est une mode qui passera bientôt dans l'empire, et alors qui viendra la remplacer? L'homme doit-il donc aller toujours de l'erreur au doute et du doute à l'erreur? Oh ! si quelque antre, quelque trépied fatidique pouvait révéler la mystérieuse vérité ! Où est la sibylle ou la pythonisse, la prêtresse de Délos ou la magicienne de Thessalie, qui m'apparaisse dans les ténèbres du sanctuaire ou sous les ombres d'une forêt pour m'enseigner ce que j'ai longtemps brûlé de savoir et que je désespère d'apprendre ?

En prononçant ces paroles, Lucius pencha mélancoliquement son beau visage ; ses cheveux flottants se répandirent sur son front comme un voile de deuil. Quand il leva les yeux, Hilda était devant lui. Elle s'avançait lentement, le regard baissé, portant avec la grâce de la force une grande quantité de laine blanche sans que son col fléchît sous le fardeau; on eût dit une belle caryatide animée. Elle était déjà tout près de Lucius quand elle l'aperçut; elle s'arrêta sur le bord d'un étroit sentier pour le laisser passer, en s'inclinant légèrement et sans lever les yeux vers lui.

— Jeune esclave, lui dit Lucius avec un son de voix d'une caressante douceur, tu es diligente comme l'abeille de l'Hymette qui voltige sur les fleurs dès le matin ; à peine le soleil est levé, que déjà tu as repris tes travaux. Je dirai à l'intendant que je te permets de prolonger davantage ton sommeil, de peur que la fatigue n'altère tes beaux yeux et ne pâlisse tes joues de rose.

— Jeune maître, je te rends grâce; mais je suis de la race des Francs, qui est dure à la fatigue ; l'esclave doit ne rien retrancher de la tâche qui lui est imposée, afin que, l'accomplissant avec zèle, elle obtienne la faveur d'un autre intendant que celui auprès duquel tu peux me protéger, de l'intendant céleste.

— Bizarre jeune fille qui prononces des paroles dont

l'austérité conviendrait à un stoïcien avec des lèvres dignes d'Aphrodite ! Mais, par Hercule ! tu me plais en parlant de la sorte, comme tu me plaisais hier quand, en présence du châtiment, tu as refusé de nommer le grave pédagogue que je connais maintenant, car sa vanité m'a bientôt confirmé sans le vouloir ce qu'un coup d'œil jeté sur son air embarrassé m'avait d'abord fait soupçonner. Ainsi le sage rhéteur a trouvé moyen de s'entretenir avec sa belle écolière, jaloux de t'enseigner les lettres comme Orphée instruisait, dit-on, dans l'art de jouer de la lyre sa chère Eurydice.

— Maître, je ne nierai point ce que t'a confié le seigneur Capito ; oui, c'est grâce à lui que je peux lire la parole de Dieu, et, quand ce bienfait aurait attiré sur moi des châtiments mille fois plus cruels que ceux dont j'étais hier menacée, je bénirais encore la main à laquelle je le dois, et je continuerais, si on me laissait une langue pour prier, de demander à Dieu, comme je le fais jour et nuit avec ferveur, qu'il détourne des voies de la fausse sagesse celui qui y est engagé, afin que la lumière qu'il m'a transmise, hélas ! sans la voir, éclaire un jour ses ténèbres.

— Charitable et inutile vœu ! Mon oncle renoncerait plutôt à la vie qu'à sa muse ; mais, belle captive, si un maître plus jeune et peut-être plus aimable que le docte Capito s'offrait pour t'instruire !... s'il te faisait lire, non pas les insipides compositions des rhéteurs, mais les divins chefs-d'œuvre de l'âge d'or de la poésie romaine, peut-être trouverais-tu plus de charme à ses leçons? Tu ne sais pas les délices qui attendent ton âme ingénue, quand elle s'attendrira sur les malheurs de Didon que des saints même ont pleurés, quand elle s'enchantera aux accents gracieux d'Ovide ou d'Horace célébrant Corinne ou Lalagé, de Tibulle soupirant les charmes de sa Délie! C'étaient de belles jeunes filles comme toi; quelques-unes avaient été esclaves comme toi, mais la main d'un maître amoureux avait brisé leurs fers.

En prononçant ces mots, que l'entraînement rapide de la passion avait appelés comme malgré lui sur ses lèvres, Lucius s'arrêta, cherchant dans les yeux d'Hilda l'impression qu'elle avait ressentie. Une rougeur légère avait passé sur son front, qui avait bientôt repris toute sa sérénité. Ses yeux baissés un moment s'étaient relevés, et, regardant Lucius avec candeur, elle lui dit d'une voix ferme, comme elle eût dit au temps des persécutions devant le juge qui l'aurait engagée à sacrifier aux faux dieux :

— Je suis chrétienne.

— Je le sais, dit Lucius, et moi aussi je suis chrétien. Qui croit encore au vieil Olympe? qui a peur des foudres éteintes de Jupiter ou du trident rouillé de Neptune? Suis-je donc un paysan stupide qui se cache pour immoler à Pan une chèvre noire, ou un rhéteur opiniâtre qui se cramponne aux débris des autels tombés, et ne peut se persuader que les dieux qu'a chantés Homère et qu'a invoqués Démosthène ne soient pas des dieux? Le sage n'est point ainsi, il voit sans regret mourir les superstitions antiques; il ne rejette point le culte que ses contemporains ont embrassé; il honore avec eux celui qui a mille noms et dont personne ne sait le nom véritable. Mais ce discours est bien sérieux, belle jeune fille; que nous importent ces graves questions, ces sujets difficiles? La vie est un songe rapide; ne vaut-il pas mieux cueillir la fleur de notre jeunesse avant qu'elle ait fui sur l'aile des heures?

Hilda l'interrompit et lui dit d'un ton grave et humble à la fois :

— Je suis ton esclave, ordonne-moi de me taire, et je vais retourner parmi mes compagnes filer en silence la laine de tes brebis. Puis elle ajouta avec un accent suppliant et inspiré : Veux-tu permettre à la pauvre Hilda de profiter de cette rencontre, ménagée sans doute par Dieu, pour te faire entendre une parole qui ne vient point d'elle, mais qu'elle a reçue pour la répandre à son tour, même sur toi, noble Lucius, toi que ta naissance place si fort au-dessus d'elle, mais qu'elle voit en danger de se perdre, et qui mérites d'être sauvé?

Hilda avait déposé près d'elle son fardeau; debout au pied d'un chêne, le regard animé d'un feu divin, sa belle chevelure blonde dénouée à demi, les mains levées vers le ciel, au nom duquel elle allait parler, elle apparaissait à Lucius semblable à cette prêtresse, à cette pythie prophétique qu'il invoquait tout à l'heure ; il la trouvait merveilleusement belle ainsi.

— Oui, parle, lui dit-il avec un secret transport dont il s'étonnait et qu'il cherchait en vain à réprimer. Nous changeons de rôle, belle Hilda ; c'est moi qui suis le disciple et toi l'instituteur, ou plutôt tu es l'hiérophante qui va initier le profane aux mystères sacrés.

— Lucius, dit Hilda, j'ai grand'pitié de toi, car tu es malheureux.

Le jeune homme fit un mouvement de surprise.

— Oui, je sais bien que tu es le fils de l'opulent duumvir Secundinus, que tu es jeune, noble, beau, ajouta-t-elle en baissant légèrement la voix, et cependant, Lucius, je sais aussi que tu n'es pas heureux, car tu ne crois point.

— Et quel dieu t'a révélé, jeune fille, ce qui se passe en mon âme? reprit Lucius avec un étonnement croissant et quelque impatience.

— Le livre qui ne ment point, répondit Hilda. N'ai-je pas lu dans ce livre : « Vanité des vanités, tout n'est que vanité? » — N'y ai-je pas lu encore : « Et j'ai dit à mon cœur : Je veux t'éprouver par la joie, je veux goûter le plaisir; et voilà, cela aussi était vanité? » O Lucius! le livre a-t-il menti pour toi? es-tu donc heureux sans Dieu?

Ainsi l'auteur désabusé de l'Ecclésiaste avait enseigné à la chrétienne sans expérience les misères de la vie humaine, et, une secrète sympathie pour Lucius joignant sa lumière à celle de l'Écriture, Hilda, à travers les paroles légères qu'il jetait au vent, avait deviné qu'une amertume était dans son cœur. Guidée par l'instinct de la religion et de l'amour, la main de la jeune fille avait touché la blessure.

Sentant qu'une esclave ignorante pénétrait ainsi dans la portion la plus intime de son âme, Lucius oublia cet enjouement qu'il affectait ; tout un monde de sentiments et d'idées qui dormaient dans son sein fit une explosion soudaine, et, changeant tout à coup de voix et de visage, il s'écria :

— Non, non, je ne suis point heureux ! Et comment le serais-je, quand mon esprit roule dans une incertitude qui le tue ? Ah ! l'homme ne peut vivre au hasard, il ne peut se borner aux biens vulgaires. Il lui faut autre chose ; il lui faut une réponse à cette question que je me suis faite tant de fois : Où est la vérité ?

— Cherchez, et vous trouverez, a dit le Seigneur.

— Ah ! je l'ai cherchée partout, cette vérité aussi nécessaire à l'esprit de l'homme que l'est à ses yeux le soleil. Je l'ai demandée à toutes les écoles et à tous les systèmes. Avant de railler en désespéré, je me suis efforcé de croire. Simple jeune fille si calme dans ta foi naïve, tu ne sais pas les tourments de la pensée qui se fatigue à poursuivre la certitude. Tu ne sais pas tout ce que les hommes ont imaginé pour se soustraire au supplice du doute. Tu ne me comprendrais pas, si je te racontais tous les rêves et les délires de ceux que le monde appelle des sages. Vois-tu, loin d'ici, sous un plus beau ciel, il est une ville favorisée de tous les dons de la nature et du génie : on la nomme Athènes.

— Je connais cette ville : c'est là que l'apôtre saint Paul a prêché le Dieu inconnu.

— Ce Dieu est le mien, Hilda! Eh bien! dans cette belle Athènes, parmi ses ingénieux enfants, j'ai consumé les plus heureuses années de ma jeunesse à chercher le Dieu que Paul annonçait à l'aréopage. Tantôt suspendu aux lèvres d'un maître qui prétendait me dévoiler les secrets de l'univers, tantôt courbé durant mes insomnies sur ces livres qui font l'admiration des siècles, jusqu'à l'heure où ma lampe studieuse mourait dans les rayons du matin; tantôt errant dans la nuit au bord des flots agités comme mon âme ou muets comme ma raison, — j'ai retourné dans tous les sens l'énigme de la destinée mortelle, et tout cela en vain! Oh! alors j'ai pris en pitié et en dérision cette science qui ne m'apprenait rien; j'ai brûlé ces livres menteurs; j'ai éteint ma lampe inutilement studieuse. Alors j'ai appelé à moi des compagnons insensés et des jeunes filles folâtres, je me suis couché sur des feuilles de roses, j'ai rempli mes nuits de banquets et de chants d'amour, j'ai demandé aux voluptés d'endormir mes douleurs; mais les voluptés étaient un poison, les roses de ma couche avaient des plis qui me blessaient; le serpent était sous les fleurs. Hilda, tu l'as dit, je n'étais pas heureux.

— Et ensuite qu'as-tu fait?

— Ensuite j'ai visité une autre ville dont tu n'as pas entendu parler; le nom de cette ville est Alexandrie. Là se trouvent des hommes qui affirment avoir des communications avec les esprits célestes, qui enseignent à s'élever par la contemplation et l'abstinence à la participation des choses divines. Je me suis adressé à ces hommes, j'ai étudié leur science occulte, et comme eux j'ai combiné les nombres mystérieux, j'ai tracé les figures cabalistiques, j'ai essayé des enchantements et des prestiges; mais bientôt j'ai ri de ma crédulité toujours déçue, je suis retombé dans les piéges de la mollesse et dans les langueurs de l'ennui. Cependant je n'ai pas entièrement renoncé à mes recherches. Partout où il y avait un culte secret, des rites étranges, je me suis fait initier sans beaucoup d'espoir, mais sans pouvoir me lasser jamais. J'ai visité la synagogue des Juifs, j'ai pénétré dans les antres de Mithra, j'ai fait ruisseler sur ma tête le sang des tauroboles.

— Et tu n'es pas entré dans l'église du Dieu des chrétiens?

— J'ai tenté aussi cette voie, mais là je n'ai pas

trouvé ce que je cherchais. J'étais conduit de ce côté par les souvenirs de mon enfance, je me sentais attiré par la beauté des préceptes, je me serais senti la force de renoncer comme Augustin à toutes ces voluptés qui ne rassasiaient point mon âme; mais les mystères incompréhensibles me repoussaient ; mon esprit, accoutumé à comparer les doctrines de tous les sages, en retrouvait les débris dans celle de Jésus. Je ne pouvais voir dans le Christ qu'un philosophe divin sorti d'une religion grossière, un Socrate barbare. D'ailleurs, cette religion à peine arrivée à l'empire n'est-elle pas déjà divisée en mille sectes qui se contredisent et se réprouvent? A qui entendre? à qui croire? Et la pureté des premiers temps ne s'efface-t-elle pas chaque jour? N'y a-t-il pas des évêques ambitieux, des prêtres impudiques, scandale et honte de l'Église? Ah! la religion chrétienne est comme les autres : elle a de magnifiques promesses et ne sait pas les remplir; elle a voulu changer le monde, le monde ne changera point ; elle se soutient par l'appui des empereurs, elle se propage par l'engouement de la foule, elle séduit de temps en temps un bel esprit à sa doctrine : elle ne pénètre point profondément dans les rangs élevés de la société ni parmi les habitants de la campagne. Le monde romain est trop vieux pour apprendre une foi nouvelle..... Mais je ne puis comprendre comment je me suis laissé entraîner à parler de ces choses à une belle Germaine aux yeux bleus, dans le bois des nymphes. La dryade cachée sous l'écorce de ce chêne s'étonne de nos discours, et sans doute nous allons entendre partir de derrière un buisson les éclats de rire moqueurs des faunes.

— Au nom de Dieu, noble Lucius, cesse de nommer ces fausses divinités auxquelles tu ne crois point, et prête-moi une oreille sérieuse pendant quelques instants, les seuls qui me seront jamais donnés pour toucher ton âme et ouvrir tes yeux. Écoute-moi, Lucius. Beaucoup des choses que tu m'as dites, je ne les ai pas comprises ; mais je sais que la réponse est dans le livre saint, qui contient toute vérité, et que je crois fermement être la parole de Dieu. Lis donc ce livre, ô Lucius, en implorant la grâce d'en haut ; consulte mon père Maxime qui est plein de lumières et qui saura ce qu'il te faut dire. Ce n'est pas une Barbare ignorante qui peut lever tes doutes ou redresser tes erreurs ; mais, puisque le maître a daigné ouvrir son âme devant son esclave, l'esclave parlera avec confiance à son maître. Il faut que tu saches ce que Dieu a fait pour moi, car notre langue, ô Seigneur, doit célébrer tes louanges et publier tes merveilles.

Je suis née une pauvre idolâtre, esclave du démon, mais parmi les miens je n'étais point dans la servitude terrestre ; j'étais la fille d'un vaillant chef de tribu de la forêt Hercynienne. Le même jour, mon père, mon oncle et tous ses fils, excepté un seul, périrent en combattant les Romains ; ma mère et ma sœur furent brûlées par les soldats dans une maison de bois; mes trois frères sont tombés ici dans l'amphithéâtre : l'un a été livré aux bêtes, et le peuple a forcé les deux autres à se combattre jusqu'à la mort. Moi on m'a vendue à ton père. Quand je me rappelle le jour où j'entrais pour la première fois dans cette habitation, j'en frémis encore d'horreur, et je me jette à genoux pour prier Dieu de calmer les mouvements terribles qui s'élèvent dans mon âme. Le Barbare que vous méprisez, aime plus fortement que vous peut-être sa race et sa famille, et moi j'avais perdu la mienne en un jour. Je voulus m'étrangler avec ma ceinture; on m'attacha les mains. Je résolus de refuser tout aliment et de mourir ainsi. Quand on approchait un breuvage de ma bouche, je grinçais des dents, je les serrais avec force, et rien ne pouvait les desserrer. C'est alors que ma mère Priscilla m'apporta la sainte parole, et depuis ce temps j'ai supporté mes fers dans un esprit de paix et même de joie. Par moments, la pensée de mes forêts natales me revient et me fait tressaillir; je me vois libre et bondissant sous leur ombrage; mon père m'apparaît au milieu de ses guerriers, m'élevant dans ses bras sanglants et me serrant sur sa forte poitrine, comme il avait coutume de le faire dans mon enfance; d'autres fois, je vois ma mère et ma sœur se tordant au milieu des flammes ou mes frères s'égorgeant dans l'amphithéâtre. Alors je sens se remuer en moi une sourde haine contre tout ce qui porte le nom romain : je pourrais étrangler l'intendant des esclaves et m'élancer d'un bond vers mes forêts; mais, en ces moments où le mauvais esprit me tourmente, une prière me calme; la pensée du Sauveur pardonnant à ses bourreaux, de Marie au pied de la croix, m'apaise. Quand il me faut supporter les humiliations et les outrages, ce qui est dur pour une fille des Francs ; quand un esclave impur comme Bléda souille mes oreilles de ses paroles, quand un jeune seigneur comme Lucius me témoigne son mépris en m'offrant son amour, je sens la honte brûler mon front ; mais comment me plaindrais-je, moi, indigne pécheresse, misérable idolâtre, appelée à la lumière par la miséricorde infinie, lorsque le fils adorable de Dieu a été battu de verges et souffleté? Alors que j'y songe, j'aime l'opprobre et le mépris. Hier, j'étais heureuse en pensant que j'allais souffrir pour ce divin maître, et que mon front porterait à jamais la marque de ma foi.

Lucius était entièrement subjugué par l'enthousiasme de la chrétienne ; il ne trouvait plus ces paroles légères et remplies par habitude et par souvenir d'allusions élégantes au paganisme ; il contemplait Hilda avec un incroyable ravissement ; toutes ses idées étaient en désordre. Cette femme dont la beauté le transportait, c'était une esclave, une chrétienne, une Barbare. Cédant à un entraînement qu'il ne pouvait s'expliquer, il lui avait parlé avec un abandon qu'il n'aurait eu avec personne ; il l'écoutait discourir avec autorité sur les choses célestes ; elle lui apparaissait à la fois fière et humble, superbe et domptée, fille sauvage des bois de la Germanie et martyre résignée dans l'atrium paternel. Le tumulte de son âme et de ses sens ne trouvait point de paroles pour s'exprimer. Tout à coup des mots barbares, inconnus à Lucius, se firent entendre dans le bois à quelque distance. Hilda prêta l'oreille avec attention, et, quand ceux qui les prononçaient se furent éloignés, elle dit :

— Ce sont des esclaves francs qui s'entretiennent d'une expédition prochaine de leurs compatriotes. Le Seigneur a permis que je fusse là pour entendre leurs discours. Ne néglige point, Lucius, cet avertissement du ciel, car je sais que les esclaves sont en général bien informés des invasions. Quand ces bruits circulent parmi eux, il est rare que ce soit sans motif. Avertis donc ton père et l'évêque Maxime, afin que ta famille et le peuple chrétien se mettent en garde contre ces idolâtres.

Hilda avait replacé son fardeau sur sa tête, et elle allait se retirer.

— Nous ne pouvons nous séparer ainsi, Hilda, reprit Lucius. Ce que tu m'as dit tout à l'heure remplit mon âme d'agitation, et voici que tu nous rends un signalé service en nous avertissant des complots de nos ennemis. Il faut que je te revoie, il faut que je t'entende encore. Tes paroles ont sur moi une incroyable puissance. Je conçois en t'écoutant que les Germains adorent dans leurs vierges quelque chose de divin.

— Il n'y a de divin que la Providence, qui se sert dans ses conseils impénétrables des plus humbles instruments. Adieu, Lucius ; ton esclave va reprendre sa quenouille et rentrer parmi les fileuses ses compagnes. Dieu bénira cette matinée pour tous deux.

— Tu ne t'éloigneras pas ainsi, reprit Lucius avec emportement, et il étendit la main pour la saisir.

Hilda le regarda avec douceur et lui dit :

— Afflige, si tu veux, ta captive, et contrains-la de demeurer ici avec toi à cette heure avancée du matin, pour qu'elle soit livrée à la dérision et aux insultes; je t'ai dit que la croix m'enseignait à supporter les humiliations : tu peux en faire l'épreuve.

Lucius recula comme avec terreur.

— Oh ! non, Hilda ; moi te causer de la douleur ! t'attirer des outrages ! Jamais, de par le ciel ! Mais n'y aura-t-il plus rien entre nous ?

— Ni le soir, ni le matin, aucune prière ne montera de mon cœur vers Dieu où le nom du généreux Lucius ne soit prononcé avec ferveur.

— Oui, tu prieras pour ton maître, dit Lucius avec amertume ; tu prieras pour moi comme pour mon père, comme pour Capito.

— Pas de même, Lucius.

Et la jeune fille s'éloigna d'un pas rapide.

Lucius demeura quelque temps immobile ; il s'étonnait de cette volonté d'une esclave qui enchaînait ses pas ; il était comme ébloui de ce qu'il venait de dire et d'entendre. Cet entretien avait évoqué tout un ordre d'idées et tout un ensemble de souvenirs étrangers à sa vie habituelle. Maintenant, de ces régions presque oubliées et dans lesquelles l'avaient rejeté soudainement quelques paroles d'Hilda, il retombait avec surprise et tristesse dans le vide de son existence journalière. La confusion de ses pensées était si grande que ce fut à peine s'il se souvint qu'il avait appris d'Hilda un fait important qu'il devait sans délai communiquer à son père. Il trouva celui-ci sur le point de convoquer la curie pour délibérer sur ce qu'il avait à faire, car il avait déjà été averti qu'on avait vu quelques bandes de Francs rôder sur la lisière de la forêt et jusqu'au bord du fleuve.

Lucius, sentant le besoin d'une secousse violente pour se remettre des émotions du matin, se mit à faire les apprêts d'une grande chasse dans les forêts qui s'étendaient alors sur l'autre rive de la Moselle, ne s'inquiétant pas plus des Barbares qu'il pourrait y rencontrer que des sangliers et des ours qu'il y allait chercher. Peu jaloux d'assister à l'assemblée municipale et charmé d'éviter l'ennui des longs et inutiles discours qu'il pensait bien devoir la remplir, il préférait beaucoup faire l'essai d'un chien molosse qu'il avait rapporté de Grèce avec des soins et des peines infinies. Déjà monté sur son cheval thessalien Pyrithoüs, il rencontra Capito, qui arrivait d'un air effaré, comme un homme qui vient d'apprendre un événement d'une grande importance.

— Eh bien ! cher oncle, quelles nouvelles? lui demanda Lucius, d'un air distrait.

— La plus grande nouvelle, mon fils ! répondit le rhéteur. L'illustre Antonius Glabrio, la gloire de l'école d'Autun, cette rivale, s'il en est, de l'école de Trèves, vient d'arriver parmi nous, et doit lire aujourd'hui dans mon jardin, auquel j'ai donné le nom d'Académus, une déclamation qu'on dit admirable. Ce jour sera un jour célèbre dans les fastes de notre ville, un jour qui doit être marqué avec la pierre blanche, comme dit l'ingénieux Flaccus, et, ajouta-t-il d'un ton confidentiel et d'une voix que la joie rendait tremblante, j'espère faire entendre devant le Fronton éduen et la docte assemblée réunie chez moi ce panégyrique que vous ne connaissez pas encore vous-même. Beau Méléagre, au lieu d'aller poursuivre le sanglier de nos forêts sans craindre le destin d'Adonis, vous feriez mieux de venir vous joindre à nous.

— Je ne puis, dit en souriant Lucius, j'irriterais la chaste Diane, à qui j'ai fait vœu de consacrer ce jour, pour qu'elle me pardonne de n'avoir pas toujours obéi à ses saintes lois. Les Muses auront leur tour, ajouta-t-il gracieusement, et alors je saurai où trouver leur élève inspiré.

Ayant calmé de son mieux par ce compliment mythologique le dépit que son refus faisait éprouver au pauvre Capito, Lucius le salua et partit au grand galop de son cheval. Après l'élan extraordinaire qui avait emporté Lucius comme par surprise, le jeune homme était retombé dans sa légèreté et son insouciance accoutumées, et il s'écria gaiement :

— Voilà qui est d'un bon augure pour cette journée menaçante. J'ai déjà échappé à deux dangers, les harangues des décurions et l'éloquence des rhéteurs, pires que le fer des Barbares. S'il faut succomber sous ce dernier fléau, soit; la crainte ne m'aura pas fait perdre une heure de plaisir. La vie ne vaut ni un regret ni une parole sérieuse. Viennent donc les Barbares! mais du moins encore cette chasse avant la destruction de l'empire!

V

Tandis que Lucius, emporté par son coursier de Thessalie, poursuivait les sangliers à travers la forêt qui retentissait des cris de sa meute laconienne; tandis que Capito se rendait auprès des rhéteurs, occupé de l'effet que produiraient ses périodes sur la docte assemblée où il était attendu, Macer pressait le pas des esclaves qui, tout ruisselants de sueur, portaient sa litière vers la ville. De vagues et accablantes rumeurs arrivant de plusieurs côtés à la fois, n'avaient pas tardé de confirmer les paroles d'Hilda. Macer était parti sur-le-champ pour Trèves, après avoir fait à la hâte convoquer la curie. Il mettait un grand empressement à remplir ses fonctions municipales ; c'était la seule activité qui lui fût permise, et, malgré ses mécontentements, il saisissait avec ardeur toutes les occasions de déployer quelque autorité dans sa ville. Les ambitieux se plaisent toujours à l'exercice du pouvoir, même d'un pouvoir qu'ils méprisent.

Arrivé dans le lieu où se réunissaient les décurions, il ne trouva que les moins considérables d'entre eux, ceux à qui leur condition inférieure ou leur caractère timide ne permettait pas de se soustraire à cette corvée municipale, dont, à cette époque de désorganisation politique, tous ne subissaient le poids qu'à regret. Ses émissaires envoyés à la recherche des membres absents du collége curial en amenèrent quelques-uns dont l'indifférence égoïste pour les affaires publiques cédait à la crainte de déplaire au duumvir. Quand ils furent rassemblés à grand'peine, Macer les instruisit du danger qui les menaçait et prononça un discours bref et énergique sur la nécessité d'aviser sans délai à la défense de la cité menacée par les Barbares. Il ne vit sur tous les visages qu'une consternation muette et un morne découragement. Les plus riches étaient agités d'une terreur qu'ils ne cherchaient pas à déguiser, en songeant à leurs trésors et à leurs palais qui allaient peut-être devenir la proie des Francs. Les plus misérables montraient une résignation stupide ; leur regard fixe et terne semblait dire qu'ils étaient indifférents à toutes les calamités et à tous les désastres, que le fisc ne leur avait laissé presque rien à perdre, et qu'une existence triste et opprimée, remplie de vexations et d'inquiétudes, n'était pas un bien qu'ils fussent très-jaloux de conserver.

Cependant, quelques-uns des décurions influents s'étant un peu remis de leur premier trouble, la délibération commença, confuse et pleine d'avis contradictoires ou insensés. Aucun de ces hommes n'était préparé à l'événement terrible, aucun ne l'avait prévu. Celui qui était chargé de veiller à la défense de la cité, pressé de questions, avoua qu'il avait entièrement négligé l'objet de ses fonctions. Une partie des fossés avaient été comblés dans des intentions d'agrément ou d'utilité privée. La plupart des tours dont les murailles étaient flanquées tombaient en ruines. Le malencontreux édile confessa même en rougissant avoir soustrait à une portion de murailles qui bordait l'extrémité de ses jardins ce qu'il lui fallait pour bâtir un portique. C'est ainsi que chacun, au lieu de veiller à la conservation de l'État, en tirait à soi les débris.

Pris au dépourvu, les infortunés décurions ne

savaient que résoudre. L'un conseillait d'acheter la paix des Barbares. Cette motion, inspirée par la misérable politique qui depuis cent ans perdait l'empire, excita une violente rumeur dans l'assemblée. On parla pour et contre avec vivacité, selon que la peur était plus forte que l'avarice, ou l'avarice plus forte que la peur. D'autres proposèrent gravement d'envoyer une députation à l'empereur pour qu'il préservât des Barbares la Rome des Gaules, ne réfléchissant pas que les Barbares n'auraient peut-être pas la patience d'attendre qu'on eût rassemblé des forces contre eux à Milan ou à Constantinople. On trouvait plus facile de chercher l'abri lointain du manteau impérial que de préparer sur les lieux une résistance énergique. C'est que l'organisation municipale, dont le pouvoir avait fait un odieux moyen de tyrannie, était sans vigueur ; on avait usé l'instrument, faussé le ressort, brisé le levier.

La discussion, s'étant graduellement animée, finit par devenir extrêmement bruyante. Ce n'était pas un zèle sérieux pour le bien public qui dictait tant d'impétueux discours ; c'était l'emportement de la discussion et l'entêtement d'opinions une fois émises qu'on attaquait et défendait avec un puéril acharnement. Au milieu du tumulte, peu à peu les décurions s'éclipsèrent. Un intérêt plus puissant que celui des affaires publiques les appelait à l'amphithéâtre, où l'on devait donner un combat de bêtes et de gladiateurs. Bientôt Macer se trouva seul ; il haussa les épaules avec mépris en voyant sortir le dernier de ses collègues.

— Il n'y a plus de gouvernement romain, il n'y a plus de société romaine, dit-il ; allons dans ma famille, où du moins toute tradition d'ordre et de discipline n'est pas anéantie ; allons surveiller mes esclaves et revoir mon fils.

Cependant l'amphithéâtre se remplissait d'une foule inquiète ; chacun s'y rendait autant pour apprendre des nouvelles dans ce lieu de réunion générale que pour obéir à l'indomptable passion que les Romains conservaient pour les sanguinaires divertissements de l'arène. On s'abordait en se demandant si les Francs étaient proches, s'il était vrai qu'ils se fussent montrés sur telle hauteur, qu'ils eussent brûlé tel village; puis, au milieu de ces alarmes, on en venait insensiblement à parler des jeux qui allaient commencer. L'un vantait un lion amené de la province d'Afrique et qui était célèbre pour avoir déjà dévoré vingt hommes ; l'autre opposait à ces éloges ceux d'un Barbare, qui dans une même journée, avait combattu successivement dix Bructères sans être vaincu ; chacun prenait fait et cause pour le lion ou pour le gladiateur. Les esprits s'échauffaient par la discussion ; on en venait aux injures, et l'on oubliait dans les vaines querelles le sérieux danger qui menaçait; puis un survenant rendait à l'assemblée ses terreurs, dont elle était bientôt distraite par les apprêts du spectacle et par son impatience de le voir commencer. Cette impatience était plus vive encore et plus furieuse que de coutume, car cette fois il s'agissait d'écarter des craintes importunes par des joies bruyantes, et la foule se précipitait vers ces joies avec le double emportement de la cruauté et de la peur. Les magistrats de la cité, consternés d'un péril qu'ils ne savaient comment conjurer, hésitaient à donner le signal des jeux ; mais le cri — les bêtes ! les bêtes ! — retentissant toujours avec plus de violence, il fallut bien s'y résoudre. On tira les animaux féroces de leurs loges souterraines et l'on plaça en face d'eux un certain nombre d'esclaves condamnés. Ils étaient sans armes et ne purent faire aucune défense ; cependant il y eut quelque plaisir à voir les animaux affamés s'élancer sur leur proie, la déchirer et la traîner dans le sang. Ce fut comme un prélude aux scènes de carnage qui allaient suivre, comme un avant-goût de l'égorgement des gladiateurs, principal objet de la fête.

Ici le spectacle fut encore interrompu. Les gladiateurs amenés dans l'arène pour la première fois refusèrent de combattre. La plupart étaient des Francs qui avaient été surpris et faits prisonniers dans une expédition récente. Le bruit de l'approche de leurs frères avait pénétré jusqu'à eux ; ils lisaient leurs progrès sur les fronts épouvantés des employés de l'amphithéâtre ; ils contemplaient avec joie l'attitude inquiète des magistrats et jusqu'à la fiévreuse ardeur du peuple. Immobiles, ils semblaient chercher de l'œil la flamme de quelque signal allumé sur les montagnes et prêter l'oreille à des rumeurs lointaines; puis ils se couchèrent au milieu de l'arène, promenant des regards farouches sur les spectateurs. La multitude, furieuse de voir ainsi différer ses plaisirs, indignée de la désobéissance inaccoutumée de ces gladiateurs, qui se faisaient attendre pour mourir, leur prodigua la menace et l'outrage. Les huées, les sifflets retentirent, et, de la colline à laquelle étaient adossés les gradins de l'amphithéâtre, on fit pleuvoir sur eux des pierres, du sable et de la boue. Le Barbare ne sut jamais supporter l'opprobre. Les Francs se levèrent d'un même bond : les deux troupes qui devaient combattre l'une contre l'autre, et qui s'étaient réunies, se séparèrent, et, frappant sur leurs boucliers, s'apprêtèrent au combat; mais au moment de le commencer, on les vit, entraînées toutes deux par un mouvement inattendu, s'élancer l'une vers l'autre, et chaque gladiateur saisir et serrer la main de son adversaire, puis reculer de quelques pas pour revenir fondre sur lui. Cette mêlée fut terrible. Les Barbares semblaient transportés d'une joie sauvage et d'une rage désespérée; ils semblaient dire : « Combattons et mourons; cette fois, nous serons vengés. » Jamais gladiateurs ne s'étaient heurtés plus rudement. Le peuple était transporté. Son ivresse sanguinaire redoublait avec l'ivresse belliqueuse des combattants; eux et lui étaient comme enveloppés d'un vertige de sang, et ne s'apercevaient pas que la nuit approchait. Soudain des bruits terribles furent entendus, et l'on vit dans le crépuscule une bande de Francs courir sur les hauteurs qui dominaient l'amphithéâtre. Les préposés à l'office des jeux s'enfuirent, le peuple se leva tout entier sur les gradins, pâle et muet d'effroi. Les Francs de l'arène, cessant leur combat, répondirent par un cri aux cris que leurs frères poussaient dans la montagne ; s'élançant par-dessus les barrières, qu'on ne gardait plus, ils se ruèrent dans le *podium*, place d'honneur réservée aux magistrats, et commencèrent à les égorger. En ce moment, le ciel, que brunissaient les premières ombres du soir, s'éclaira de lueurs sinistres : c'étaient les reflets que jetait Trèves incendiée. A cet aspect, le peuple, arraché à la consternation par le désespoir, voulut s'échapper ; mais les Francs avaient mis le feu à l'amphithéâtre et l'entouraient. Alors se confondirent les gémissements lamentables des citoyens, les cris de guerre des Barbares et les hurlements des bêtes féroces, qui brûlaient dans leurs souterrains ou bondissaient au travers du feu. Au bout de quelque temps, tous ces bruits avaient cessé. Les Francs se précipitaient vers la ville pour la piller, et l'on n'entendait plus dans l'amphithéâtre que le craquement des colonnes qui se fendaient ou le pétillement de la flamme calcinant les cadavres écrasés sous les ruines.

Dans l'église cathédrale de Trèves se passait une scène bien différente. Quelques chrétiens véritables s'y étaient rassemblés, avec leurs femmes et leurs enfants, pour y célébrer une dernière fois l'office divin. Les voix de ces chrétiens et le chant des prêtres s'élevaient alternativement vers le ciel avec le calme accoutumé. On n'eût pu reconnaître la présence du danger qu'à l'accent encore plus recueilli, à l'expression encore plus fervente de la prière. Par moments, les flammes de l'incendie brillaient à travers les vitraux de la basilique, et un jour sinistre tombait d'en haut sur les fronts inclinés des fidèles ; on entendait d'horribles cris, qui ne les faisaient point tressaillir ; seulement ils se serraient toujours davantage autour de leur évêque. Maxime se tenait debout au pied de la chaire épiscopale, d'où il était descendu pour être plus près de ses fils dans le péril. A quelque distance, Priscilla, entourée des saintes femmes et des vierges tremblantes, tantôt levait avec ardeur les yeux vers le ciel, tantôt les tournait vers l'évêque avec une tendresse pleine de respect et mêlée d'une horrible inquiétude. Les mères approchaient leurs enfants des pieds de Maxime, et l'une d'elles avait caché le sien sous la robe épiscopale, tant l'évêque, qui dans la vie commune était le père et le juge de la communauté chrétienne, semblait, dans le désastre universel, être encore son dernier protecteur et son dernier refuge.

Maxime était saisi d'une profonde douleur en contemplant autour de lui tout ce peuple destiné à la servitude ou à la mort, et parmi ce peuple celle qu'il avait nommée son épouse et qu'il nommait maintenant sa sœur bien-aimée devant Dieu. Il rassembla toute l'énergie de son âme pour soutenir ses frères à ce triste moment. La religion seule pouvait trouver quelques paroles dans une telle extrémité. Maxime éleva les yeux et les mains vers le ciel pour en faire descendre sur lui les forces dont il avait besoin ; puis s'adressant aux fidèles d'une voix triste, mais affermie par la foi, il leur dit ces simples paroles :

— Frères bien-aimés, le temps des épreuves est venu ; il a plu au Dieu très-bon de nous éprouver par de grandes misères, moindres pourtant que nos péchés et que son amour. Il importe que nous ne murmurions point contre la peine qu'il plaît au Seigneur de nous infliger, de peur que nos âmes ne perdent le fruit de notre châtiment et qu'il ne nous ait été envoyé en vain. Souvenons-nous de la constance des saints martyrs de la foi, et sachons comme eux attendre la mort avec fermeté. Si Dieu juge à propos de nous retirer de ce monde, voudrions-nous y rester contre son désir ? L'enfant que son père appelle à lui refuse-t-il d'obéir à sa voix ? Et d'ailleurs, ajouta Maxime avec un accent mélancolique, est-il si doux de vivre dans ces temps déplorables ? Dans ces temps proches de la fin, où tout se dissout et se brise, où l'empire est envahi par les Barbares, où l'Église est déchirée par les hérésies, ne vaut-il pas mieux se coucher au pied des marches de l'autel pour se relever avec les saints? Heureux, mes frères, ceux qui, après s'être beaucoup aimés, meurent ensemble dans le Seigneur!

Et l'évêque ne put s'empêcher de jeter un regard du côté de Priscilla, qui écoutait dans un ravissement céleste ces dernières paroles de Maxime.

— Mais, hélas! nous pouvons être séparés par la mort ou par l'esclavage ; si ce sort nous est réservé, que Dieu nous fasse la grâce d'en supporter la cruelle amertume!

Ici la voix de Maxime faiblit visiblement; il reprit avec un grand effort :

—Mes frères, nous allons communier ensemble pour la dernière fois et nous donner le baiser de paix, qui sera le baiser d'adieu ; mais auparavant nous devons prier pour les malheureux infidèles, qui, dans leur ignorance, attirent de plus en plus sur eux le fléau de la colère céleste. Redites après moi la prière que je vais adresser à Dieu, et prononcez-la du plus profond et du plus vrai de votre cœur. « Mon Dieu, aie pitié de nos ennemis, et sauve ceux qui désirent notre sang! »

Ces paroles d'une charité sublime, répétées par toute cette assemblée dévouée à mourir, montaient vers les voûtes de l'église comme un encens pacifique; ensuite tous les assistants s'approchèrent avec recueillement pour recevoir la communion, et chacun, après l'avoir reçue, embrassait le saint évêque. La solennité lugubre de la circonstance fit oublier à Maxime un peu de sa sévérité accoutumée, et quand Priscilla, humble et rougissante, se présenta devant lui, il posa en présence des fidèles ses chastes lèvres sur le front de sa compagne.

En ce moment, quelques zélés néophytes entrèrent avec précipitation dans l'église par une porte secrète.

— Mon père, s'écrièrent-ils en tombant aux pieds de Maxime, les Barbares vont venir, tu peux leur échapper encore. Suis-nous à travers les détours du souterrain qui conduit jusqu'à la Moselle ; là, une petite barque t'attend, et, à la faveur de la nuit...

— Mes enfants, dit en souriant Maxime, est-ce ainsi que vous venez tenter votre évêque ? N'avez-vous pas lu dans l'Évangile que c'est le pasteur mercenaire, et non pas le bon pasteur, qui abandonne son troupeau à l'heure du danger ? Mais l'offre de votre zèle charitable ne sera pas perdue : je vous confie ma sainte sœur Priscilla, conduisez-la dans un couvent du midi de la Gaule ; qu'elle y prie pour nos âmes, si nos âmes doivent paraître aujourd'hui devant Dieu !

Maxime n'avait pas achevé de prononcer ces paroles, que Priscilla s'était précipitée à ses pieds, et, les baignant de larmes, le conjurait de ne pas la repousser loin de lui en ce moment.

— Frère vénérable, lui disait-elle, tu es aussi mon père, mon pasteur : ta fille, ton ouaille soumise ne peut te désobéir et te résister ; mais permets-moi de mourir ici avec mes sœurs et avec toi. Dieu ne nous commande point cette séparation ; sois miséricordieux comme lui. Oh ! grâce, Maxime, fais grâce à Priscilla !

Il y avait une expression passionnée dans ces paroles par lesquelles une pauvre femme éplorée suppliait qu'on lui permît de mourir, et Maxime hésitait à la contrister par un refus.

En ce moment, un jeune lévite couvert de sang entra dans l'église : c'était un orphelin qui avait perdu ses parents quinze ans plus tôt à la prise de Cologne, et qu'avaient adopté Maxime et Priscilla. Maxime fondait les plus grandes espérances sur ce jeune homme, déjà remarquable par l'ardeur de sa piété et la fougue de son éloquence. Il avait traversé les hordes de Barbares, et, blessé légèrement, il venait rejoindre ses parents adoptifs pour mourir avec eux. En le voyant paraître, Priscilla, comme par une inspiration subite, s'écria :

— Voilà celui qu'il faut sauver, voilà celui qui sera un jour une des palmes de l'Église ! Sa langue sera une de ces langues de feu qu'allume l'Esprit saint pour éclairer et embraser les cœurs ! Mon père, laissez-moi mourir avec vous, et conservez Salvien !

— Eh bien ! dit Maxime, vaincu par l'ardente prière et l'accent prophétique de Priscilla, qu'il soit fait selon le généreux désir de ma sainte sœur ! Que le jeune espoir de l'éloquence chrétienne vive pour édifier et orner l'Église par sa parole, et nous, vieux et inutiles serviteurs de Dieu, soyons unis par la gloire et par la félicité du martyre !

Salvien, à son tour, ne voulait pas s'éloigner de ses frères ; mais cette fois Maxime éleva la voix avec une imposante autorité, et le jeune lévite n'osa pas résister à cette voix puissante. Après avoir reçu en sanglotant la bénédiction épiscopale de Maxime et la bénédiction maternelle de Priscilla, il s'apprêtait à sortir par la porte secrète. Tout à coup, avant d'en franchir le seuil, il s'arrêta et, comme saisi de l'esprit de Dieu, il s'écria d'une voix tonnante :

— Eh bien ! oui, je pars, puisque mon père vénérable l'ordonne ainsi ; moi dont le berceau a été trempé de sang, moi qui aujourd'hui encore ai senti dans ma chair le fer des Barbares, je vivrai, si le Seigneur le veut ainsi, pour flageller de ma parole les chrétiens déchus, dont les péchés ont fait couler ce sang, ont suscité ces Barbares. Je dirai les corruptions de l'Église, je raconterai les turpitudes de la société romaine, et l'on comprendra pourquoi Dieu livre le monde aux hordes féroces de l'Aquilon ! O mon Dieu ! quand leur fureur renverse tes temples et immole tes saints, on ne peut s'expliquer tes voies, et les faux sages, nourris des traditions de la philosophie païenne, nous disent : Où donc est la providence de votre Dieu? Cette providence, ô insensés ! elle remplit le ciel et la terre, elle gouverne le désordre apparent du monde comme elle règle les tempêtes ; elle éclate dans le mal comme dans le bien ; elle brille dans la foudre comme dans le soleil ; c'est elle qui est allée chercher les Barbares pour vous punir ; c'est elle qui leur a donné le courage et la force, et à vous la lâcheté et l'impuissance. Il lui plaît de s'entourer de mystère et d'ombre ; mais je la découvre et la salue dans la nuit qui l'enveloppe, ainsi que le pilote découvre et salue à l'horizon ces feux sauveurs qui ne s'allument que dans les ténèbres.

Comme Salvien achevait de proclamer cette grande idée de la Providence, qu'il devait célébrer si éloquemment dans ses écrits, et tandis qu'on l'entraînait vers la porte secrète du sanctuaire, les Francs inondaient l'église, vers laquelle leur cupidité, distraite d'abord par de nombreux objets, s'était enfin dirigée. A leur tête bondissait un jeune Barbare à l'œil candide et farouche, aux longs cheveux blonds et flottants jusqu'à la ceinture. Gundiok était le chef d'une bande de Francs qui habitait une partie reculée de la forêt Hercynienne, et qui s'était trouvée moins que les tribus plus avancées en contact avec les Romains. Gundiok était le Barbare pur, sans aucune atteinte de la civilisation, c'est-à-dire quelque chose qui tenait à la fois de l'homme et de la bête sauvage. Arrivé au milieu de l'église, il se trouva face à face avec Maxime. Celui-ci, debout au milieu des chrétiens agenouillés, les bras étendus sur leur tête pour les bénir et les proléger, regardait le jeune chef avec une sécurité intrépide et une compassion presque affectueuse. Cette expression du noble visage de l'évêque étonna Gundiok ; il s'arrêta un moment comme pour tâcher de comprendre ; mais cette impression fut rapide et fugitive, et ne fit que traverser l'âme du Barbare. Sa férocité naturelle reprit bien vite le dessus, et, poussant un rire sauvage, il leva sa framée sur l'évêque. A ce signal, le massacre commença. Quand Maxime vit que les chrétiens qui l'entouraient étaient livrés à une mort inévitable, il se pencha sur eux, et, serrant avec force tous ceux qu'il put attirer sur son cœur, le digne pasteur mourut avec joie en les embrassant.

Quand Priscilla avait vu le fer se lever sur Maxime, elle s'était élancée vers lui ; blessée mortellement, elle vint tomber à ses pieds, tandis qu'il respirait encore ; Maxime, soulevant une main mutilée, lui montra le ciel et expira. Alors Priscilla se glissa timidement à ses côtés ; elle osa placer sa tête sur la poitrine de son époux et mourut en bénissant Dieu, qui le lui avait enlevé dans la vie pour le lui rendre dans la mort et dans l'éternité.

Après avoir pillé l'église de Trèves, les Francs de Gundiok, conduits par l'odieux Bléda, se dirigèrent vers la demeure des Secundinus. Tout y était dans le plus grand désordre : les esclaves francs étaient allés rejoindre leurs frères ; le reste avait fui, car les Barbares prenaient les esclaves comme les autres portions du mobilier domestique. Pourquoi Macer aurait-il cherché à fuir? Il ne pouvait emporter avec lui ses grandes propriétés territoriales, l'importance qu'elles lui donnaient, les chances qu'elles ouvraient à son ambition pour son fils. Quand tout avenir se fermait devant lui, il lui était indifférent d'être égorgé près de son foyer par les Barbares; assis dans son atrium, il les attendait d'un air impassible, se comparant intérieurement aux sénateurs romains attendant sur leurs chaises curules les Gaulois maîtres du Capitole.

Pour Capito, dont l'arrivée des Francs avait brusquement dérangé les divertissements littéraires, il semblait ne rien concevoir à ce qui se passait autour de lui. Il était comme un homme réveillé en sursaut, et dont les premières paroles continuent un rêve interrompu. Tantôt il lisait des phrases du discours de Glabrio et de son propre panégyrique; tantôt, ramené par quelque circonstance au sentiment de la calamité présente, il y faisait de classiques allusions en récitant des vers du second livre de l'*Énéide* sur la prise de Troie. La frayeur avait troublé ses idées, mais elle n'avait pu lui en donner de nouvelles. Lucius, négligemment renversé sur quelques coussins aux pieds de Macer et tenant un glaive magnifiquement orné, attendait le moment de défendre son père, et c'est tout au plus si la terrible situation où il se trouvait l'empêchait de sourire en entendant les exclamations mythologiques et les citations incohérentes de Capito.

Gundiok, suivi de ses Francs, se précipita dans l'atrium et s'élança vers Macer, qui demeura immobile. En un clin d'œil Lucius fut debout et para de son glaive le coup destiné à son père. L'arme brillante se brisa dans sa main sous le coup terrible de l'arme barbare. Gundiok sourit, regarda fixement Lucius et fut frappé de l'intrépidité tranquille et insouciante du jeune Romain, qui avait osé opposer à sa force une si fragile défense. Ce courage lui plut, et il lui prit fantaisie d'épargner Lucius et sa famille. Un signe de protection avertit les Francs ; quelques-uns s'emparèrent des trois Secundinus, et, tandis que leurs compagnons se dispersaient dans l'habitation pour la piller, ils emmenèrent avec eux les captifs ; des esclaves qu'on avait surpris cachés dans quelque coin de l'habitation furent entraînés avec leur maître. Bléda marchait parmi les Francs qu'il avait guidés. Hilda, échappée par miracle au massacre des chrétiens dans l'église de Trèves, vint volontairement se joindre à la petite troupe qui, d'un pas rapide et silencieux, sous la conduite des Barbares, s'avançait vers les montagnes.

VI

Après quelques jours d'une marche pénible, les Francs arrivèrent aux confins de la forêt Hercynienne.

Les traces de la vie barbare, mêlée à quelques rudiments et à quelques débris de civilisation, donnaient à ce pays une physionomie singulière. Ici l'on voyait des portions vierges de la forêt, formées de chênes séculaires, de sapins gigantesques; là, des espaces libres dans lesquels on avait employé le feu pour abattre les troncs, et où subsistaient des vestiges de défrichement et les restes d'une culture essayée un moment et bientôt abandonnée par l'inconstance barbare. Au centre, une vaste enceinte palissadée renfermait les troupeaux de la tribu et les produits variés du pillage. Çà et là dans les clairières, au bord des marais, s'élevaient des huttes mobiles couvertes de branchages ou de roseaux dans lesquelles se trouvaient quelques instruments d'une industrie imparfaite, et tandis que des chariots servaient encore de demeure à ceux qui conservaient le plus fidèlement la simplicité des aïeux, des masures grossièrement bâties attestaient, chez quelques autres, le désir d'imiter les habitations sédentaires des Romains.

Les Francs établis dans cette contrée avaient fait la guerre au service de l'empire. Les hauteurs imprudentes et l'avarice mal entendue de l'administration romaine les avaient rejetés dans les forêts, et ils gardaient, au sein de leur existence actuelle, quelques habitudes de leur première condition. Ils affectaient de reproduire certains usages militaires de l'empire; presque tous avaient parmi leurs armes, outre la framée et l'épieu germain, la pique ou le glaive du légionnaire. Les termes latins du commandement leur étaient restés, très-altérés, il est vrai, par la rudesse de leur prononciation. Enfin les vices des Romains s'étaient entés sur leurs propres vices. Rien n'est pire qu'un Barbare civilisé à demi.

C'était surtout chez leur chef Viriomar que ces prétentions étaient marquées et souvent risibles. Affublé, par-dessus sa tunique franque, d'un baudrier romain usé par le temps, il portait un casque de centurion dont le cimier avait été brisé, et, dans les jours solennels, il s'attachait des sandales qui gênaient un peu l'agilité naturelle de sa marche. Il ne parlait jamais des Romains qu'avec mépris et colère; mais il aimait beaucoup à en parler, à raconter qu'il avait été passé en revue par l'empereur Valens et avait monté la garde devant la tente de l'empereur Gratien. Du reste, intempérant comme un Barbare et débauché comme un Romain, il alliait les instincts brutaux des races sauvages aux débordements raffinés des générations corrompues.

Les prisonniers furent momentanément confiés aux Francs de Viriomar. La bande de Gundiok, aussitôt l'expédition terminée, était partie pour une grande chasse qui devait durer plusieurs semaines. Les premiers jours furent employés, par Viriomar et les siens, à se partager les objets précieux enlevés pendant le pillage de Trèves, et à vider dans de longs banquets quelques-uns des tonneaux de vin de la Moselle qui provenaient de ce pillage. Pendant ce temps on fit peu d'attention aux captifs. On les avait enfermés dans la grande enceinte centrale avec les bestiaux dérobés, en attendant qu'on prononçât sur leur sort, qu'on décidât quels seraient leurs travaux et leurs maîtres.

Macer était toujours morne et silencieux; Capito commençait à s'accoutumer à sa situation nouvelle; il se comparait à Ovide exilé chez les Gètes, et voulait, comme lui, apprendre la langue des Barbares pour composer dans cette langue des vers qui ne pourraient manquer de les charmer. Lucius trouvait un secret plaisir dans la bizarrerie de cette aventure, dans la nouveauté des objets qui l'environnaient et du genre d'existence qui s'ouvrait devant lui. Indifférent à tout, il ne regrettait rien; dégoûté de tout, une situation si extraordinaire rendait à son âme quelque énergie. Il retrouvait, pour sa destinée qu'il avait depuis longtemps délaissée, un intérêt au moins de curiosité. Couché sur des monceaux de riches étoffes ou de tapis précieux, débris de ce butin dont lui-même faisait partie, il aimait à fermer les yeux et à voir passer devant son souvenir les scènes si différentes qu'il avait traversées; il se retrouvait tour à tour dans les écoles d'Athènes, dans les rues bruyantes d'Alexandrie, passant la mer, abordant en Gaule, à Massalie, enfin voguant doucement avec les siens sur les eaux de la Moselle éclairée par la lune, puis rentrant dans la demeure de ses pères, au milieu d'un peuple d'esclaves. Ici, le candide visage d'Hilda lui apparaissait éclairé par la joie céleste du martyre. Il s'arrêtait à contempler la jeune fille telle qu'il l'avait aperçue tout à coup sous les arbres de la forêt, tandis qu'il invoquait une révélation subite pour éclairer son âme troublée. Il croyait entendre encore les paroles pleines de foi, de douceur et d'une certaine tendresse qu'avait prononcées la chrétienne. Il avait remarqué, avec un sentiment de joie et d'admiration, qu'elle était venue volontairement partager la captivité de ses maîtres. Séparé du monde, enfoui dans les bois de la Germanie, son imagination n'avait pas d'autre objet qu'Hilda, et bientôt Hilda la remplit tout entière.

Pour la jeune fille, depuis qu'un même sort avait établi entre elle et ses anciens maîtres l'égalité de la servitude, loin de mettre dans ses rapports avec eux plus de familiarité qu'auparavant, elle se montrait au contraire plus docile esclave que jamais. L'humilité de sa condition ne coûtait plus rien à sa fierté native, depuis qu'elle l'avait embrassée volontairement, croyant que son devoir était de rester fidèle au malheur de ceux à qui Dieu l'avait donnée. Peut-être l'attrait qu'elle ressentait pour le jeune Romain, et dans lequel elle ne voyait qu'un vif désir de sa conversion, rendait-il plus facile à la chrétienne le parti que lui imposait sa conscience; car, sans ce motif religieux, auquel se mêlait à son insu un mouvement de tendresse humaine, Hilda eût été bien combattue par les sentiments qu'avait fait naître en elle ou plutôt qu'avait réveillés l'aspect de la vie sauvage et de la forêt natale. En mettant le pied sous les ombrages des solitudes hercyniennes, en se voyant entourée des hommes de sa race, en entendant le langage qui avait été celui de ses premières années, la jeune Franque avait éprouvé un ébranlement subit et une agitation violente : la fibre barbare avait frémi dans son sein; elle avait été prise par moments d'un immense désir de s'échapper, de s'enfuir, de courir sur la mousse, comme une biche légère, pour aller boire à la source où, enfant, elle buvait avec ses sœurs et ses frères, pour aller se suspendre aux branches du vieux chêne qui avait ombragé la cabane paternelle; puis elle pensait que cette cabane avait été brûlée avec ses sœurs et sa mère, que ses frères s'étaient égorgés dans l'amphithéâtre de Trèves, et les colères du sang se rallumaient dans ses veines. Priscilla ni Maxime n'étaient plus là pour calmer ces émotions ardentes; mais la douce figure de Lucius venait se placer entre Hilda et les Romains qu'elle allait maudire et peut-être quitter; Hilda leur pardonnait et ne partait point.

Ce réveil des affections de la famille et de la patrie, agissant de concert avec l'ardeur de sa foi, qui tendait toujours à se communiquer et à se répandre, produisit encore un autre effet sur l'âme d'Hilda : il lui inspira un désir pressant de faire entendre la parole de Dieu à ses frères. La bande de Gundiok était une portion de sa propre tribu; elle avait même reconnu le jeune chef, qui était un de ses parents, et avec lequel elle avait joué, dans son enfance, sous les vieux arbres de la forêt : c'était lui surtout qu'elle désirait sauver. Elle se faisait une grande joie d'arracher son propre sang à l'empire du démon. Bien que Gundiok lui eût apparu dans l'église de Trèves au milieu des chrétiens égorgés, elle ne désespérait pas de réussir à le toucher; elle avait une confiance sans bornes dans la grâce toute-puissante de Dieu; elle se souvenait que Maxime et les fidèles avaient prié pour le salut de leurs ennemis, et il lui semblait que le souhait d'une si admirable charité devait être exaucé. Elle n'avait pas dans les Francs dégénérés de Viriomar la même confiance, et, malgré la férocité plus grande de Gundiok et des siens, elle regrettait presque leur absence; mais les prisonniers ne devaient guère tarder à se retrouver sous leur empire.

Voici ce qui se passa pendant que dura cette absence. Viriomar, malgré la hauteur qu'il affectait envers ses captifs, n'était pas insensible à la vanité de leur montrer qu'il parlait la langue latine, qu'il connaissait les usages et les mœurs des Romains. Il les faisait amener devant lui pour se donner le plaisir de pérorer en leur présence, et de les étonner par tout ce qu'il savait ou croyait savoir de l'état dans lequel se trouvaient les armées, les forteresses, les provinces, et même des intrigues un peu anciennes auxquelles, sous Gratien, il avait pris une part obscure. Lucius et Capito, par des raisons diverses, ne prêtaient à ces discours qu'une oreille distraite et indifférente. Macer les écouta d'abord avec un silencieux dédain, mais bientôt il crut découvrir dans cette faiblesse de Viriomar une chance dont il pourrait profiter; il conçut l'espoir secret de parvenir à dompter le Barbare en flattant ses prétentions, de dominer ainsi son esprit grossier et vain tout ensemble, et, caché derrière lui, de jouer un rôle, ce rôle que depuis jouèrent en grand plusieurs Romains auprès de différents chefs, Léonce sous Eurik, et sous Théodorik Boëce et Cassiodore.

Une fois cette nouvelle perspective offerte à son incurable ambition, Macer marcha de ce côté avec toute l'ardeur de son âme et toute la souplesse de son caractère. En peu de temps, d'habiles flatteries et un art prudent de se faire valoir auprès du maître, sans offenser son orgueil, eurent donné au Romain un certain ascendant sur Viriomar. Son plan était d'amener ce chef à prendre de l'empire sur les tribus voisines, en introduisant parmi elles le plus possible la discipline et l'organisation romaines. Par ce moyen, Viriomar jetterait les fondements d'une puissance qui pourrait devenir redoutable, et il serait en mesure de fonder un établissement considérable sur la frontière. Macer ne reculait point devant la pensée de conquêtes faites aux dépens de l'empire, au contraire il rêvait déjà un royaume franc qui comprendrait une portion de la Gaule, et qu'il gouvernerait par l'entremise du chef, dont il serait le ministre. Ce plan n'était point entièrement insensé : moins d'un siècle plus tard, Clovis devait le réaliser et au delà ; seulement l'heure n'avait pas sonné, et l'homme n'était pas venu. Tout ce qui arrive en ce monde a été anticipé par la pensée : il n'est pas d'événement que des hommes inconnus n'aient pressenti, et que des tentatives obscures n'aient devancé.

En voulant suivre les avis de son nouveau conseiller, Viriomar ne tarda pas à mécontenter ceux qui l'entouraient. Il tenta d'établir dans la cour sauvage que formaient autour du chef germain ses compagnons, qui furent plus tard ses leudes et ses fidèles, une imitation grossière de l'étiquette impériale. Un tronc d'arbre, recouvert de lambeaux d'étoffe volés dans le pillage de Trèves, servait de trône à cette majesté barbare. A certaines heures seulement, elle permettait de soulever les peaux de bêtes qui, en guise de rideaux de pourpre, fermaient sa tente ; elle choisissait ceux qu'elle admettait à ses festins ou à ses jeux. Enfin Viriomar commençait à parler d'un tribut fixe au lieu des dons volontaires qu'il recevait des guerriers, afin de pouvoir, disait-il, entreprendre une expédition dont les résultats fussent plus importants et plus durables que ceux de toutes les incursions passagères tentées jusqu'alors. Quelques-unes de ces âmes propres à la servitude, comme elle en trouve partout où elle se montre, se prêtèrent aux projets de Viriomar et de Macer; mais le plus grand nombre leur résista opiniâtrément : ceux-ci conçurent une aversion profonde pour le Romain, qu'ils regardaient comme l'instigateur de mesures détestées. N'étant pas certains de l'emporter sur lui, ils résolurent d'attendre le retour de Gundiok et de ses Francs, bien assurés de trouver dans cette bande si pure de tout contact avec la civilisation romaine l'horreur qu'ils ressentaient eux-mêmes pour tout ce qui lui ressemblait.

Bléda, qui, après avoir guidé les Francs, les avait suivis pour ne rien perdre de la misère de son ancien maître, et pour ne pas manquer une occasion d'accroître cette misère, s'il était possible, Bléda avait contribué par ses discours à irriter la horde de Viriomar, et quand il sut que celle de Gundiok approchait, il alla au-devant d'elle. Il lui fut facile d'irriter la colère de ce chef et de ses principaux guerriers, en leur montrant dans Macer un rusé Gallo-Romain qui, leur esclave, travaillait à les asservir. Gundiok s'avança terrible à la tête de sa troupe peu nombreuse, mais formidable, et que vinrent grossir les mécontents de la troupe de Viriomar : tous ensemble représentaient la barbarie dans son intégrité ; ceux qui étaient restés auprès de Viriomar, la barbarie qui s'essaye gauchement à la civilisation. Les premiers devaient avoir l'avantage ; en effet, ils intimidèrent par leur résolution des adversaires indécis : ils réclamaient leurs prisonniers et leur butin. Viriomar voulut, pour leur imposer, s'entourer à leurs yeux de sa dignité récemment apprise; ils rirent de ses efforts maladroits. Il voulut les amuser et les tromper par les expédients d'une diplomatie novice ; mais bientôt, impatienté de ces lenteurs, Gundiok, poussant un grand cri, fendit d'un coup de framée la porte de l'enceinte où les prisonniers étaient renfermés, et, s'y précipitant, fit main basse sur eux et sur le butin. En un clin d'œil, ils furent séparés. Gundiok entraîna Lucius. Capito fut le jouet de quelques mécontents, qui, bien à tort, le soupçonnaient d'avoir eu aussi de l'influence sur Viriomar. Pour Macer, objet principal de la haine commune, on le livra à Bléda, qui demanda cette récompense de son zèle et promit avec un affreux sourire qu'on ne se repentirait pas de lui avoir donné le Romain à tourmenter.

— Maître, tu es habile, lui dit-il d'un ton ironique, tu connais les lettres ; sais-tu ce qu'on a écrit sur mon front ? Tiens, regarde, lis, c'est... vengeance !

Heureusement pour Lucius, il n'entendit pas ces paroles ; il ne vit pas qui s'était emparé de son père. Au moment où Gundiok l'entraînait lui-même, le père et le fils se jetèrent un rapide et sombre regard ; chacun semblait dire à l'autre qu'ils ne se reverraient plus et qu'il ne leur restait plus qu'à mourir.

Lucius fut conduit dans une partie beaucoup plus

reculée de la forêt. Ici il n'y avait aucune trace de culture et presque aucun vestige d'habitation. De vastes pâturages au milieu de bois immenses, de petites cahutes de bergers, de grandes multitudes de vaches, de brebis, de porcs et de chevaux, voilà tout ce que l'œil pouvait apercevoir dans ces déserts de verdure. Lucius fut chargé de veiller à la garde de quelques chevaux qui paissaient dans une vallée profonde et au penchant des collines qui la cernaient. Laissé seul dans ce ravin si lointain, si perdu, au cœur des impénétrables forêts de la Germanie, il pouvait à peine comprendre ce qui lui était arrivé. Pendant quelque temps, ses pensées furent trop vagues et trop confuses pour être bien douloureuses ; mais bientôt se dissipa l'étourdissement où l'avaient jeté son brusque enlèvement et sa translation rapide à travers des solitudes inconnues, et, comme on sent la souffrance à mesure qu'un membre blessé se refroidit, il sentit l'horreur de sa situation à mesure que son esprit agité se calmait. Alors il songea à son père livré à des travaux pénibles pour sa vieillesse, exposé à des traitements intolérables pour son orgueil. Loin des petites circonstances qui pouvaient par moments mettre entre eux quelque froideur, la nature parla seule, et les entrailles de Lucius furent déchirées à la pensée de son vieux père souffrant le froid, la faim, ou accablé d'humiliations par les Barbares. Il donna un regret sincère au pauvre Capito, si peu préparé par la frivolité de sa vie aux graves infortunes. Lui-même il avait fui depuis longtemps les pensées sérieuses ; à défaut des croyances qui soutiennent, il avait cru par sa légèreté pouvoir éviter les maux réels. Maintenant qu'une réalité terrible était venue le frapper, il était contre elle sans armes. Assis dans son palais d'Alexandrie ou à la table opulente de son père, il pouvait railler agréablement les opinions et les travers des hommes : ce désenchantement avait son charme, cette amertume avait sa douceur ; mais quelle parole railleuse trouverait-il dans son isolement, en présence de labeurs ignobles ou de grossiers outrages? Contre de tels maux il n'y avait pas de distraction possible. Des convictions morales auraient pu seules les faire supporter, et toutes les convictions avaient été déracinées par le doute dans l'âme de Lucius. Le doute a une apparence de grandeur et de force tant que la vie est facile ; mais douter du malheur lorsqu'il vient est impossible; il est funeste de ne pas croire à autre chose quand on est forcé de croire à lui. Alors il n'y a plus qu'à mourir, et c'est le parti que prit froidement Lucius. Il choisit un lieu commode, abrité par un beau chêne, d'où l'on avait une perspective agréable et pittoresque; il tira de son doigt son anneau, s'assura que le poison était toujours là, et, délivré de toute inquiétude, il se coucha sur la mousse pour se recueillir dans un sentiment de volupté et savourer par la pensée la mort avant de la goûter.

En ce moment solennel pour les âmes les plus

légères, Lucius éprouva une impression étrange : il lui semblait sentir le vieux monde romain expirer avec lui; il s'abandonnait avec charme à cette illusion, et, fermant les yeux, il s'absorbait dans la pensée de la destinée universelle s'affaissant au sein du vide infini avec sa propre destinée. Seule l'image d'Hilda flottait dans ces ténèbres. Quand il rouvrit les yeux pour saluer une dernière fois, à la manière antique, la lumière du jour avant de la quitter, il vit la jeune chrétienne debout devant lui et qui le regardait.

— Ah ! s'écria-t-il, quelle que soit la divinité qui t'envoie, jeune fille, que ce soit Libera, la compagne mystique du Bacchus infernal, celle qui délivre les âmes des morts et les initie à l'immortalité; que ce soit le Dieu que tu sers ou celui que j'adore, l'aveugle hasard, sois la bienvenue à mon heure suprême; je m'endormirai plus doucement du dernier sommeil si tu es près de moi, et si, comme Tibulle le disait à Délie, — mourant, je tiens ta main de ma main défaillante !

— Il ne faut pas mourir, dit Hilda d'un ton ferme, il faut croire !

— Croire? reprit Lucius avec un sourire; le moment est bien choisi ! Il me semble que les Barbares brûlent les églises aussi bien que les amphithéâtres. Le christianisme ne semble pas devoir tenir devant eux mieux que l'empire.

— La religion de Jésus-Christ ne périra point

comme la puissance des hommes; et d'ailleurs, ajouta vivement Hilda, si les Barbares triomphent, pourquoi le Christ ne les aurait-il pas appelés? pourquoi ne recevraient-ils pas le don de la foi? Moi aussi je suis une Barbare, et pourtant je l'ai reçu de la bonté divine. O noble Lucius, si je pouvais faire passer dans ton âme la certitude et la paix qui remplissent la mienne! si tu pouvais dire un mot, pousser un soupir, verser une larme! Mais je suis une esclave d'un esprit grossier; je ne trouve pas les paroles qu'il faudrait. Malheureuse! je ne puis rien pour te sauver!

— Et d'où vient en toi, étonnante jeune fille, un si vif désir de mon salut? dit Lucius surpris et charmé de la véhémence d'Hilda.

— N'es-tu pas le maître qu'il a plu au Seigneur de me donner, et n'as-tu pas été pour moi un maître bon et charitable? Mon vénérable père Maxime, qui maintenant, à côté de ma sainte mère Priscilla, me regarde du sein de la gloire céleste, ne m'a-t-il pas recommandé de lui ramener son fils Lucius? Ah! si tu étais resté dans ton opulent prædium, au sein de ta famille, riche, heureux selon le siècle, j'aurais pu me contenter de prier en silence pour toi, attendant patiemment l'heure où il plairait à la grâce divine de te toucher; mais aujourd'hui je te vois captif, séparé de tous les tiens; tu ne peux attendre, tu as besoin de Dieu! Si tu tardes à te tourner vers lui, tu voudras mourir, car j'ai surpris ton dessein, et moi, Lucius, entends-tu, je ne veux pas que tu meures et que tu sois damné.

— Tu veux que je vive, Hilda? dit Lucius avec impétuosité. Ah! je vivrai si tu peux m'aimer. Vois-tu, il n'y a plus ici de maître et d'esclave, il n'y a plus qu'une belle jeune fille et un jeune insensé qui a jeté sa vie à toutes les folies humaines et qui n'a jamais possédé une heure de félicité; mais cette heure toujours attendue et jamais trouvée, tu peux la lui donner, Hilda. Précipité dans une condition intolérable, il allait s'en délivrer par la mort, quand tu as paru, et maintenant que tu es là, qu'il a entendu le son de ta voix, qu'il contemple ta beauté, il ne veut plus mourir, il demande à ta pitié de le sauver. Oh! ici, loin des hommes, dans ces profondes forêts, sous ces noirs ombrages, unis par l'amour, nous goûterions d'indicibles voluptés; l'incertitude de notre existence les rendrait plus vives. La mort est l'aiguillon qui fait sentir la vie. Ton âme est forte, Hilda, tu ne craindrais pas un bonheur plein de périls; tu saurais mourir avec joie dans les bras de ton amant.

Hilda était saisie d'un grand trouble et d'une profonde tristesse. Cette passion violente allait remuer au fond de son cœur celle qu'à son insu elle éprouvait pour Lucius, et en même temps elle souffrait amèrement de la différence de leurs sentiments et de leur amour. Elle eût voulu lui révéler avec le christianisme l'amour que le christianisme inspire et sanctifie; mais la chaste jeune fille ne trouvait point de paroles pour répondre au discours qui la faisait rougir. Elle se contenta de dire à Lucius avec émotion et gravité :

— Je suis venue ici pour chercher le chef des Francs; je voulais adoucir ton sort et celui des tiens : adieu, j'ai hâte de l'aller trouver; tu me contrains à te servir en t'évitant.

Lucius, humilié par ces fières paroles d'Hilda, lui dit avec amertume :

— Ne t'occupe pas de ma destinée; va, laisse-moi mourir; tu es une froide Germaine, une austère chrétienne; tu ne sais pas aimer.

Hilda, qui allait s'éloigner, se retourna vers Lucius.

— Ah! pauvre Lucius, dit-elle avec vivacité, tu ne connais ni les Germains ni les enfants du Christ. J'ai été élevée dans ces bois où nous sommes; j'ai entendu raconter à ma mère tout ce que mon vaillant père avait fait pour l'obtenir; j'ai vu ma sœur aînée attendre son fiancé absent pour une expédition périlleuse; j'ai surpris les battements de son cœur, que sa fermeté comprimait. Chez les Germains, le jeune guerrier et la jeune fille se choisissent librement et ne se quittent plus; ils partagent les mêmes fatigues, les mêmes dangers; on a vu même l'épouse suivre l'époux dans les combats et dans la mort. Parmi vous, je le sais par les discours des esclaves, les jeunes filles achètent à grands frais un époux qui les relègue dans les gynécées et les y délaisse pour des danseuses ou des joueuses de flûte; le mariage peut se briser par un caprice.

Les Barbares sont plus près que vous de la sainteté du mariage chrétien, et les chrétiens, Lucius, leur loi est tout amour.

— Oui, la charité universelle ! dit Lucius avec mépris ; il est précieux sans doute d'être l'objet d'un sentiment qui embrasse le genre humain tout entier !

— Lucius, reprit Hilda, le Christ ne défend point que nous portions à quelqu'un de nos frères une affection plus tendre. Oh ! si tu avais vu ma mère Priscilla saintement embrasser son époux expirant, tu ne douterais pas qu'une chrétienne pût aimer. Une chrétienne, Lucius, peut avoir horreur du péché, et cependant avoir mis tout son cœur dans la pensée de sauver une âme choisie entre mille ; elle peut s'être sentie attirée vers un infidèle presque avant de le connaître, et depuis n'avoir pas eu d'autre désir, d'autre occupation, d'autre but de ses prières et de ses larmes, que de le gagner à Dieu et de le dérober à l'enfer ; elle peut l'avoir suivi dans l'esclavage et jusqu'au fond des solitudes, pour le rendre à la liberté des enfants de Dieu, pour le ramener dans la cité céleste ; elle peut en être venue à ce degré de faiblesse d'écouter trop longtemps des discours qu'elle n'aurait pas dû entendre, de ne pouvoir s'arracher d'auprès de lui, de craindre qu'il ne veuille mourir, de lui dire pour l'en détourner ce qu'elle ne devrait pas lui dire : que, s'il mourait dans son infidélité, elle craindrait pour elle-même le désespoir et le blasphème. Oh ! oui, elle peut faire tout cela, la pauvre chrétienne indigne : est-ce donc ne pas aimer?

Lucius vaincu se prosterna devant Hilda comme un croyant se prosterne devant une sainte, et lui dit :

— Pardonne à un misérable, pardonne! Jamais une de mes paroles n'offensera tes oreilles. Je m'efforcerai de triompher de mon cœur et de t'aimer comme un chrétien.

— Et tu vivras?

— Je vivrai, puisque tu le commandes... à moins, ajouta-t-il, qu'un outrage... Dans ce cas, je ne te promets rien, et en revenant demain tu ne trouverais qu'un cadavre.

Hilda frissonna.

— Lucius, lui dit-elle, j'ai un dessein : je veux te réunir à ton père et à ton oncle; je veux te garantir, ainsi qu'eux-mêmes, de tout mauvais traitement et de toute insulte, et Dieu bénira ce dessein, afin qu'après que j'aurai fait tout cela pour toi, tu fasses pour moi quelque chose et te convertisses à lui.

— Ah! mon cœur est dans ta main, tu peux le tourner où il te plaît, dit Lucius; mais par quel moyen crois-tu agir sur les hommes farouches au pouvoir desquels nous sommes tombés?

— Ne connais-tu pas l'empire des femmes sur mon peuple? Et puis, dans cette forêt, je suis la fille d'un chef illustre, le sang de Marcomir. Dieu m'est témoin que je ne m'enorgueillis point de cette naissance qui devait me fermer les portes de la vie éternelle. Si ce n'est pour servir mes anciens maîtres, je ne veux être que la pauvre Hilda, l'humble esclave des Secundinus, en tout ce qu'ils me commanderont de permis.

— Esclave chez mon père, ici fille d'un chef illustre! dit Lucius avec douleur. Nous sommes toujours séparés!

— Eh bien, Lucius, dit Hilda en s'éloignant, crois à ce que je crois, et je ne serai plus pour toi l'esclave ni la Barbare, je serai avec toi en Jésus-Christ.

En quittant Lucius, Hilda se hâta d'aller chercher Gundiok. Il aiguisait en ce moment sa framée. Autour de lui, quelques guerriers étaient assis sous un chêne, et un vieux chanteur aveugle hurlait un chant sauvage. Le cœur plein d'un double désir, celui d'obtenir du chef farouche ce qu'elle souhaitait en faveur des Secundinus et aussi de faire luire à ses yeux la première aurore de la foi chrétienne, la jeune Franque s'avança d'un pas ferme à travers les guerriers, qui la regardaient avec surprise. Elle s'arrêta tout près de Gundiok, et, le souvenir de sa première enfance lui revenant tout à coup, elle lui dit d'une voix grave, où l'on sentait un attendrissement mélancolique :

— Gundiok! Gundiok! te souviens-tu du jour où tu aiguisas ta première framée sous le chêne qui couvrait la cabane de Marcomir?

Ces mots prononcés dans sa langue par une voix

qu'il lui semblait vaguement reconnaître, ce nom du chef de sa tribu retentissant tout à coup à ses oreilles, émurent fortement le jeune Barbare. Il leva la tête et attacha son œil bleu et perçant sur la blonde vierge qui se tenait debout devant lui.

— Qui es-tu? lui dit-il en la considérant avec une curiosité pleine d'étonnement.

— Je suis la plus jeune des filles de Marcomir, la seule qui vive. Sais-tu encore le nom d'Hilda?

A ce nom, un souvenir soudain brilla comme un éclair dans les yeux du Barbare. L'égorgement de Marcomir et de sa famille les enflamma de colère, mais une sorte de charme vint se mêler à leur expression irritée, tandis qu'il les promenait rapidement sur Hilda. Gundiok contemplait comme une apparition la dernière fille de ce chef illustre, au sang duquel il était fier d'appartenir.

— Ainsi la fille de Marcomir, dit-il avec un grincement de dents, a été l'esclave des Romains!

— Oui, reprit Hilda avec douceur, il a plu au Dieu tout-puissant de me réduire à cette condition misérable.

Et elle ajouta d'une voix forte, en levant les yeux au ciel :

— Oh! que mes misères et mes larmes ne peuvent-elles obtenir de ce Dieu le salut des hommes de ma race, et combien je serais heureuse à ce prix d'endurer de nouveau les oppressions et la servitude!

— La fille des Francs croit au Dieu des Romains? dit Gundiok; l'esclavage a abaissé son cœur.

— Ce n'est pas le Dieu des Romains seulement, Gundiok, c'est le Dieu et le père de tous les hommes. Il n'est pas comme ces divinités prétendues, ces orgueilleux démons à qui les Romains élevaient des autels, et qui ne favorisaient qu'une race, la race de vos ennemis : il aime toute race et toute tribu, il veut être béni en toute langue; c'est pour toutes les nations qu'il a donné son Fils. O Francs, vous rachetez le meurtre par le prix du sang; c'est par son sang que Dieu a racheté le monde!

Tandis qu'Hilda tâchait ainsi de faire arriver l'idée sublime du Dieu sauveur à ces intelligences grossières en cherchant dans leurs idées ce qui pouvait les y conduire, elle fut interrompue par le chantre aveugle, dépositaire des antiques traditions communes aux peuples germaniques, et que celui-ci conservait, bien qu'altérées.

— Ma fille, lui dit-il, le vieil aveugle est le dernier scalde de sa tribu; il ne sait qu'un petit nombre de chants anciens; il ne connaît que confusément l'origine antique de son peuple. Après lui, les Francs de Marcomir pourront dire à peine ce que croyaient leurs pères; mais le vieux scalde sait cependant encore quelque chose de la croyance des aïeux : il sait que les armées venues de loin, en marchant avec le soleil, adoraient le soleil qui les avait conduites, comme un guerrier ennemi des mauvaises puissances; qu'elles adoraient un autre Dieu terrible dont le marteau est la foudre. Pour nous, nous avons oublié les noms de ces grandes divinités, mais nous connaissons ceux des esprits qui habitent les arbres et les rochers, nous leur portons des victimes, nous promenons en leur honneur des flambeaux et nous allumons dans la nuit sacrée les brandons sur la montagne; enfin nous révérons avec terreur quelque chose d'invisible et de muet dans la profondeur de ces bois. Pourquoi donc viendrait-on nous apporter de nouveaux dieux? pourquoi la fille de Marcomir viendrait-elle dans la forêt natale faire entendre des paroles nouvelles à l'oreille de son peuple?

— Parce que la fille de Marcomir est dévorée de l'amour de son peuple, parce qu'elle ne peut, quand la lumière a lui pour elle, le laisser dans les ténèbres. Oui, vieillard, tu l'as dit, les anciens chants s'oublient, les vieux souvenirs périssent; par là, Dieu prépare la voie à des enseignements nouveaux; par là, il amène le moment où, ne croyant plus aux mensonges périssables, il vous faudra bien croire à l'éternelle vérité! Ce moment approche, ajouta-t-elle avec un accent prophétique; les yeux de beaucoup de ceux qui vivent le verront. Alors vous ne croirez plus, comme nos pères, que le soleil et la foudre soient des divinités : vous croirez à celui dont la main allume chaque jour le soleil et dont la foudre est le marchepied.

Alors vous irez encore sous les vieux arbres, au pied des rochers, au bord des fontaines ; mais ce ne sera plus pour invoquer les démons qui les habitent, ce sera pour honorer les esprits bienheureux qui les protégent. Alors vous adorerez encore avec trouble quelque chose d'invisible et de muet dans la profondeur des bois ; seulement vous saurez que c'est la majestueuse présence de Dieu.

Le langage inspiré d'Hilda, le soin qu'elle prenait, comme le firent tous les premiers missionnaires du christianisme, de rattacher autant qu'il était possible la foi nouvelle aux croyances populaires des nations germaniques, produisirent une certaine impression sur ceux qui l'entouraient. Ils recueillaient avec curiosité ces paroles qu'ils ne comprenaient pas entièrement. La beauté d'Hilda aidait à l'effet de son discours, et en sa présence les plus jeunes des guerriers surtout sentaient le pouvoir de ce je ne sais quoi de divin que les Germains reconnaissaient dans le génie des femmes. On s'écriait : C'est une magicienne, c'est une *Vola*, c'est une prophétesse ! Gundiok, dominé tour à tour par son mépris pour tout ce qui tenait aux Romains, et par le charme magique qu'exerçaient la parole et la présence d'Hilda, éprouvait, dans les profondeurs de son âme, comme une sourde lutte entre des impulsions violentes et confuses. Cette lutte ne se trahissait que par l'inquiétude farouche de son regard. Enfin le vieux scalde, irrité de l'empire qu'Hilda semblait prendre sur les guerriers, empire dont il était averti par leurs brusques clameurs, et qu'il ne pouvait concevoir parce qu'il ne la voyait point, le vieux scalde, dans son dépit, jeta sa harpe contre terre pour la briser; mais Hilda la releva sur-le-champ, et, se rappelant que dans son premier âge elle avait fait résonner sous ses doigts le simple instrument de son pays, elle se mit à accompagner de quelques accords pénétrants un beau cantique de saint Ambroise. Les Barbares étaient comme fascinés par le regard, par les traits, par la voix de la jeune chrétienne. Ces paroles dont ils ne comprenaient pas le sens, mais auxquelles la foi prêtait son émotion contagieuse, mêlées aux vibrations de la harpe nationale, les remuait d'une manière étrange, comme plus tard les discours latins de saint Bernard enflammèrent pour la croisade les paysans de l'Allemagne, qui n'entendaient pas la langue du prédicateur.

Gundiok, assailli par les souvenirs de son enfance et de sa famille, que le son de la harpe avait évoqués, et gagné par l'émotion de ceux qui l'entouraient, regardait avec une sorte de ravissement stupide l'enthousiasme surhumain dont s'illuminait la radieuse figure d'Hilda, et une émotion indicible gravait cette naïve et céleste figure dans le cœur étonné du Barbare. Jetant sa framée contre le tronc d'un arbre où elle s'enfonça profondément, il s'élança vers Hilda et lui dit :

— Fille de Marcomir, tu es mon sang; que veux-tu de moi?

En ce moment, Hilda comprit que Dieu maîtrisait par elle l'âme de ce lion, et sur-le-champ, voulant profiter de l'ascendant qui lui était donné, elle demanda que les trois Romains qui avaient été ses maîtres lui fussent livrés.

— Cela est juste, dit Gundiok, bien loin de se douter de la généreuse intention d'Hilda; qu'ils soient tes esclaves, en dédommagement de tes parents que tu as perdus! Dès ce moment, tous trois t'appartiennent, et si quelqu'un portait la main sur les esclaves de la fille de Marcomir, ma framée fendrait sa poitrine comme elle a fendu le tronc de cet arbre.

Et il retira avec effort l'arme terrible du chêne, qu'elle avait entamé jusqu'au cœur.

Hilda ressentit une grande joie en entendant les paroles de Gundiok, et adressa intérieurement d'ardentes actions de grâces à Dieu, qui semblait vouloir bénir tous ses desseins. Elle était remplie du double espoir de sauver Lucius et d'amener les hommes de sa tribu à partager sa foi. Pour ce jour, elle n'avait rien à leur dire de plus; il fallait laisser l'impression qu'elle avait fait naître produire ses fruits avec l'aide de la grâce, en attendant qu'une autre circonstance lui fournît l'occasion de faire un pas de plus vers une conversion complète; puis, elle était pressée d'aller chercher Macer, pour le soustraire aux persécutions de Bléda et le ramener dans les bras de son fils. Elle se hâta donc de quitter les Francs émerveillés et comme frappés de stupeur, écoutant encore les paroles pour eux étranges, les chants et la harpe de la chrétienne, longtemps après qu'elle avait disparu à travers les chênes de la forêt.

VII

Hilda avait fait quelques pas à peine quand elle rencontra Capito, qu'une troupe de Francs suivaient avec des rires bruyants et de brutales clameurs. Les mauvais traitements avaient achevé de déranger la faible raison du malheureux rhéteur, déjà troublée par un déplacement subit et un changement complet de toutes ses habitudes. Les Francs auxquels il était livré s'étaient aperçus qu'il avait l'intention de chanter dans leur langue, et, se faisant un cruel divertissement de sa folie, ils avaient placé entre ses mains la harpe d'un de leurs poëtes, et lui avaient ordonné de s'en servir et de chanter pendant leurs repas. Le pauvre insensé, chez lequel la vanité littéraire survivait à la raison, s'était efforcé avec joie d'obéir à ses maîtres. Ceux-ci l'avaient enivré avec la liqueur fermentée qui leur tenait lieu de vin, et, dans cet état, après l'avoir accablé d'hommages dérisoires et de grossiers outrages déguisés sous les formes du respect, ivres eux-mêmes, ils le promenaient en triomphe comme un chantre inspiré; Capito marchait au milieu d'eux sa harpe à la main et affublé d'un vêtement bizarre. Une couronne de chêne était sur sa tête. Égaré par l'ivresse et par la folie, abusé par un reste de stupide orgueil, il se croyait entouré d'admirateurs; au milieu des moqueries, des insultes, il conservait sur ses lèvres l'imperturbable sérénité d'un niais et béat sourire.

Hilda ressentit une tristesse profonde en voyant où la manie de ce qu'il appelait le culte des muses avait conduit leur misérable adorateur. Elle adressa en sa faveur quelques paroles aux Francs, qui, malgré leur emportement, s'arrêtèrent au nom de Gundiok, et laissèrent le rhéteur seul avec Hilda. Elle voulut alors le décider à la suivre; mais, la regardant avec colère, il lui reprocha d'avoir éloigné de lui ses disciples. Mêlant dans son délire à ce dépit du moment le souvenir de son ancienne irritation contre les livres chrétiens, dont Hilda avait préféré la lecture à celle de ses propres œuvres, il s'écria :

— Que les dieux te maudissent, jeune fille impie qui viens troubler Orphée tandis que, par les sons de sa lyre, il adoucissait des hommes farouches, semblables aux premiers nés de la race mortelle qui se nourrissaient de glands! Sibylle funeste, périssent tes oracles menteurs et tes doctrines profanes, par lesquelles, si elles triomphaient, serait anéantie la gloire des lettres! Dangereuse sirène, je n'écouterai point ta voix, je fermerai mes oreilles à tes discours, comme fit le sage Ulysse; j'irai rejoindre mes élèves dociles, mes enfants chéris, qui me traitent comme un hôte aimé de Jupiter, qui placent dans mes mains la lyre d'or et me font chanter dans leurs banquets ainsi que le roi des Phéaciens faisait chanter le divin Phémius.

Et, tirant des sons discordants de la harpe qui s'était dérangée sous ses doigts, moitié chantant, moitié déclamant des vers, mélange grotesque de mots latins et de mots inintelligibles, le malheureux Capito s'éloigna d'un pas chancelant. Bientôt des rires lointains mêlés à d'ironiques applaudissements apprirent à Hilda qu'il avait rejoint son auditoire, et qu'il était de nouveau le jouet des Barbares.

Hilda ne pouvait s'attacher à ses pas et s'emparer de lui malgré lui-même; elle comprit en soupirant que désormais rien n'aurait prise sur son délire, et que l'idée fixe qui avait dominé sa vie, devenue en ce moment une folie complète, opposait une barrière invincible à tout espoir d'améliorer son sort ou de sauver son âme. Enfoncé dans la stérile étude et voué à l'impossible reproduction du passé, il avait fermé ses yeux à toute idée, à toute lumière nouvelle, et sa raison, usée par un labeur impuissant, s'abîmait au sein du néant qu'elle avait choisi. Hilda reprit sa route, se dirigeant du côté où elle espérait rencontrer le frère de

Capito. Tout à coup elle se trouva face à face avec Bléda, et, en le voyant seul, elle frémit pour elle et pour Macer. En deux mots elle apprit au Hun ce que Gundiok avait décidé touchant les captifs, et lui demanda ce qu'il avait fait du sien. Bléda, en entendant l'ordre du chef redouté, exprima par son regard un mélange de mécontentement et de bassesse. On eût dit un chien farouche auquel le bâton levé a fait abandonner sa proie, et qui se retire en rampant avec un grognement sourd.

— Tu peux prendre le Romain, dit-il, puisqu'il t'appartient; mais je crois que tu auras quelque peine à le trouver, ajouta-t-il avec un sourire de satisfaction féroce, car je le cherche avec ardeur depuis ce matin. Il s'est échappé pendant mon sommeil, et, pour que je n'aie pu découvrir sa trace, il faut qu'il se soit enfoncé dans la portion la plus épaisse de la forêt, dans la Vallée-Noire, là où ceux qui chassent l'uroch et le sanglier peuvent eux-mêmes pénétrer difficilement. Puisqu'il devait m'être enlevé, je me réjouis qu'il ait pris ce chemin, car il ne peut manquer d'y mourir de faim, s'il n'est dévoré par les bêtes de proie. Je regrette seulement de ne pas le voir mourir.

Et il se retira en jetant à Hilda un de ces regards qui, malgré la forte trempe de son âme, la faisaient toujours frissonner.

Pour elle, elle marcha rapidement vers le lieu que les paroles du Hun lui avaient indiqué. Arrivée au bord de la Vallée-Noire, elle vit devant ses pieds se creuser un vaste enfoncement encombré de rochers, de troncs d'arbres, de broussailles et de grandes herbes dont la hauteur dépassait la taille humaine. Aucun bruit ne sortait de ce gouffre de sombre verdure; une brume épaisse, éclairée par un jour blafard, se traînait lourdement à la cime muette des arbres, et sous un ciel grisâtre quelques milans tournoyaient silencieusement dans les airs. La jeune fille, animée par la charité chrétienne et aussi par la pensée de Lucius, plongea courageusement dans l'affreuse vallée, se frayant un chemin à travers tous les obstacles avec l'instinct de sa race et le souvenir de ses premières habitudes. Bientôt, à certains signes qu'une Barbare seule pouvait reconnaître, elle découvrit que quelqu'un avait passé récemment par le lieu où elle se trouvait. Son cœur battit d'espoir en voyant que les branches avaient été écartées et même brisées en différents endroits, que la mousse avait été foulée, que la fange portait l'empreinte récente de pas fugitifs. En suivant ces vestiges elle parvint à un amphithéâtre de rochers qui s'élevait au centre de la vallée, et là elle trouva Macer assis sur un quartier de granit. Le Romain semblait absorbé dans une morne méditation. En entendant le bruit des pas d'Hilda, il tressaillit, tourna de son côté la tête avec effroi, puis, voyant qu'elle venait seule, il reprit son attitude de rêverie sombre et son air de froide impassibilité.

— Seigneur Macer, dit Hilda en s'approchant, votre humble esclave vient vous enlever aux poursuites de l'impur Bléda et vous conduire auprès de votre fils.

— Je n'ai pas besoin du secours de mes esclaves, reprit le vieux patricien sans tourner la tête vers celle qui lui parlait. Quant à Bléda, je ne retomberai pas vivant entre ses mains, et, pour mon fils, je n'ai que faire de le revoir : le spectacle de nos maux serait une misère de plus pour tous deux ; il vaut mieux souffrir seul.

— Autrefois le seigneur Macer aimait son noble fils ; peut-il refuser maintenant d'aller vers lui ?

— Oui, j'aimais mon fils, murmura Macer à demi-voix et se parlant à lui-même plutôt qu'il ne s'adressait à Hilda, je l'aimais quand je voyais en lui l'héritier opulent du nom illustre des Secundinus s'élevant aux honneurs, à la puissance ; mais l'esclave Macer n'a rien à dire au pâtre Lucius.

— Le noble Macer n'est point esclave, dit Hilda. Le chef des Francs, touché par Dieu sans doute, a abandonné à la pauvre Hilda le sort de ses maîtres, et ils seront aussi libres dans la forêt Hercynienne qu'ils l'étaient dans le prædium de Trèves.

Macer fut frappé d'un étonnement qui ressemblait à l'admiration.

— Et que fait à la jeune Franque, dit-il, le sort de ceux qu'elle a dû maudire dans sa servitude ? D'ailleurs cette liberté indigente et méprisée, sous la protection d'une esclave, à quoi serait-elle bonne?

— La jeune Franque n'a jamais maudit ceux à qui Dieu l'avait donnée ; chaque jour, elle a prié pour eux le Seigneur. En ce moment, elle le prie encore de décider l'illustre Macer à ne pas refuser cette chance de salut qui s'offre à lui. Qui sait si elle ne pourra pas un jour, avec l'aide céleste, tirer lui et les siens de cette solitude et les ramener dans leur patrie?

— Y a-t-il encore pour moi telle chose qu'une patrie? dit Macer d'un ton de plus en plus sombre. La Gaule est ouverte aux Barbares, l'empire s'écroule, la puissance romaine s'en va! Et quand je retournerais sur les bords de la Moselle, qu'y trouverais-je? Mes possessions ravagées, mes habitations dévorées par l'incendie, mes esclaves dispersés. Moi, un Secundinus, rentrer en Gaule pour y mener la vie d'un mendiant! Non, par Hercule! Esclave, laisse-moi, j'ai résolu de mourir ici.

Désolée d'entendre ces paroles, car elle songeait à la douleur de Lucius, si elle retournait vers lui sans son père, et tremblant qu'en revenant tous deux vers Macer ils ne le trouvassent plus vivant, Hilda se mit à genoux devant son ancien maître, et lui dit avec une émotion pénétrante :

— Mourir! le seigneur Macer n'est-il pas chrétien?

— Non, je ne suis pas chrétien, répondit le vieux Romain avec colère; non, je ne l'ai jamais été. Je n'ai jamais cru à ces superstitions nouvelles, à ces rêveries des Juifs qui ont abaissé les âmes et qui ont affaibli l'empire. Ma seule joie dans la condition misérable à laquelle je suis réduit, la seule chose qui me console d'être ici perdu dans les forêts de la Germanie, c'est de pouvoir enfin me dépouiller d'un faux respect que la prudence me commandait, et de pouvoir dire tout haut à la face du ciel : Je ne suis pas chrétien! Opprobre sur les chrétiens et sur le Christ!

— Et qu'es-tu donc? dit Hilda, qui, en entendant ce blasphème, ne put consentir à laisser outrager même par son ancien maître ce qu'elle adorait. Le sage Macer peut-il croire aux fables païennes?

— Je ne crois point aux fables païennes, je ne crois point aux mensonges dont le patriciat de Rome amusait la plèbe ignorante, je ne crois point aux amours de Mars et de Vénus, je méprise les terreurs de l'Achéron, je n'imagine point que les âmes des morts aillent errer sur les bords fabuleux du Styx ou du Léthé; mais je regrette ces croyances utiles que la sagesse de nos pères avait forgées pour le peuple, je m'indigne qu'on les ait remplacées par une religion insensée qui permet aux mendiants et aux esclaves de se croire en possession des choses divines, qui enhardit une fille franque née pour servir à discourir sur ces choses devant son maître, comme si elle était une prêtresse initiée aux mystères ou une docte amie de la sagesse, comme si, au lieu d'être une Barbare sans lettres, elle était la savante Eustochie que les chrétiens ont fait mourir à Bordeaux! Je m'indigne contre moi-même d'en venir, tant est grand le désordre universel, à lui répondre, au lieu de lui ordonner le silence qui convient à son origine et à sa condition abjecte!

Hilda s'était relevée; le regard fixé vers la terre, elle écoutait avec calme et avec douleur les paroles pleines d'endurcissement et d'outrage que Macer proférait; elle sentait avec une affliction profonde que sa conviction ne pouvait entamer ce cœur défendu par le triple airain de l'orgueil; elle était pénétrée d'une vive compassion pour cette opiniâtreté inflexible, elle était remplie d'un immense désir de fléchir et de sauver cette âme qui se roidissait contre le salut; elle ne pouvait se résoudre à quitter le père de Lucius dans cette position désespérée. Se recueillant dans une ardente prière et dans un dernier effort, elle lui dit:

— Foule aux pieds ton esclave, Macer, mais daigne l'entendre encore un moment. Écoute: tu as été pour moi un maître sévère; un jour, sans l'intervention de mon père Maxime, tu allais faire imprimer sur mon front la marque du feu. Aujourd'hui tu es livré à ces Barbares que tu regardais mourir dans l'amphithéâtre, et moi j'ai retrouvé les miens, je suis libre dans ces forêts. Comment se fait-il donc que tout à l'heure j'étais prosternée à tes pieds, te suppliant de vivre? comment se fait-il que je sois venue ici te chercher à travers les rochers et les marécages, sans craindre, faible jeune fille, la morsure des serpents ou la dent des bêtes féroces, pour te délivrer de tes ennemis, pour t'arracher à un odieux persécuteur, pour te ramener vers ton fils? Ah! il y a là quelque chose qui doit t'étonner et que tu dois ne pas comprendre. Eh bien, ce qui a fait faire ces choses étranges à une pauvre pécheresse, c'est ma foi, c'est mon Dieu; c'est ce Dieu qui est aussi le tien, et que tu voudrais renier! Ce Dieu qui est mort pour nous deux (pardonne-moi de dire *nous*), veut se servir de moi pour te préserver de la mort du corps et de celle de l'âme. Tu me méprises avec raison : je ne suis rien, comme tu dis, qu'une Barbare. Méprise-moi, outrage-moi, n'écoute pas mes vains discours : Dieu, je l'espère, parlera mieux à ton cœur; mais au nom de ton fils, ne le plonge pas dans une désolation sans remède! Je ne te demande point de céder à mes paroles : ordonne seulement à ton esclave de te conduire hors d'ici, ordonne-lui de te sauver.

Malgré sa dureté impitoyable, Macer ne put s'empêcher d'être de nouveau frappé de surprise en voyant ce zèle de la charité; mais, sa fierté reprenant bientôt le dessus, il se sentit humilié de cette vertu qui, partie de si bas, osait prétendre à le protéger, et il se contenta de dire froidement à Hilda :

— Esclave, je t'ai déjà commandé de te retirer. Mon intention est de mourir de faim en ce lieu, comme fit le sage Diagoras; si tu m'importunes encore par tes discours, je me briserai devant toi la tête contre ce rocher.

Hilda consternée se retira en silence ; mais elle ne pouvait s'éloigner brusquement de Macer. Elle s'agenouilla à peu de distance, derrière de grands arbres qui la cachaient, et pria pour lui avec une vivacité que redoublait son amour pour Lucius. Macer était toujours à la même place et dans la même attitude, assis sur un rocher et immobile comme lui, présentant l'image de l'orgueil romain pétrifié. Tout à coup un bruit se fit entendre dans le feuillage ; c'était un élan qui fuyait un loup-cervier. Macer tressaillit.

— C'est Bléda, s'écria-t-il ; il ne m'aura pas.

Et, comme il l'avait dit à Hilda, il heurta sa tête contre le rocher avec tant de force, qu'au bout de peu d'instants il expira. Hilda s'élança en le voyant tomber ; quand elle arriva près de lui, il n'existait plus. La tête de Macer était fracassée et sanglante ; mais son visage conservait l'expression de dureté stoïque et de hauteur froide qu'il avait eue jusqu'au dernier moment.

Hilda couvrit à la hâte le cadavre de mousse et de feuillage, prononça sur lui une rapide et fervente prière, puis courut trouver Lucius. Que ce moment eût été doux pour elle, si elle avait eu seulement à lui dire qu'il n'était plus l'esclave de Gundiok ! Mais il fallait lui annoncer aussi qu'il n'avait plus de père. L'affreuse nouvelle foudroya Lucius. Il y a dans la douleur que cause la perte d'un père quelque chose de poignant et d'aigu qui manque à d'autres douleurs. On se sent atteint dans la source de sa vie ; il semble qu'un lien de chair se rompt au plus profond de notre être ; on se sent déraciné et blessé comme d'un coup de hache au cœur. S'il en est ainsi, même quand la mort ne brise qu'un rapport de famille entre deux âmes du reste à peu près étrangères l'une à l'autre, qu'est-ce donc, hélas ! quand celui qu'on perd était l'ami le plus tendre et le plus passionné de son fils ?

Macer n'avait jamais été un tel père pour Lucius ; cependant celui-ci ressentit un déchirement affreux dans ses entrailles en apprenant qu'il était désormais orphelin. Durant sa longue absence, il lui était souvent arrivé de passer bien du temps, à ce qu'il lui semblait, sans souci et sans mémoire du foyer paternel ; mais, en dépit de lui, son imagination s'y reportait et s'y reposait toujours. Alors l'image de son père lui apparaissait vague et lointaine. Il y avait toujours au fond de son cœur un secret désir d'aller plus tard soigner les dernières années du chef de famille en cheveux blancs. Depuis qu'ils étaient tous deux réduits en captivité, la tendresse filiale de Lucius avait redoublé, car le malheur développe toutes les affections sérieuses. En outre il y avait dans le genre de mort de Macer quelque chose d'atroce et de soudain qui en accroissait l'horreur. Lucius, malgré la présence d'Hilda, fut donc tout entier d'abord au malheur affreux qui l'accablait ; le jeune et frivole Romain, qui traitait dédaigneusement la vie et la mort, tomba comme atteint d'un coup subit sur la mousse de la forêt en poussant des gémissements inarticulés et en versant un torrent de larmes.

Hilda, entraînée par sa vive tendresse, que fortifiait encore sa douleur, osa soulever de terre la tête du malheureux Lucius et la poser sur son épaule. Penchée sur lui, elle laissa passer ainsi les premières convulsions du désespoir ; puis, quand il put parler, quand il se mit à se reprocher tous ses torts envers son père, ses longs oublis, ses résistances fréquentes, des soins négligés, des paroles amères, et jusqu'au temps perdu par l'absence, elle s'efforça de le défendre contre lui-même et d'excuser des fautes qu'il s'exagérait dans l'emportement du repentir. Mêlant insensiblement quelques paroles de religion aux consolations qu'elle lui prodiguait, elle lui parla de ce qu'il pouvait faire pour réparer ce qu'il déplorait et pour retrouver ce qu'il avait perdu ; elle lui disait, inspirée par l'enthousiasme, par sa tendresse, et par le souvenir des discours de Maxime et de Priscilla :

— Oui, si tout finissait par la mort, il faudrait mourir avec ceux qu'on aime, il faudrait imiter les hommes de mon peuple, qui brûlent avec un guerrier vaillant tout ce qui l'a aimé et servi dans ce monde, car la pensée des maux qu'ont soufferts ceux qui ne sont plus, et surtout des torts qu'on a eus envers eux, serait une torture constante et une affliction irréparable; mais s'ils vivent, — et comment, nous chrétiens, n'aurions-nous pas ce sentiment, qui est si puissant chez mes frères les Barbares au milieu des ténèbres de leur ignorance? — s'ils vivent ceux que nous pleurons, oh! alors nous pouvons nous prosterner devant eux et leur demander grâce, nous pouvons penser qu'ils nous entendent, qu'ils nous pardonnent, et ne pas mourir de douleur. Ton père, Lucius, a besoin lui-même de miséricorde; mais il est dans le sein de la miséricorde infinie, comme disait Priscilla de ceux qui mouraient dans l'erreur; maintenant, sans doute, il voit la lumière à laquelle il fermait les yeux; il te voit aussi, il voit tes larmes, ton repentir. Ah! Lucius, ne la sens-tu pas enfin la vérité sans laquelle on ne saurait vivre, surtout quand on souffre? Tu as trop besoin de croire pour pouvoir douter. N'est-il pas vrai, quand on est bien malheureux, ne pas croire, ah! c'est impossible!

Lucius ne put tenir contre l'irrésistible accent avec lequel la voix bien-aimée appelait son cœur à la foi; il crut, ou plutôt, dans l'exaltation de la douleur et de l'amour, il lui sembla qu'il croyait comme Hilda; il lui sembla que cette vérité qu'il avait cherchée si longtemps venait d'éclore subitement dans son cœur et qu'elle n'en sortirait plus. Hilda le conduisit au lieu où elle avait laissé le cadavre de Macer. Tous deux creusèrent ensemble la fosse où ils le déposèrent;

tous deux prièrent ensemble sur la terre fraîchement remuée. Dès ce moment, il y eut entre ces âmes rapprochées de si loin un pacte saint, une union tendre et sacrée, fondée sur une communauté de prière et d'espérance. Dès ce moment aussi, une vie nouvelle commença pour Lucius. Cette âme blasée avait besoin, pour renaître, des fortes secousses qui venaient de l'ébranler. Desséchée par le doute et les voluptés, elle ne pouvait se raviver que par la foi et l'amour. Ce qu'il y avait d'extraordinaire dans sa situation et dans celle d'Hilda, ce renversement des rapports sociaux au sein desquels il avait vécu, cette esclave qui était devenue l'arbitre de sa destinée et le guide de sa croyance, cette vie consumée dans la solitude après tant d'années passées au centre de la civilisation grecque et romaine, — toutes ces choses jetaient l'imagination de Lucius dans une sorte d'égarement qui lui permettait à peine de réfléchir sur le changement qui s'était opéré en lui. Il se laissait aller avec bonheur au sentiment de cette existence étrange, née, comme tant d'autres non moins bizarres, de la grande subversion sociale qui s'accomplissait alors, et qui devait bouleverser toutes les positions, confondre tous les rangs, mêler toutes les races, et, par cette fusion immense, préparer l'unité des peuples modernes.

Deux soins partageaient et remplissaient la vie d'Hilda, celui de propager de plus en plus les semences de la foi chrétienne, surtout parmi les femmes de sa tribu, et celui de consoler et d'affermir Lucius. Le lieu où ils se réunissaient d'ordinaire était le lieu où tous deux ensemble avaient rendu à Macer les derniers devoirs et où une simple pierre plantée par eux marquait sa tombe. Quand le temps eut un peu adouci la douleur de Lucius, c'est là qu'il aimait à se trouver avec Hilda. Elle lui avait enseigné un sentier de chasseurs qu'elle avait découvert et par lequel il se rendait chaque jour auprès du tombeau paternel. Là, parmi les rochers qui occupaient le centre de la Vallée-Noire, l'âme de Lucius se retrempait au sein de cette forte nature. Étendu sur ces rochers, lui pour lequel autrefois il n'y avait pas de duvet assez moelleux, il attendait la venue d'Hilda. Le moment où il la voyait paraître, illuminait son âme d'un rayon de joie, et tous deux passaient de longues heures dans des entretiens pleins de douceur et de tristesse.

Depuis qu'Hilda l'avait vu naître sincèrement à la foi, elle évitait de faire régner uniquement la religion dans ces entretiens; elle ne voulait point fatiguer le néophyte qu'elle avait ramené. Changeant de rôle, elle devenait un auditeur attentif, tandis que Lucius lui expliquait, en souriant parfois d'une ignorance naïve qui l'enchantait, tout ce qu'il pouvait lui faire comprendre de ce monde auquel elle était étrangère. Il éprouvait un grand charme à lui raconter les événements et les aventures de sa vie : les plus ordinaires prenaient un aspect de nouveauté et de merveilleux en se réfléchissant dans l'imagination ignorante de la Barbare, et par là ces souvenirs acquéraient un plus vif intérêt aux yeux de Lucius lui-même. Son esprit, lassé des redites infinies qu'il trouvait dans les livres et les discours des hommes, se reposait et se rajeunissait délicieusement au spectacle de cette âme neuve et de cette pensée ingénue qui s'épanouissait librement sous son regard. Hilda, de son côté, jouissait avec délices du bonheur de voir s'ouvrir à son intelligence ces perspectives nouvelles que l'amour éclairait de sa lumière; elle questionnait Lucius sur toutes choses pour avoir le plaisir de l'entendre répondre et pour se sentir à chaque réponse plus rapprochée de lui. Ainsi ces deux êtres que le destin avait faits si différents se développaient et se complétaient l'un l'autre : Lucius donnait à Hilda la maturité et la science, Hilda rendait à Lucius la jeunesse et la vie.

Unis par l'âme, vivant uniquement l'un pour l'autre dans la solitude, il était impossible qu'ils n'éprouvassent pas le besoin de confondre entièrement leur destinée. Lucius, subjugué par l'angélique nature d'Hilda, osait à peine laisser paraître à ses yeux une passion dont chacun de leurs entretiens solitaires augmentait l'ardeur. De jour en jour il souffrait davantage de tous les mouvements qu'il réprimait. Pour Hilda, il lui semblait qu'elle ne désirait rien autre chose que de passer ainsi toute sa vie. Depuis que Lucius croyait comme elle, ses sentiments ne lui inspiraient plus aucune inquiétude; mais, accoutumée à examiner son âme et à sonder sa conscience devant Dieu, elle ne tarda pas d'apercevoir avec confusion que les agitations contenues de Lucius, sans la gagner, ne lui étaient pas indifférentes, et qu'elle trouvait un sensible plaisir à les causer. Sa droiture naturelle et l'éducation morale que le christianisme lui avait donnée lui firent sentir le danger que l'innocence de son âme l'eût empêchée de comprendre. Cette découverte mit dans son maintien, dans son langage, dans toutes ses manières, un embarras dont Lucius s'aperçut et dont s'accrurent les émotions qu'il ressentait. Un jour, il ne put les contenir, et, voyant Hilda épouvantée de leur violence, il osa lui ouvrir toute son âme et parler d'un mariage chrétien, d'une sainte union pour la vie et pour l'éternité. Hilda était bouleversée en l'écoutant. Les paroles de Lucius et l'indicible bonheur qu'elles lui causaient achevèrent de déchirer les derniers voiles qui pouvaient encore lui cacher la nature des sentiments de son cœur. Être la compagne bénie de ce noble Lucius qu'elle avait aperçu comme un ange protecteur du fond de sa servitude, puis au salut duquel elle s'était dévouée avec un zèle dont le motif lui avait d'abord caché le caractère, de Lucius que la Providence avait amené avec elle dans un vallon de la Germanie pour qu'elle achevât de gagner à Dieu cette âme qu'elle aimait, c'était pour Hilda une félicité miraculeuse sur laquelle elle n'avait jamais osé arrêter sa pensée. Lucius, éperdu d'amour, la pressait de répondre. Pleine de trouble, elle balbutia quelques mots de différence de rangs, de maître et d'esclave ; mais Lucius lui ferma la bouche en lui disant :

— C'est moi, Hilda, qui suis maintenant ton esclave. C'est toi qui es libre et maîtresse dans ces forêts. Nous avons changé de condition. Le monde, ajouta-t-il en souriant, semble vouloir faire comme nous, et l'empire passer aux Barbares. Hilda, tu m'as conservé la vie, tu m'as ouvert le ciel ; j'ai besoin de toi pour la vie et pour le ciel.

Hilda était de plus en plus troublée.

— Et qui, dans cette solitude, bénirait l'union de deux chrétiens ? dit-elle en rougissant.

— Il faut fuir, Hilda, s'écria Lucius ; il faut fuir ensemble. Tu me guideras à travers les détours de cette forêt, qui est ta patrie, et moi je te protégerai contre les animaux farouches ou contre les Barbares ; procure-moi un arc et un javelot, et je te nourrirai de ma chasse. Nous pêcherons le poisson des torrents, nous cueillerons les fruits des arbres sauvages. Marchons ensemble à travers ces solitudes en nous tenant la main ; nous vivrons comme Maxime et Priscilla, jusqu'à ce que nous trouvions un prêtre chrétien qui fasse de nous deux époux chrétiens.

Hilda voyait mieux que Lucius toutes les difficultés de cette fuite ; mais les obstacles et les dangers ne pouvaient rien sur ce cœur intrépide; bravés avec Lucius, ils étaient pour elle pleins de douceur. Un seul motif combattait dans son esprit le plan de Lucius, c'était le désir de convertir sa tribu. Elle se reprochait de laisser le champ avant la moisson; elle craignait que Dieu ne la punît de cet abandon, et que la punition ne s'étendît à Lucius. En même temps, elle sentait qu'il n'y avait pas d'autre parti à prendre pour eux, et qu'après un pareil entretien ils ne pouvaient plus demeurer comme par le passé. Il fallait s'unir ou se séparer, et se séparer, était-ce possible?

Une pensée, qu'elle ne communiqua pas à Lucius, tira Hilda de ces perplexités. Le jour où elle avait apparu à Gundiok sous le chêne, la harpe du vieux scalde à la main, Gundiok avait été frappé subitement de la beauté d'Hilda; il avait ressenti une impression pour lui nouvelle en l'entendant parler et chanter en inspirée, au milieu des Francs étonnés et ravis. Jusqu'à cette heure, le cœur de Gundiok n'avait battu que pour la chasse et la guerre. On sait qu'un jeune Germain eût rougi de faire attention aux femmes avant l'âge de vingt ans, et d'offrir à une jeune fille de sa nation une main qu'il n'eût pas trempée plusieurs fois dans le sang de ses ennemis. Une chaste jeunesse disposait ces peuples aux attachements profonds. L'amour de Gundiok fut soudain et violent, comme tous les sentiments qui venaient assaillir les âmes des Barbares, et peu de jours avant celui où eut lieu entre Hilda et

Lucius l'entretien que je viens de raconter, Gundiok, ayant par hasard rencontré la chrétienne, avec l'impétuosité de son caractère et de sa race, lui avait offert brusquement de venir dans sa cabane pour y être l'épouse du chef de leur tribu, de celui qui, comme elle, avait dans les veines du sang de Marcomir. Hilda lui avait répondu :

— Gundiok, tu es le dernier rejeton de ma famille, et ta sœur Hilda désire ardemment pour toi le plus grand des biens ; le jour où elle te verrait, fier Sicambre, courber docilement la tête sous le joug glorieux de la foi chrétienne, elle rendrait de ferventes actions de grâces au Dieu qui aurait touché ton cœur ; mais elle ne songe point à s'unir, par une alliance illustre, au noble chef de sa tribu : elle ne veut être que la fiancée du Christ.

Hilda était sincère en parlant ainsi, nulle pensée d'union terrestre n'était encore entrée dans son âme virginale. En même temps l'affection qu'elle éprouvait pour Lucius, et dont elle n'avait pas démêlé le caractère, l'éloignait de tout projet pareil, et lui faisait croire qu'elle passerait sa vie uniquement vouée à Dieu.

L'amour et la fierté sauvage de Gundiok avaient été blessés profondément du refus d'Hilda, et, depuis cet entretien, il avait évité sa présence ; seulement elle avait cru s'apercevoir qu'il épiait de loin ses pas, et, le jour où elle se rendait près de Lucius, elle avait rencontré le jeune chef avec Bléda. Tous deux s'étaient éloignés en la voyant paraître, mais elle avait cru entendre comme un sourd rugissement de colère s'échapper de la poitrine de Gundiok.

Dans cette situation, qui l'effrayait vaguement pour Lucius, il lui sembla que cette fuite qu'il lui proposait était un moyen indiqué par la Providence pour le sauver des dangers qui le pouvaient menacer, et cette idée, qui s'empara vivement de son esprit, put seule la décider à s'éloigner des siens avant que leur conversion fût plus avancée. Elle se dit que la jalousie de Gundiok et la haine de Bléda seraient des obstacles puissants à sa prédication évangélique, et pourraient peut-être compromettre le succès qu'elle avait déjà obtenu. Tout cela n'était que trop vraisemblable, et d'ailleurs elle avait besoin de croire qu'il en était ainsi pour pouvoir écouter Lucius sans remords. Elle céda donc à ces réflexions, et consentit à partir avec lui, se confiant en Dieu et le priant intérieurement d'achever l'œuvre commencée par elle. La joie que Lucius fit éclater à ses pieds, quand il eut entendu sa réponse, acheva de lui ôter toute incertitude.

Dès lors il ne fut plus question entre eux que d'assurer leur évasion et de vaincre les difficultés qu'elle présentait. Une fois décidée, Hilda, appelant à son secours les ressources que lui fournissait sa connaissance des lieux et de la vie barbare, forma tout le plan de la fuite et indiqua à Lucius toutes les mesures qui pouvaient l'assurer. Elle éprouvait un indicible bonheur à conduire l'œuvre de cette délivrance, et lui n'était pas moins heureux d'être délivré par Hilda, de sentir briser ses fers par les mains de cet ange sauveur qu'il adorait. Bientôt son imagination, insouciante des périls et disposée toujours à se tourner vers des perspectives riantes, eut franchi les limites de la forêt Hercynienne, et le transporta de l'autre côté du Rhin. Il se voyait déjà rendu à la société des hommes; son séjour chez les Barbares lui apparaissait dans le passé comme un épisode de sa vie errante, comme un voyage aventureux d'où il avait rapporté un trésor sans prix, et, s'élançant dans l'avenir, il choisissait l'asile de son bonheur. Ce n'était pas à Trèves, ravagée par les Francs, où il n'eût trouvé que les vestiges de l'habitation de son père, où le souvenir de l'ancienne condition d'Hilda eût été pénible pour tous deux. En outre, durant son long séjour en Grèce et en Asie, il avait pris l'habitude de vivre sous un soleil plus brillant que celui de la Gaule. Nulle ville dans ses voyages ne l'avait séduit et attaché autant que la ville de Rome, déjà abandonnée pour Constantinople et peu habitée, mais brillante encore à ce moment, avant qu'Alaric et Genséric y eussent passé, radieuse de l'éclat de ses temples aux toits dorés, embellie par ses jardins magnifiques et le retentissement de ses mille fontaines. Il disait à Hilda :

« Nous habiterons une maison modeste sur la cime

déserte de l'Aventin ; nous nous promènerons au bord du Tibre ; je te raconterai l'histoire merveilleuse de Rome avant que cette histoire finisse et que Rome succombe ; je te montrerai les lieux où s'est vingt fois décidé le sort du monde, et où il ne se décidera plus. J'aime Rome parce qu'elle est délaissée ; elle me plaît à cause de sa grandeur et de sa tristesse, et puis nous oublierons avec délices tout souvenir de la puissance romaine pour nous entretenir de la Germanie et de la Gaule. Nous nous rappellerons ensemble cette vallée où nous sommes ; nous parlerons de la forêt Hercynienne au pied du Capitole. »

Alors Hilda, pour qui Rome était le lieu de la captivité de saint Paul et du martyre de saint Pierre, interrompant cette peinture de la cité païenne, lui demandait des détails sur les basiliques des apôtres, sur les reliques des martyrs, sur les sépultures des catacombes, dont elle savait confusément l'existence par les récits de quelques esclaves venues d'Italie. Elle se faisait une grande joie de vivre sur une terre aussi sanctifiée. Elle se voyait unie à Lucius par l'évêque de Rome, dont Priscilla lui avait parlé comme du grand évêque : le salut de Lucius et le sien lui en semblaient plus assurés. Plus heureuse que lui, parce qu'elle était plus fermement croyante, elle savourait en idée la félicité d'un amour éternel.

Enfin il fallut s'arracher à cet enivrement céleste. Avant de se séparer pour la dernière fois, Lucius et

Hilda convinrent de se retrouver le lendemain avant l'aurore à l'entrée du chemin qui conduisait dans la Vallée-Noire. Hilda, suivant la coutume germaine, tendit la main à Lucius, qui, avec un geste passionné, serra cette main sur son cœur. Il ne pouvait quitter la jeune fille et la contemplait avec un ravissement inexprimable, tandis qu'elle baissait les yeux à terre, s'efforçant de vaincre son trouble par la prière et ne trouvant plus de mots pour prier. Tout à coup un bruit qui se fit entendre à quelques pas d'eux tourna leurs regards de ce côté. Deux hommes sortirent du bois touffu qui les entourait : c'étaient Gundiok et Bléda.

Bléda s'était aperçu de la passion jalouse du chef franc, et, concevant l'espoir de se venger à la fois d'Hilda et d'un Secundinus, il avait attisé cette passion par ses discours. Depuis plusieurs jours, il les observait tous deux à leur insu, et il avait révélé à Gundiok leurs entretiens prolongés dans la Vallée-Noire. Il lui avait appris que là était la tombe de Macer, et l'avait amené pour les observer, pensant que ce qu'il apercevrait de leur innocent amour ne pourrait manquer d'enflammer sa colère. Un hasard funeste avait servi Bléda, et il avait eu la joie de voir une affreuse colère se peindre sur le front du terrible chef, à mesure qu'il lui traduisait dans sa langue les discours d'Hilda et ceux de Lucius. Leur projet de fuite avait mis le comble à la rage de Gundiok. Enfin, quand il les avait vus se prendre la main en se regardant avec amour, hors de lui, il s'était élancé du bois où il était caché. D'un bond, il vint tomber à quelques pas de Lucius, pâle de fureur, lançant des regards semblables à ceux d'une hyène qui fond sur le chasseur, brandissant de la main droite sa framée et tenant de la gauche un javelot, suivant l'usage de sa nation. Lucius le regardait avec une intrépidité qui semblait le défier encore. Ces deux jeunes hommes, beaux et fiers tous deux, mais d'une beauté et d'une fierté différentes, demeurèrent quelques instants face à face et immobiles, ne pouvant se rien dire, car l'un n'entendait pas la langue de l'autre, mais exprimant tous deux par le regard la haine et l'orgueil. Hilda épouvantée levait les yeux au ciel, dans une attente pleine d'angoisse. Gundiok, qui eût voulu insulter par ses paroles le Romain avant de le frapper, s'élança sur la tombe de Macer, et la foula aux pieds devant lui. Lucius ne pouvait recevoir un outrage plus sensible à sa piété filiale et à son orgueil de patricien. Furieux de son impuissance à rendre injure pour injure, il parvint à mettre tant de mépris dans son regard, et dans sa bouche muette une telle expression d'insulte, que Gundiok le comprit. Aussitôt sa framée vint frapper Lucius et le fit rouler à ses pieds. A cette vue, Hilda redevint un instant la femme barbare, la lionne des forêts : elle se précipita sur Gundiok pour le déchirer. Gundiok, après avoir lancé sa framée s'était mis en défense, par habitude, en présentant le fer du javelot, dans l'attitude d'un Frank se préparant au combat. Le mouvement d'Hilda avait été si prompt, qu'avant que Gundiok eût pu retirer son javelot, le fer était entré dans le corps de la jeune fille, qui, blessée mortellement, alla tomber près de Lucius.

Bléda, craignant le désespoir de Gundiok, s'enfuit plein de peur et de joie. Quand Hilda sentit le froid du fer dans sa poitrine, l'élan de fureur qui l'avait possédée un moment s'arrêta. Son sang qui coulait rafraîchit son âme et la calma. Sûre maintenant de mourir avec Lucius, sûre de célébrer avec lui dans le ciel les noces sans fin, elle ne ressentait plus aucun désir de vengeance, elle était radieuse d'espérance, et se penchant vers lui :

— O mon Lucius, lui dit-elle, ce n'est pas en ce monde que nous devions être unis, c'est dans le sein de notre père céleste. Qu'il soit béni, Lucius, de nous faire mourir ensemble ! Peut-être, Lucius, si nous étions restés sur la terre, tu te serais repenti un jour d'avoir épousé la pauvre esclave, la grossière Barbare ; mais dans le ciel il n'y a plus ni maître, ni esclave, ni Romain, ni Barbare ; il n'y a plus que des âmes qui s'aiment au sein de Dieu. Allons donc ensemble avec joie nous aimer à jamais dans le ciel donne-moi ta main, ô mon époux bien aimé, et dis-moi que tu crois, ainsi que moi, qu'après nous être endormis dans notre couche sanglante, nous allons nous réveiller parmi les chants des anges !

Et Hilda mourante souriait à Lucius avec une merveilleuse douceur, et la sérénité de la foi se confondait dans son regard avec l'ivresse de l'amour.

L'agonie du jeune Romain n'était pas si douce, car sa foi était loin d'être aussi assurée : c'était une exaltation passagère qui lui avait fait illusion sur sa croyance. Son âme, accablée par la douleur, s'était tournée vers une espérance qui le consolait ; mais cette âme, durant toute une vie dominée par les influences païennes, avait reçu trop profondément l'empreinte de la mollesse et de l'incrédulité pour pouvoir embrasser facilement la foi du Christ. L'amoureux Lucius, en écoutant Hilda, avait cru entendre la voix de Dieu, mais il avait besoin du bonheur terrestre pour croire aux joies célestes. Perdre Hilda au moment où il allait la posséder était un coup de la destinée qui le rejetait dans le désespoir. Cependant l'accent irrésistible des paroles d'Hilda mourante agissait sur lui. Ce qui se passa alors dans cette âme flottante et partagée, nul ne le saura jamais. Lucius, attachant son regard passionné sur Hilda, semblait faire effort pour croire à force d'aimer. Enfin quelque chose parut se décider en lui et triompher.

— Je crois, dit-il, en fermant les yeux, je crois au Dieu d'Hilda.

Et il ne les rouvrit plus.

Quand elle eut vu mourir Lucius, Hilda se mit à

prier Dieu d'une voix défaillante, lui demandant pardon de son dernier mouvement de colère, et implorant la grâce de ne pas beaucoup attendre pour rejoindre son bien-aimé.

Pendant ce temps, Gundiok la regardait avec égarement. Son ennemi était mort, il était vengé, et devant lui était couchée sur la terre cette belle Hilda, la compagne de son enfance, l'ornement de sa tribu, la seule femme qui lui eût fait sentir l'amour, une femme qui avait été pour lui l'objet d'une adoration presque superstitieuse. C'était lui qui l'avait frappée et l'avait couchée ainsi dans son sang. Il fut pris d'un mouvement subit de rage contre lui-même.

— Hilda, dit-il, je me tuerai.

— Ne meurs pas, Gundiok, dit Hilda, et ne perds pas ton âme.

— Mais si je meurs, j'irai avec toi, dit Gundiok.

— Non, dit Hilda, car tu ne crois pas au Christ. Moi, je suis heureuse, je vais auprès de lui ; mais toi, je te plains, car je te laisse sous l'empire du démon.

— Tu me plains ! dit Gundiok.

— C'est que je suis chrétienne, reprit Hilda.

Gundiok la regardait avec une admiration stupide. Une idée soudaine le frappa :

— Et moi, si j'étais chrétien !

Hilda sembla se ranimer. L'espoir de convertir le chef de sa tribu, et par lui sa tribu tout entière, fit briller ses yeux mourants d'un éclat extraordinaire.

— Si tu étais chrétien, dit-elle, nous nous retrouverions, Gundiok, dans la gloire céleste.

Et, rassemblant un reste de forces, elle se mit à le supplier d'écouter cette voix qui parlait à son cœur, et, au nom de son sang qu'il avait versé, elle l'adjura, lui, le meurtrier de celui qu'elle aimait, d'embrasser la foi chrétienne pour être sauvé. Certes jamais la religion de Jésus-Christ ne remporta sur une âme un plus grand triomphe. Hilda pouvait parler ainsi à Gundiok, parce qu'elle savait qu'elle allait rejoindre Lucius.

Gundiok, éperdu d'étonnement en présence de ce miracle de la charité, entraîné par le désir de retrouver Hilda au delà du tombeau, hésitait, en proie à une lutte violente. Cette lutte ne pouvait durer longtemps dans une intelligence grossière, mais énergique, qui ne concevait qu'une idée à la fois, mais qui alors la saisissait fortement. Tourmenté par une agitation puissante, il répétait :

— Chrétien, moi, chrétien !

— Hâte-toi, dit Hilda d'une voix faible et avec une ineffable joie ; hâte-toi, car je vais mourir.

A cette voix, à ce sourire, Gundiok tomba devant elle à genoux en s'écriant :

— Je suis chrétien !

MADAME DE MAINTENON
ET LOUIS XIV[1]

HISTOIRE DE MADAME DE MAINTENON ET DES PRINCIPAUX ÉVÉNEMENTS DU RÈGNE DE LOUIS XIV, PAR M. LE DUC DE NOAILLES[2].

Un petit-neveu de madame de Maintenon écrivant la vie de cette femme célèbre, un homme politique éminent, qui fut l'un des orateurs les plus distingués de l'ancienne Chambre des pairs et l'un des défenseurs les plus sages et les plus considérés des opinions monarchiques, publiant, au début de la république, des études souvent approfondies, toujours sérieuses,

[1] N'ayant pu retrouver que tardivement cet article, publié dans la *Revue des Deux Mondes* du 15 novembre 1848, nous le réimprimons ici à la suite de travaux d'une date postérieure.

[2] Deux volumes in-8°, au comptoir des Imprimeurs-unis, quai Malaquais, 15.

sur un temps si différent du nôtre ; cette apparition soudaine, au milieu de notre société qui se décompose pour se reformer, d'une société solidement assise et régulièrement constituée ; le spectacle d'un pouvoir absolu, vénéré, presque adoré, en présence de ces pouvoirs précaires et contestés qui tentent de s'élever sur les ruines des anciens pouvoirs anéantis : il y a là un ensemble de rencontres singulières qui forment de l'ouvrage de M. le duc de Noailles, à force de contraste avec les circonstances, presque un ouvrage de circonstance.

Ce n'est cependant pas en vue du présent qu'il a été composé ; il est né, pour ainsi dire, de lui-même dans la pensée de l'auteur, sous l'empire des souvenirs de famille. Le possesseur du magnifique château de Maintenon avait formé le dessein de donner une édition soignée des lettres de la femme qui a rendu ce nom célèbre, lettres publiées fort incomplétement jusqu'ici et mutilées par La Beaumelle. En tête de l'édition, M. de Noailles avait eu la pensée de placer une vie de madame de Maintenon, où fussent expliqués les principaux événements du règne de Louis XIV, événements auxquels elle a été plus ou moins mêlée ; mais il y a des figures historiques qui attirent, et des époques dont on n'approche point impunément : en présence de Louis XIV et de son siècle, M. de Noailles n'a pu résister au désir de tracer les principaux traits de cette grande figure et de ce grand siècle. Heureusement pour nous, sans sortir de son sujet, il l'a agrandi ; sans jamais perdre entièrement de vue madame de Maintenon, que parfois cependant il oublie un peu, il a peint la société, la cour, le règne au milieu desquels elle a vécu ; il a rencontré sur son chemin la politique, l'administration et les amours de Louis XIV, Bossuet et Fénelon, Port-Royal et Saint-Cyr, la révocation de l'édit de Nantes et la querelle du quiétisme, et il a traité tous ces sujets, sur lesquels il y a en circulation plus d'idées arrêtées que de notions justes, avec beaucoup de mesure et de solidité, avec une sympathie sans aveuglement : harmonie précieuse entre le sujet et l'auteur, qui ajoute à l'intérêt des faits et n'ôte rien à l'exactitude, qui répand sur tout l'ouvrage le mérite du naturel et le charme de la sincérité.

Il faut se garder de prendre au pied de la lettre une assertion beaucoup trop modeste de la préface : « Ce livre n'apprendra rien à personne. » Moi, je dirai : Il apprendra quelque chose à tout le monde. En effet, présenter sous un jour nouveau et sous un jour plus vrai des événements souvent mal jugés, n'est-ce pas les faire connaître au lecteur ? Une époque brillante peut avoir besoin d'être éclairée par l'histoire, et il n'est pas mal parfois d'étudier un peu ce qu'on blâme ou ce qu'on admire.

Ce qui frappe d'abord dans ce livre, c'est une gravité sans roideur qui participe jusqu'à un certain point du caractère du dix-septième siècle. M. de Noailles a rapporté du commerce de ce grand siècle je ne sais quelle dignité simple de langage trop rare aujourd'hui. Aujourd'hui beaucoup d'écrivains sont pétulants, familiers; ils obsèdent et tourmentent le lecteur pour attirer son attention, le traitant un peu comme les *ciceroni* en Italie traitent les voyageurs qu'ils contraignent bon gré mal gré d'admirer à tout propos et hors de propos. Le duc de Noailles n'est point ainsi : il fait les honneurs de son sujet comme il ferait les honneurs du château, avec une politesse calme et mesurée, mettant chaque personnage à la place qui lui convient et gardant la sienne.

Qu'on ne s'imagine pas, d'après cela, qu'on va lire un ouvrage de *grand seigneur*, ce qui serait une pauvre recommandation aujourd'hui. Le temps est passé où il était du bel air de ne pas se donner la peine d'étudier son sujet et de soigner son style, pour ne point trop sentir le pédant et l'homme de lettres, et de montrer qu'on était gentilhomme en ne sachant pas écrire. Ici les recherches sont toujours consciencieuses; l'application, cette qualité du grand siècle, se retrouve partout; le style, qui ne vise point à l'effet et au brillant, est constamment naturel et soutenu, parfois il atteint une véritable élévation.

Ce qui me paraît le moins remarquable dans l'ouvrage, c'est le commencement. Les deux premières figures qu'on rencontre sont d'Aubigné et Scarron.

Ni l'une ni l'autre n'étaient faites pour inspirer très-heureusement l'auteur de l'*Histoire de madame de Maintenon*. L'humeur de tous deux n'avait rien de commun avec la sienne. Ce fou de d'Aubigné, si aventureux, si brave, si spirituel, si fanatique, était, pour notre auteur, bien hâbleur et bien Gascon; Scarron était bien grotesque dans sa personne et dans ses écrits. M. de Noailles, qui se croit obligé de le peindre, aurait, je crois, dit de lui volontiers comme Louis XIV des paysans de Téniers : « Que fait ici ce magot ? » Peut-être eût-il dû l'ôter de sa galerie, ou du moins ne le montrer qu'en raccourci, et renvoyer, pour Agrippa d'Aubigné, à cette amusante autobiographie qui, pour la verve et les vanteries, est digne d'être placée à côté de la vie de Benvenuto Cellini.

Dans l'appréciation de ces deux écrivains, dans tout ce qui tient à l'histoire littéraire proprement dite, on doit s'attendre que M. de Noailles sera moins complétement sur son terrain que quand il parlera de la société, de la diplomatie et du gouvernement. Cependant ses jugements littéraires, toujours sages, sont parfois à citer pour la pensée et pour l'expression. Ce qu'il dit des deux genres de burlesque est d'une appréciation littéraire très-juste et très-fine. « Il y a deux sortes de burlesque : celui qui transforme les choses bouffonnes en choses sérieuses et part d'une réalité basse ou vulgaire pour s'élever à la poésie : tel est le procédé de Boileau dans le *Lutrin* ; et celui, au contraire, qui transforme les choses sérieuses en choses bouffonnes et part de la haute poésie pour la faire descendre à la vérité triviale. Le premier, meilleur de fond et de forme, provoque le sourire fin de l'esprit; le second, d'un effet plus comique, fait rire plus franchement, mais lasse plus vite. » Nul critique de profession ne désavouerait ce jugement. Il est difficile aussi de mieux définir une des choses les plus indéfinissables, le charme de la conversation. « Ce fut là enfin (à l'hôtel Rambouillet) que naquit réellement la *conversation*, cet art charmant dont les règles ne peuvent se dire, qui s'apprend à la fois par la tradition et par un sentiment inné de l'exquis et de l'agréable, où la bienveillance, la simplicité, la politesse nuancée, l'étiquette même et la science des usages, la variété de tons et de sujets, le choc des idées différentes, les récits piquants et animés, une certaine façon de dire et de conter, les bons mots qui se répètent, la finesse, la grâce, la malice, l'abandon, l'imprévu se trouvent sans cesse mêlés et forment un des plaisirs les plus vifs que des esprits délicats puissent goûter. » En lisant ce morceau charmant, que bientôt peut-être personne ne comprendra plus, on sent que l'auteur connaît, par l'expérience et la pratique, ce dont il parle avec un sentiment si vrai, et on devinerait qu'il se plaît dans un de ces cercles choisis où l'art qu'il décrit si bien s'est réfugié avant de périr.

M. de Noailles a entrepris une tâche difficile, c'est

de faire revenir le public d'une sorte d'éloignement instinctif pour madame de Maintenon. On ne saurait nier que ce nom est peu populaire. D'abord, c'est un grand tort qu'une haute fortune. L'on n'aime point ceux qui réussissent. La suite et la tenue du caractère déplaisent à tous ceux qui manquent de ces qualités plus estimables que séduisantes : pour se consoler d'en être privé on en médit. Quand on a gâté sa vie en cédant à ses passions ou à ses caprices, c'est un soulagement d'attaquer les existences bien conduites. Il faut convenir que madame de Maintenon ne saurait intéresser comme madame de la Vallière : elle est un personnage raisonnable et non un personnage passionné. Est-ce une raison pour la considérer comme le type de l'ambition, du calcul, de l'égoïsme, ainsi qu'on l'a fait souvent? M. de Noailles s'élève contre ce jugement, que beaucoup portent avec légèreté. Peut-être ne parviendra-t-il pas à concilier la sympathie générale à la femme de Louis XIV, à celle qui dit quelque part *ma sécheresse;* mais on reviendra, je pense, sur beaucoup d'exagérations hostiles à madame de Maintenon, exagérations qu'on est accoutumé à répéter sur parole, comme c'est l'ordinaire, sans s'assurer des faits. Sur ce point, comme sur presque tous les points de l'histoire, il existe une opinion généralement admise qui, lorsqu'elle n'est pas opposée à la vérité, est à côté de la vérité.

En tête de son ouvrage, M. de Noailles a placé un

argument qui ne sera pas le moins persuasif contre l'idée peu favorable qu'on se fait de madame de Maintenon. Cet argument est un charmant portrait gravé d'après Petitot par Mercuri. Son historien dit avec raison : « Malheureusement pour madame de Maintenon, ce n'est qu'à un âge déjà trop mûr que son élévation l'a exposée à nos regards. Nous ne la connaissons que vieille ; nous nous la figurons toujours dans sa robe feuille morte et ses coiffes, dévote et sévère, régentant la cour devenue sérieuse comme elle, et portant, avec le poids des années, le poids de son ennui et de celui du roi. Son portrait même le plus connu, celui où elle fut peinte par Mignard en sainte Françoise romaine, alors qu'elle avait soixante ans, a une expression noble et digne, mais en même temps chagrine et triste, qui contribue à la fixer sous ces traits dans notre imagination. Le reflet de la jeunesse ne vient pas adoucir, pour nous, sur son visage les rides de l'âge avancé. Il faudrait l'avoir connue jeune. Heureux ceux dont l'image arrive à la postérité sous l'emblème de la grâce et de la beauté : la postérité en est pour eux plus indulgente. »

Le portrait de Petitot, placé en tête de la vie de madame de Maintenon, rend à son souvenir ce reflet de jeunesse qui lui manquait, et dispose le lecteur à en croire, sinon le jugement de l'auteur, qu'il pourrait soupçonner de partialité, au moins les nombreux témoignages des contemporains, qui parlent tous de madame de Maintenon comme d'une personne pleine de charme et d'agrément. Selon madame de Sévigné, elle est « aimable, belle, bonne et négligée ; on cause, on rit fort bien avec elle. » Mademoiselle de Scudéry, dans son roman de *Clélie*, la désigne sous le nom de la belle Lyrianne, femme de Scaurus (Scarron), et revenant de Libye (de la Martinique). Dans ce portrait, on trouve cette phrase qui sort de la banalité du genre : « Son esprit était fait exprès pour sa beauté. » Il n'est pas jusqu'à Saint-Simon, son ennemi mortel, Saint-Simon, l'homme aux boutades et aux préventions, cet écrivain, par moments admirable, dont beaucoup de personnes ont la simplicité de prendre au sérieux les saillies haineuses et les fantasques arrêts; il n'y a pas jusqu'à Saint-Simon, lui que l'équité historique force d'appeler le calomniateur des Noailles et de madame de Maintenon, qui n'ait déclaré qu'elle avait « l'esprit le plus agréable et le plus amusant. » Cet esprit avait attiré chez le poëte Scarron la meilleure compagnie, avait charmé Ninon, qui se connaissait en grâce et n'avait nul faible pour la pédanterie, ne lassa jamais le roi, accoutumé à vivre dans un cercle d'hommes et de femmes spirituels, où étincelait l'esprit des Mortemart. Madame de Maintenon remporta un plus grand triomphe. Madame de Montespan, dont elle combattait ouvertement la passion, à qui elle ne cachait point qu'elle combattait celle du roi, madame de Montespan, malgré tout son ressentiment et au milieu des explosions orageuses d'un mécontentement bien naturel, se sentait invinciblement attirée vers celle qu'elle maudissait souvent. Ce goût pour une personne qu'elle avait tant de sujet de haïr, cet attrait dont elle ne pouvait se défendre, prouvent ce me semble, plus que tout le reste, quel charme l'esprit de madame de Maintenon exerçait sur ce qui l'approchait, car c'est par l'esprit seulement que pouvaient s'attirer ces deux personnes que tant de choses tendaient à diviser.

La maturité de l'âge et une dévotion que tout prouve avoir été sincère, sa situation à la cour, n'empêchaient point madame de Maintenon d'écrire à son ancienne amie, mademoiselle de Lenclos, des lettres pleines de grâce : « Continuez, mademoiselle, à donner de bons conseils à M. d'Aubigné (frère de madame de Maintenon), il a bien besoin des leçons de Léontium. Les avis d'une amie aimable persuadent toujours mieux que ceux d'une sœur sévère. » Madame de Maintenon disait à Saint-Cyr : « Je suis où vous me voyez sans y avoir tendu, sans l'avoir désiré, sans l'avoir espéré, sans l'avoir prévu. » Elle ajoutait : « Je ne le dis qu'à vous, parce que le monde ne le croirait pas. » Elle avait raison, et, pour ma part, j'aurais quelque peine à le croire ; mais je ne crois pas non plus à l'esprit d'intrigue, à l'ambition prévoyante qu'on lui a prêtés. Elle a vu venir sa fortune et l'a secondée ; elle s'est laissé porter par sa destinée ; elle a eu la plus grande et la plus permise des habiletés : elle n'a point fait de faute ; c'est celle qu'on pardonne le moins. Du moins a-t-elle été modeste dans sa grandeur, et désintéressée au point de demeurer sans fortune après la mort du roi. Ce sont là deux marques d'une âme qui n'était point commune. Ayant connu dans son enfance l'infortune et presque la pauvreté, elle fut toujours sérieusement occupée des pauvres ; elle institua pour les jeunes personnes de condition, qui pourraient se trouver dans la situation où elle avait été elle-même, la maison de Saint-Cyr, son titre d'honneur dans la postérité. Dans une de ses lettres, elle rapporte une conversation entre elle et le roi, dans laquelle le roi avait répondu, comme pourrait le faire un économiste de nos jours parlant contre le droit à l'assistance : « Mes aumônes ne sont que de nouvelles charges pour mes peuples ; plus je donnerai, plus je prendrai sur eux... Un roi fait l'aumône en dépensant beaucoup et à propos. » Madame de Maintenon, sans se laisser décourager par ce que cette réponse offrait de sensé, répliqua avec un langage qui ne manquait ni de chaleur ni de hardiesse : « Cela est vrai ; mais tant de gens que vos bâtiments, vos guerres et *vos maîtresses* ont réduits à la mendicité par la nécessité des impôts, il faut bien les soulager aujourd'hui. Nommez cela pension ou aumône ; mais il est bien juste que ces malheureux vivent par vous, puisqu'ils ont été ruinés par vous. »

A propos des dépenses de Louis XIV, elle écrivait au cardinal de Noailles : « Je n'ai pas plu dans une conversation sur les bâtiments, et ma douleur est d'avoir fâché sans fruit..... Il n'y a qu'à prier et souffrir; *mais le peuple que deviendra-t-il?* » Je laisse le lecteur sous l'impression de cette parole humaine, dont l'accent semble sincère.

Sans partager tout à fait l'opinion de son biographe, et sans réclamer contre elle, je m'associe pleinement à la conclusion du jugement qu'il porte sur madame de Maintenon : « Sa véritable supériorité n'est pas dans la profondeur des vues et dans l'habileté de conduite par laquelle on croit qu'elle s'est élevée, mais dans cette constante possession d'elle-même, qui lui fit également porter toutes les fortunes sans être humiliée par son abaissement ni éblouie par sa grandeur. » Enfin, quant au point le plus délicat de la conduite de madame de Maintenon, je me bornerai, avec son biographe, à rappeler en passant combien les attaques dirigées contre la sagesse d'une personne à qui la sagesse semble si naturelle ont peu d'autorité et de vraisemblance, et, à ce sujet, je citerai ces délicates paroles de son apologiste : « Il ne sied jamais de discuter la vertu des femmes. Les plus calomniées, quand elles ont le sentiment de la dignité de leur sexe, préfèrent sur ce point délicat le silence à la controverse, dût-il sortir de celle-ci des preuves en leur faveur. Les apologies les offensent, madame de

Maintenon m'interdirait certainement ici de répondre aux mensonges des libelles où l'on s'est plu à l'outrager. »

Ces dépenses en bâtiments qui affligeaient madame de Maintenon ont fourni à son historien le sujet d'un curieux chapitre sur les sommes dépensées pour les fastueux travaux de Versailles. Il était conduit naturellement à traiter ce sujet, et le rencontrait pour ainsi dire sans sortir de chez lui. En effet, aux travaux de Versailles se rattachait ce magnifique aqueduc qui devait amener la rivière de l'Eure, et dont les arches majestueuses, encore debout, traversent le parc de Maintenon. Ce prodigieux travail, dirigé par Vauban, n'a pas été achevé. Des trois rangs d'arcades qui devaient s'élever l'un au-dessus de l'autre, le premier seul a été terminé. Ainsi réduit, l'aqueduc de Maintenon surpasse encore en hauteur les aqueducs romains [1]. Il semble, comme Racine l'écrivait à Boileau, *bâti pour l'éternité*. Je ne crois pas qu'un autre parc dans le monde ait une pareille décoration. M. de Noailles, qui, au sujet de cette œuvre gigantesque, entre dans de curieux détails, est conduit à s'occuper des dépenses de Versailles : il montre qu'elles ont été exagérées ; mais ce qui en reste, d'après son évaluation plus exacte, est encore assez considérable, car les

[1] La hauteur du pont du Gard, qui a de même trois rangs d'arcades, est de 168 pieds; celle de l'aqueduc de Maintenon, s'il eût été terminé, aurait atteint 216 pieds.

450 millions, dont M. de Noailles n'a pas donné l'équivalent d'après la valeur d'échange actuelle du numéraire, doivent bien représenter à peu près un milliard[1]. C'est beaucoup sans doute pour des bâtiments; mais du moins ce n'est pas quatre milliards six cents millions, comme le disait Volney.

L'ouvrage de M. de Noailles ne contient rien de très-nouveau sur le mariage de madame de Maintenon et du roi. Je ne sais ce qui l'a empêché de citer parmi les preuves de ce mariage, dont au reste personne ne doute plus, une curieuse lettre du P. Bourdaloue à madame de Maintenon où je trouve ce conseil significatif : « Quand il vous arrivera de vous coucher devant la personne que vous me marquez, ne vous dispensez point pour cela de faire à Dieu une prière courte avant de vous mettre au lit. Cette régularité l'édifiera et lui pourra être une bonne instruction. »

Louis XIV, dont M. de Noailles n'est pas moins l'historien que de madame de Maintenon, est aussi de sa part l'objet d'une prédilection que tous les lecteurs ne partageront pas au même degré. La faveur ou la

[1] M. de Noailles fait remarquer que dans cette somme se trouvent compris non-seulement les travaux de luxe, c'est-à-dire ceux des châteaux de Versailles, de Marly, de Trianon et leurs dépendances, mais aussi les travaux de l'Observatoire, de l'église et du dôme des Invalides, de la place Vendôme, de l'église de Notre-Dame à Versailles, du Val-de-Grâce, d'une partie du canal du Languedoc, et enfin des manufactures, tous monuments publics qui n'avaient aucun rapport avec les habitations royales.

sévérité de l'opinion publique pour Louis XIV et son règne offrent comme une sorte de thermomètre qui indique l'état des esprits dans un temps donné. Malgré la réaction qui suivit les dernières années de ce règne et le mouvement d'opinion qui commença dès lors à se produire, sauf quelque persiflage dans les *Lettres persanes*, écrites en pleine régence, le dix-huitième siècle, le siècle philosophique, a assez ménagé la mémoire de Louis XIV. Le dix-huitième siècle appartient aux hommes de lettres, et les hommes de lettres, Voltaire à leur tête, respectaient le protecteur de la littérature dans l'ennemi de la liberté de penser. Après que la révolution eut jeté aux vents les cendres du grand roi et les souvenirs du passé qu'il représentait, on reconnut ceux qui se rattachaient aux idées révolutionnaires et ceux qui voulaient fonder de nouveau l'ordre monarchique, à l'aspect sous lequel ils envisageaient et présentaient Louis XIV. Ainsi, tandis que Chénier, dans son *Épître à Voltaire*, écrivait ce vers assez injuste sur le souverain :

> Qui de l'éclat des arts empruntait son éclat,

les adversaires de la tradition révolutionnaire lui opposaient comme un bouclier la mémoire de Louis XIV. L'empire, malgré l'attrait naturel du despotisme pour le despotisme, ne se plut jamais beaucoup au souvenir du grand roi. La splendeur rivale et trop voisine de ce souvenir l'importunait, il aimait mieux évoquer la mémoire lointaine et un peu fantastique de Charlemagne. Sous la restauration, en présence des menaces impuissantes de l'ancien régime, ce fut acte d'opposition de chercher à diminuer Louis XIV. Nul ne le fit plus habilement que M. Lémontey dans un morceau d'histoire qui serait plus remarquable encore, s'il n'était par trop aiguisé en épigramme. Enfin le temps de la justice arriva pour le monarque, tour à tour placé trop haut et trop bas. La France, après 1830, se sentit assez forte pour ne plus craindre la royauté absolue et pour le juger équitablement, *sine ira et studio*. Ce jugement porté sans passion fut en définitive favorable à Louis XIV. Un historien sympathique à la révolution française, M. Mignet, guidé par cette haute et intelligente impartialité qui le caractérise, décerna au gouvernement de Louis XIV un hommage qui, dans sa bouche, ne pouvait être suspect. Aujourd'hui enfin, rencontre bizarre, quand les trônes s'ébranlent ou s'écroulent, quand l'ancienne société se brise et se dissout partout en Europe, voici, dans l'ouvrage de M. de Noailles, que la figure de Louis XIV se présente encore une fois, non pas dans les splendeurs de l'apothéose, mais éclairée par une main habile d'un jour favorable. M. de Noailles n'est pas un enthousiaste aveugle, c'est un apologiste sincère, bien qu'un peu prévenu. Il n'a pas pour Louis XIV une idolâtrie insensée, mais une respectueuse admiration. Il n'a point les complaisances d'un courtisan de Versailles, mais il respire cet attachement désintéressé pour l'autorité royale que les Anglais appellent *loyauté*. A ce sentiment vient se mêler une sorte de mélancolie et un regret contenu à l'aspect d'une société calme, ordonnée, imposante, et ce regret, le gouvernement actuel ne saurait lui en faire un crime, car il l'éprouvait sous le gouvernement qui a été renversé.

Si l'on veut voir la royauté de Louis XIV présentée sans emphase dans toute sa grandeur politique et sociale, il faut lire l'ouvrage de M. de Noailles, et surtout le chapitre VIII. On ne fera pas mal de parcourir ensuite le livre de Lémontey pour tempérer l'admiration par un peu de critique, et mettre quelques ombres à ce tableau, d'un coloris non pas éblouissant, mais sage, égal, harmonieux, qui pourrait faire illusion par ses qualités mêmes. Tout ce que dit M. de Noailles est vrai ; mais a-t-il tout dit ?

Il ne faudrait pas croire pourtant que ce livre soit une glorification ou même une amnistie complète de Louis XIV. Ainsi, après avoir expliqué, sans le justifier bien entendu, comment le *scandale des légitimés* était préparé dans les esprits par le préjugé féodal en vertu duquel ni Guillaume le Conquérant, ni Dunois ne rougissaient de *bâtardise*, — avant le préjugé féodal, par les dispositions de la législation romaine sur le concubinat, — et enfin par l'autorité monarchique investie du droit de légitimation, ce qui, strictement, conférait à Louis XIV le pouvoir de s'absoudre de ses fautes; après avoir allégué toutes ces circonstances atténuantes, M. de Noailles n'en prononce pas moins une sentence rigoureuse au nom de la morale et de la religion : « Mais le scandale donné par les rois ne se justifie pas aux yeux de Dieu par l'exemple de leur race et par les adulations de leurs peuples. Qui sait si ces fautes ne sont pas entrées pour une part d'expiation dans les maux que nous avons vus fondre sur la famille royale? » Et il ajoute avec une grande élévation de pensée et de langage : « La Providence a deux justices, celle qu'elle rend en secret, au sortir de la vie, à chacun selon ses œuvres, et celle qu'elle fait éclater au grand jour, en laissant les hommes eux-mêmes en être les ministres, quand de longues fautes ou de grands malheurs commis par les races royales ou par les nations exigent que le monde soit vengé des scandales qu'il a soufferts longtemps. Sans cesse dans l'histoire les rois et les peuples se châtient les uns les autres sous le regard de Dieu, exécuteurs tour à tour de la justice du ciel sur la terre. »

Tout n'est pas de cette gravité. Ainsi M. de Noailles nous montre dans Louis XIV non-seulement le roi majestueux, le politique habile et persévérant, mais l'homme, et, ce qu'on a fait rarement, le jeune homme. Louis XIV se présente d'ordinaire à notre imagination avec une roideur un peu théâtrale, à l'état d'idole, et dans sa vieillesse de grand lama ennuyé à force d'encens et d'adorations ; mais Louis XIV jeune, vaillant, plein d'entrain et de bonne humeur, est un personnage que nous connaissons moins. C'est ainsi que nous le présente en passant M. de Noailles d'après les *Mémoires de Mademoiselle*. « Le roi arriva, dit-elle, au galop, tout crotté et mouillé, venant du siége (de Montmédy); mais, quelque négligé qu'il fût, je le trouvai de bonne mine. Il ne parlait que de ses mousquetaires, de ses compagnies de gendarmes et de chevau-légers, et de leurs belles casaques bleues. — Avez-vous jamais entendu des timbales? — Oui, lui dis-je, j'en ai entendu. Il me demanda : Et où? Je me mis à sourire et lui dis avec une mine respectueuse : Dans les troupes étrangères qui étaient avec nous pendant la guerre. J'ajoutai : Le souvenir ne m'en doit pas être agréable ; c'est le temps où j'ai déplu à Votre Majesté ; je lui en demande pardon ; je le devrais faire à genoux. Il me répondit : Je m'y devrais mettre moi-même, de vous entendre parler ainsi. Il ne faut plus parler du passé. Et nous nous remîmes à parler de la guerre. Il me conta toutes ses campagnes et tout ce qu'il avait fait. Je lui dis : Le roi votre grand-père n'y a pas été si jeune. Il me répondit : Il en a néanmoins plus fait que moi. Jusqu'ici, on ne m'a pas laissé aller si avant que j'aurais voulu ; à l'avenir, j'espère que je ferai parler de moi... Si nous étions à nous disputer, le roi d'Espagne et moi, je le ferais bien céder. Que je serais aise, s'il voulait se battre contre moi pour terminer la guerre tête à tête ! Il n'aurait garde de le faire; de cette race, ils ne se battent jamais...

« ... Il allait danser chez les particuliers, chez le duc de Lesdiguières, chez le chancelier, chez le maréchal de Villeroy, chez le maréchal de l'Hôpital, d'où il reconduisit une fois d'un si grand train mademoiselle de Luxembourg que les gardes ne purent suivre, et il disait à Mademoiselle : Que je serais aise que les voleurs nous attaquassent ! »

Plus tard, toute la vie journalière de Louis XIV, les fêtes, les chasses, les promenades, passent devant les yeux du lecteur pour ainsi dire heure par heure, avec une exactitude animée qui transporte au sein de cette existence brillante, de ces mœurs élégantes, de ces divertissements magnifiques, auxquels concouraient Molière et Racine. Les amours du roi trouvent leur place dans cette histoire à côté des grands événements du siècle, et toute cette partie du récit est traitée avec beaucoup de délicatesse. La situation singulière de Louis XIV entre madame de Montespan, madame de Fontanges et madame de Maintenon forme un chapitre de roman *psychologique* très-bien touché, beaucoup plus vrai et beaucoup plus fin que le roman prétendu historique de madame de Genlis. Le grave auteur rencontre des expressions très-gracieuses, telles que celles-ci : « Cette nouvelle divinité ne brilla qu'un instant, comme une fugitive apparition du plaisir.

Après avoir ébloui la cour de sa jeunesse et de sa beauté, elle disparut bientôt, et tomba comme une fleur promptement séchée. Cependant sa chevelure, détachée un jour par le vent dans une forêt, a éternisé son nom et est devenue comme un monument fragile et impérissable de son éclat passager. »

Mais l'historien ne s'arrête qu'un moment à ces aimables frivolités ; le sérieux domine dans son récit. On le retrouve tout entier dans l'explication des causes de la guerre de Hollande, où la profondeur des desseins ne saurait absoudre pour nous les menées tortueuses d'une diplomatie qui serait sans excuse, si elle n'eût été alors employée par tout le monde. Le système financier de Colbert est bien apprécié. Peut-être eût-il été juste d'y relever, comme l'a fait l'habile historien de ce grand ministre, M. Clément, l'excès du système de protection, système justifié cependant jusqu'à un certain point par la nécessité de fonder l'industrie française, mais sur lequel on se garda de revenir quand il ne fut plus nécessaire, et dont la tradition est beaucoup trop fidèlement suivie de nos jours. Les *Mémoires de Louis XIV* ont fourni à M. de Noailles le sujet d'une dissertation qui, je le dis sans rien exagérer, sera jugée par les amis de l'érudition comme un excellent morceau de critique littéraire. La conclusion est que ces *Mémoires* sont bien réellement de Louis XIV. Il appartenait à l'auteur, comme il le dit lui-même, plus qu'à un autre, de donner des éclaircissements à ce sujet, puisque c'est au maréchal de Noailles, son trisaïeul, que sont dus les précieux documents publiés depuis par Grouvelle sous le titre d'*Œuvres de Louis XIV*, et à la suite desquels on aurait pu ne pas imprimer les vers du roi sur la présidente Tambonneau, vers qui confirment le jugement de Boileau sur le talent poétique de Louis XIV : « Votre Majesté fait tout ce qu'elle veut ; elle a voulu faire des vers détestables, et elle y a parfaitement réussi. »

Les preuves matérielles si judicieusement rassemblées par M. de Noailles ne peuvent laisser aucun doute sur l'authenticité des *Mémoires de Louis XIV*. Avant que ces preuves eussent été données, j'avais eu occasion, dans mes cours, de me prononcer en faveur de la thèse qu'il vient de prouver. Les écrits de certains hommes portent une marque que nul ne saurait contrefaire. Ainsi je n'ai jamais douté, quoi qu'on en ait pu dire, que les Mémoires attribués au cardinal de Richelieu ne lui appartinssent bien réellement, au moins en partie, car, dans ces Mémoires, écrits d'un style prolixe par un personnage qui s'obstinait à vouloir être homme de lettres, tandis que la nature l'avait fait homme d'action, on trouve çà et là des traits qui révèlent Richelieu : quand, par exemple, la mort de Wallenstein, son ennemi, lui arrache des expressions pleines d'une sympathie évidente pour ce grand serviteur abandonné par le maître dont il a fait la puissance;

quand son dépit lui inspire des allusions si claires à la faiblesse du roi, qui, *s'il pouvait, ne demanderait conseil à aucun;* quand enfin, à propos de Battori, victime de l'Autriche, il prononce cette maxime, qu'il devait pratiquer jusqu'au bout : « exemple mémorable qu'il n'y a point d'issue de l'autorité souveraine que le précipice, et qu'on ne la doit déposer qu'avec la vie ; » cette dernière phrase est une signature. Il en est de même des *Mémoires de Louis XIV;* lui seul a pu écrire les lignes suivantes sur la propriété : « Tout ce qui se trouve dans nos États, de quelque nature qu'il soit, *nous appartient au même titre* et doit nous être également cher. Les deniers qui sont dans notre cassette, ceux qui demeurent entre les mains de nos trésoriers et ceux que *nous laissons dans le commerce de nos peuples* doivent être également ménagés. »

Louis XIV avait dit un jour : « L'État, c'est moi ! » Lui aussi regardait donc l'État comme seul propriétaire : c'est du communisme royal s'il en fut. Que ceux qui veulent confisquer au profit de l'État la propriété individuelle ne regardent pas dans l'avenir de liberté qui attend le monde ; qu'ils se retournent vers les âges de servitude. Les rêves orgueilleux du despotisme ont devancé leurs doctrines, et, s'ils cherchent aujourd'hui des pays où prévalent ces doctrines, qu'ils les demandent à l'Orient, cette terre du passé et de la servitude ; qu'ils détournent les yeux des contrées civilisées et prospères, de l'Angleterre, des États-Unis, et qu'ils aillent contempler la réalisation de leur utopie dans cette misère qu'il faut avoir vue pour s'en faire une idée, dans l'inexprimable misère des fellahs de Méhémet-Ali !

Mais j'ai hâte d'arriver à la partie la plus importante de l'ouvrage de M. de Noailles, partie qui forme un véritable tout : je veux parler de l'étude historique, approfondie, que son sujet lui a donné l'occasion de faire sur le plus funeste événement du règne de Louis XIV : la révocation de l'édit de Nantes. Ici encore, M. de Noailles a trouvé un lieu commun établi, et, en histoire, lieu commun est presque toujours synonyme d'erreur. Ce lieu commun, M. de Noailles l'exprime ainsi : « Pour beaucoup de personnes, cet événement n'a d'autre origine que l'influence de cette favorite dévote, qui, abusant de l'empire que l'âge et la dévotion lui avaient, dit-on, acquis sur le monarque, aurait tout à coup inspiré à celui-ci une longue et atroce persécution contre une partie de ses sujets. Peu s'en faut qu'on ne se représente le grand roi agenouillé devant elle, un chapelet à la main, et, sur ses injonctions impitoyables, proscrivant, châtiant les hérétiques de son royaume pour expier sur eux ses péchés et les scandales de sa jeunesse. » Eh bien, non, ce n'est pas là l'explication de ce grand et déplorable fait de la révocation de l'édit de Nantes : l'édit de Nantes n'a point été révoqué pour faire plaisir à madame de Maintenon ni pour expier les péchés amoureux du roi ; non, cette mesure si désastreuse a été le résultat d'une politique suivie avant Louis XIV, approuvée par l'opinion, conforme aux idées qui régnaient dans tous les États catholiques et protestants de l'Europe. Les mesures violentes n'ont point été adoptées brusquement et de gaieté de cœur dans un esprit de fanatisme et de persécution ; on y a été entraîné par les embarras d'une situation difficile qu'on avait imprudemment créée, et d'où l'on ne savait plus comment sortir. Voilà ce qu'expose très-bien M. de Noailles. Il n'est point l'apologiste de la mesure, il en est l'historien ; il ne la justifie pas, mais il l'explique. On peut condamner en termes plus sévères ce qu'il se contente trop peut-être de désapprouver, et, pour ma part, je le ferais volontiers : j'éprouve plus de colère que lui en présence des faits qu'il expose ; mais je ne puis ni changer ces faits ni en détruire l'enchaînement. C'est cet enchaînement surtout qui n'avait, je crois, jamais été aussi bien mis en lumière, c'est cet enchaînement dont je voudrais donner une idée au lecteur, mais qui, je le sens trop, ne pourra être complétement saisi que dans l'ouvrage même.

D'abord, en ce qui concerne l'influence de madame de Maintenon sur la décision que prit Louis XIV au sujet des protestants, il n'a pas été difficile à M. de Noailles de montrer combien cette influence avait été exagérée, pour ne rien dire de plus. Voltaire, dont les préventions antireligieuses n'égaraient pas cette fois l'admirable bon sens, Voltaire avait dit, avec beaucoup de justesse : « On voit par les lettres de madame de Maintenon qu'elle ne pressa point la révocation de l'édit de Nantes et ses suites, mais qu'elle ne s'y opposa point. » Je le crois bien, on ne s'opposait guère aux plans de Louis XIV. Le rôle de madame de Maintenon auprès du roi était beaucoup plus un rôle de complaisance que de direction. C'est encore ce que pensait Voltaire. « Pourquoi dites-vous, écrit-il à M. de Formey, que madame de Maintenon eut beaucoup de part à la révocation de l'édit de Nantes? Elle toléra cette persécution comme elle toléra celle du cardinal de Noailles, celle de Racine, mais *certainement elle n'y eut aucune part*. C'est un fait certain, elle n'osait jamais contrarier Louis XIV. » Voilà la vérité ; on est toujours disposé à croire à des influences cachées sur les volontés des hommes qui conduisent le monde. Pour moi, tout en reconnaissant et en respectant la discrète influence que la tendresse peut exercer sur le génie, je n'ai pas grande foi aux Égéries, et j'imagine que Numa en faisait à sa tête après ses entretiens au bord de la fontaine. La grande affaire de madame de Maintenon était de désennuyer le roi. Elle avait trop de sens pour se flatter de le gouverner. Et pourquoi? Par fanatisme? Mais le fanatisme n'était point dans son tempérament. Elle était si éloignée de ce zèle dont sont animés parfois les convertis, qu'elle s'attira un jour ces paroles un peu dures du roi : « Je crains, madame, que les ménagements que vous voudriez qu'on eût pour les huguenots ne viennent de quelque reste de prévention pour votre ancienne religion. » Madame de Maintenon écrivait : « Il faut *persuader* et non *persécuter*. » Au reste, si des écrivains légers et mal informés, venus après elle, l'ont voulu rendre responsable des persécutions exercées contre les protestants français, les écrivains protestants n'ont pas tous partagé ces préventions. Les historiens des réfugiés français dans le Brandebourg disent positivement : « Elle ne conseilla jamais les moyens violents dont on usa. Elle abhorrait les persécutions, et on lui cachait celles qu'on se permettait. » Enfin, il ne faut pas oublier les dates : quand Louis XIV révoqua l'édit de Nantes, il n'était pas vieux, mais dans la force de l'âge, il avait quarante-sept ans : et, quand il entra dans la voie des rigueurs législatives qui firent présager cette résolution, il n'était point le mari de madame de Maintenon, il était aux pieds de mademoiselle de Fontanges.

Le lieu commun écarté, il restait à le remplacer, à faire l'histoire véritable de la révocation de l'édit de Nantes; c'est cette histoire qui remplit presque entièrement le second volume de l'ouvrage et lui donne surtout une véritable valeur historique.

L'auteur remonte aux idées que la législation des empereurs romains avait répandues dans le monde touchant l'autorité du prince en matière de religion. Arrivé à la réformation, il y trouve à la fois et un principe d'insurrection contre les puissances établies et le droit d'intolérance, de persécution invoqué par les réformateurs eux-mêmes ; il voit la maxime proclamée par Calvin, que les hérétiques doivent être réprimés par le droit du glaive : *jure gladii coercendos esse hæreticos*, appliquée à Servet, à Jacques Bruet, à Valentin Gentilis. En France, le parti protestant, allié naturel de l'étranger, aspirant à remplacer la monarchie française par une fédération aristocratique, ayant des assemblées, des chefs, des places fortes, fut longtemps comme un État dans l'État. Richelieu sentait, ce sont ses expressions, « l'impossibilité où la France serait de tenter rien de grand, tant qu'elle serait travaillée de ce mal intérieur et que les huguenots auraient un pied dans le royaume. » Dans la prise de la Rochelle, il voyait un événement qui « rouvrait encore le chemin au roi pour exterminer le parti qui, depuis cent ans, divisait son État. » Voilà le véritable principe de la révocation de l'édit de Nantes. Louis XIV prit le mot d'ordre, non de la dévotion de madame de Maintenon, mais de la politique de Richelieu.

Après la prise de la Rochelle, le parti protestant cesse d'avoir un caractère et d'offrir un danger politique ; mais l'inquiétude survit au péril : les impressions que les événements laissent après eux dans l'histoire sont elles-mêmes des événements. Ne voyons-nous pas aujourd'hui les souvenirs de la Terreur créer en France un préjugé contre la république? De même, quand les protestants n'étaient plus à craindre, on se souvenait qu'ils l'avaient été. Et la pensée de rétablir dans l'État l'unité de religion, loin d'être née à la fin du règne de Louis XIV, sous l'empire d'une dévotion morose, cette pensée, qui ne fut jamais abandonnée, l'occupa dès les premières années de ce règne, ainsi que M. de Noailles l'a montré par une suite de citations qui ne laissent rien à désirer.

Ce qu'entreprenait Louis XIV, en voulant rétablir l'unité religieuse dans son royaume, était à ses yeux et aux yeux de l'opinion publique, depuis Bossuet jusqu'à la Fontaine, légitime et glorieux. Nous ne pensons pas ainsi, et nous avons bien raison de penser autrement; mais nous ne pouvons faire un crime à Louis XIV d'avoir été de son temps, et au dix-septième siècle d'être venu avant le dix-huitième. Les reproches que l'histoire peut adresser à Louis XIV portent sur les moyens employés; quant aux violences, il ne peut y avoir qu'une voix, et M. de Noailles n'hésite pas à les réprouver. Seulement, il faut encore ici tenir compte des dates, qu'on oublie trop souvent. Les barbaries exercées contre les protestants eurent lieu beaucoup moins sous le règne de Louis XIV que pendant les années qui suivirent : sous la régence, par le conseil de Saint-Simon, et surtout sous le ministère du duc de Bourbon. C'est ce qu'on voit très-bien dans l'un des ouvrages qui inspirent le plus d'intérêt pour les victimes de la persécution : l'*Histoire des Églises protestantes au Désert*, par M. Ch. Coquerel.

Ce que M. de Noailles montre parfaitement, ce qui n'avait jamais été aussi bien démêlé avant lui, ce sont les incidents et les vicissitudes de cette grande entreprise de la conversion des protestants dans laquelle on s'était lancé un peu légèrement, qui sembla d'abord s'opérer comme d'elle-même, et qui devint en avançant beaucoup plus difficile qu'on ne l'avait jugé d'abord. Une fois engagé, on ne savait plus comment faire pour avancer ni pour reculer. On voulait effrayer par la rigueur, et on donnait tout bas des contre-ordres pour adoucir les mesures sévères. On n'avait pas cru avoir besoin de persécutions ; mais on fut amené à persécuter et à opprimer, parce qu'on n'avait pas tenu assez compte de l'énergie de la croyance et des résistances de la foi. C'est là, je l'avoue, ce qui me révolte le plus dans les mesures qui suivirent la révocation de l'édit de Nantes ; elles ont quelque chose d'embarrassé, de gauche et de perfide, qui contraste singulièrement avec la prétention constante et si souvent fondée de Louis XIV à la grandeur. Il est misérable de chercher à changer la religion de ses sujets en récompensant l'apostasie par la faveur, en fermant toutes les carrières aux convictions inflexibles, en obtenant des conversions par des logements militaires, en faisant écrire par Louvois à M. de Marillac, intendant en Poitou : « Sa Majesté désire que vos ordres sur ce sujet (les logements) soient par vous, ou par vos subdélégués, donnés de bouche aux maires et échevins des lieux, sans leur faire connaître que Sa Majesté désire par là *violenter les huguenots à se convertir.* » Ces vexations timides, ces violences qui n'osent s'avouer, les subtilités employées pour établir que les enfants de sept ans sont juges de la religion qu'ils doivent embrasser et par lesquelles on les enlève à leurs parents, toutes ces choses forment un ensemble de moyens honteux mis au service d'une cause qu'on pouvait croire bonne, mais qu'en aucun cas on ne pouvait défendre ainsi. C'est un système de duplicité et de corruption dont on semble rougir en l'employant et auquel on s'est condamné, parce qu'on s'est écarté de la voie droite, du respect de la liberté de conscience, hors de laquelle il n'y a point de salut.

C'est là ce qui ressort du récit de M. de Noailles ; il le fait dire encore plus qu'il ne le dit lui-même. Le but de son récit a été de mettre tous les faits en lumière, et ce but il l'a atteint complétement. Par moments, l'impartialité de l'historien peut sembler trop calme en présence des iniquités qu'il raconte. On ne peut du moins jamais lui reprocher de les approuver, et on doit reconnaître qu'il conclut à une condamnation expresse. Après avoir établi, par un tableau frappant de la législation anglaise en matière de croyance, que le protestantisme, au dix-septième siècle, n'était pas moins intolérant que le catholicisme; après avoir dit : « Que doit-on conclure de ces faits? Que tel était l'esprit général du siècle, et qu'il ne faut pas envisager ces questions, comme il arrive souvent, au seul point de vue de la religion et du despotisme, mais dans toutes leurs relations avec l'histoire du temps ;... » il ajoute : « Que doit-on en conclure encore? C'est que l'expérience du passé nous enseigne que l'autorité humaine et l'emploi de la force sont en définitive impuissantes en matière de croyance, — les croyances vivent sous la persécution, — et que la liberté laissée à chacun d'honorer Dieu selon sa foi et son culte, non par indifférence, mais, comme dit Fénelon, en souffrant ce que Dieu souffre, est ce qu'il y a de plus conforme à la dignité de l'homme, au respect de l'intelligence, au repos des États et au véritable esprit de la religion. »

Arrêtons-nous sur ces graves et sages paroles, sur cette conclusion d'un jugement plein d'élévation et de maturité. Il le faut bien, car la partie publiée de l'ouvrage s'arrête elle-même ici. Nous savons déjà que ce qui suivra ne sera pas d'un moindre intérêt que ce qui a paru. Quelques pages sur Saint-Cyr, détachées par avance du troisième volume, et qui n'ont été imprimées que pour un petit nombre, avaient fait pressentir tout le mérite de l'ouvrage que M. de Noailles donne aujourd'hui au public. Nous connaissons donc toute la valeur de ce que nous attendons. Demandons seulement à l'auteur de ne pas nous le faire attendre trop longtemps[1]. Une révolution s'est faite pendant qu'il corrigeait les épreuves des deux premiers volumes : que le troisième paraisse bientôt, c'est-à-dire avant que nous ayons vu deux ou trois autres révolutions s'accomplir en Europe.

[1] L'ouvrage de M. le duc de Noailles est maintenant complet en 4 vol. in-8°.

FIN DU TOME SECOND ET DERNIER.

TABLE DES MATIÈRES

DU TOME SECOND

FIN DE LA TABLE DU TOME SECOND ET DERNIER

PARIS. — IMP. SIMON RAÇON ET COMP., RUE D'ERFURTH, 1.

Imprimerie L. TOINON et Cie, à Saint-Germain.

www.ingramcontent.com/pod-product-compliance
Lightning Source LLC
LaVergne TN
LVHW010121230826
846091LV00001BA/107

9782013074889